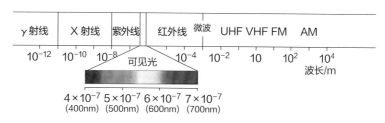

γ 射线　X 射线　紫外线　红外线　微波　UHF VHF FM　AM

10^{-12}　10^{-10}　10^{-8}　　10^{-4}　10^{-2}　10　10^2　10^4

可见光

波长/m

$4×10^{-7}$ $5×10^{-7}$ $6×10^{-7}$ $7×10^{-7}$
(400nm)　(500nm)　(600nm)　(700nm)

图 1-1 可见光谱

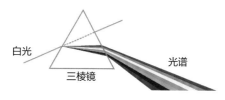

白光

三棱镜

光谱

图 1-2 牛顿三棱镜色数实验

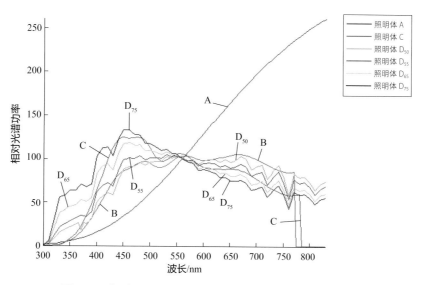

图 2-11 部分 CIE 照明体的相对光谱功率分布

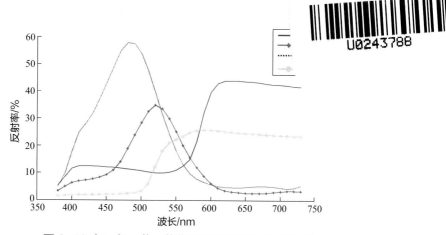

图 2-16 红、绿、蓝、黄典型颜色的光谱反射率曲线

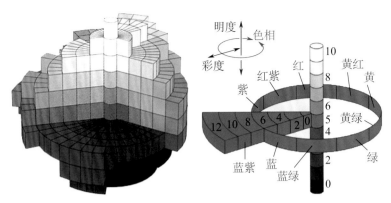

图 4-14 孟塞尔立体

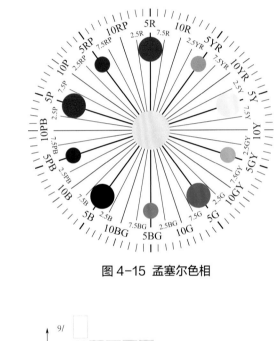

图 4-15 孟塞尔色相

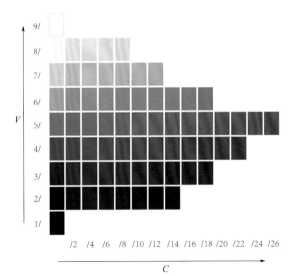

图 4-16 孟塞尔立体纵切面

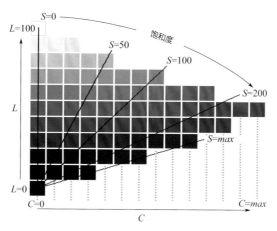

图 4-17 孟塞尔系统中具有相同饱和度的颜色

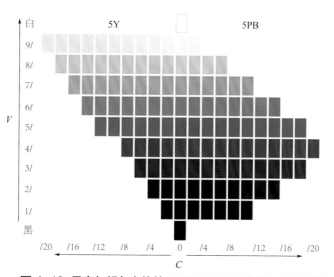

图 4-18 孟塞尔颜色立体的 5Y 和 5PB 两种色相的垂直剖面

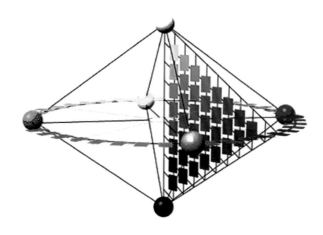

图 4-19 NCS 采用的色彩感觉几何模型

图 4-20 NCS 色相环

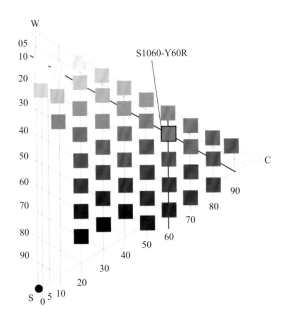

图 4-21 NCS 垂直剖面图

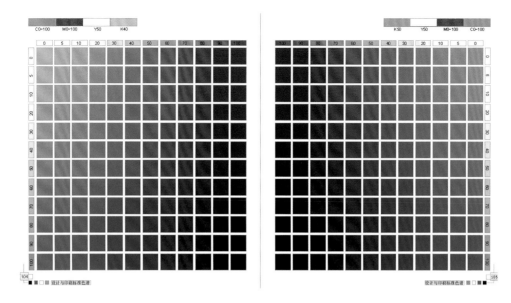

图 4-22 印刷色谱实例

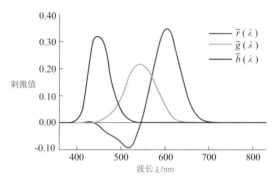

图 5-5 CIE 1931 RGB 光谱三刺激值曲线

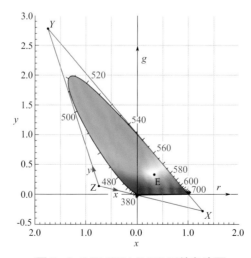

图 5-6 CIE 1931 RGB 系统色度图

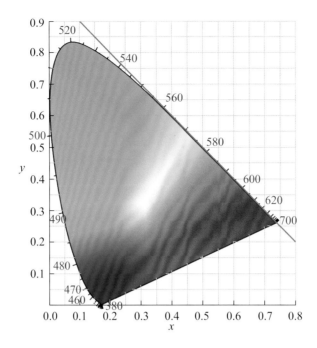

图 5-7　CIE 1931 XYZ 系统色度图

波长单位: nm

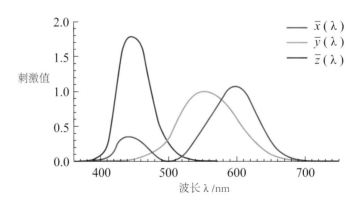

图 5-8　CIE 1931 标准色度观察者曲线

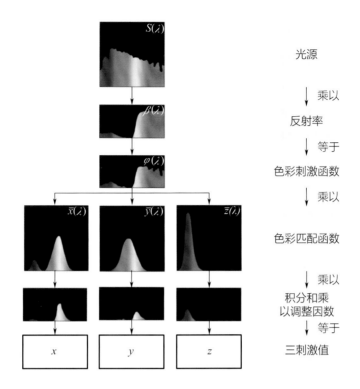

光源

↓ 乘以

反射率

↓ 等于

色彩刺激函数

↓ 乘以

色彩匹配函数

↓ 乘以

积分和乘
以调整因数

↓ 等于

三刺激值

图 5-13 颜色三刺激值的计算过程

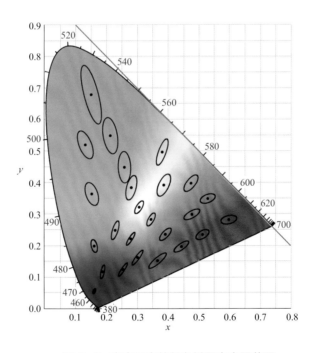

图 6-3 麦克亚当的颜色椭圆宽容量范围

波长单位：nm

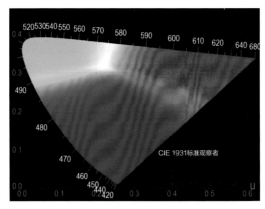

图 6-4 CIE 1960 UCS 色度图

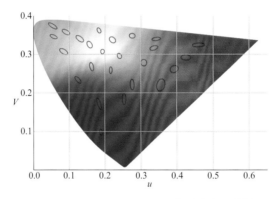

图 6-5 CIE 1960 UCS 中的麦克亚当椭圆

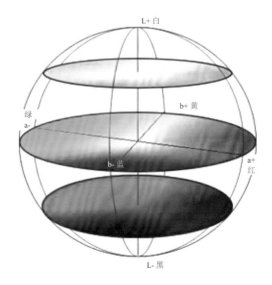

图 6-6 CIE 1976 *L**a*b* 颜色立体

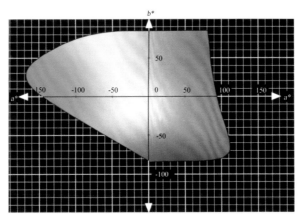

图 6-7　CIE LAB 二维色度图

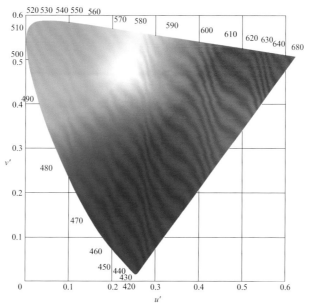

图 6-13　CIE 1976 $u'v'$ 色度图

波长单位：nm

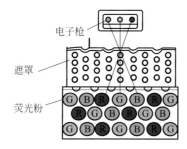

图 7-2　CRT 荫罩示意图

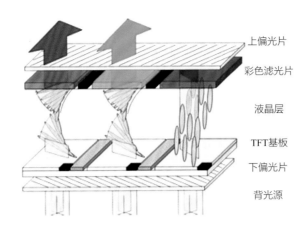

上偏光片

彩色滤光片

液晶层

TFT基板

下偏光片

背光源

图 7-4 TN-LCD 的结构

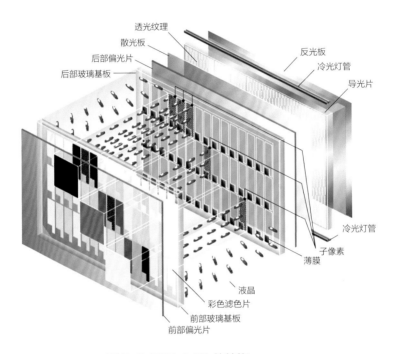

透光纹理

散光板

后部偏光片

后部玻璃基板

反光板

冷光灯管

导光片

冷光灯管

子像素

薄膜

液晶

彩色滤色片

前部玻璃基板

前部偏光片

图 7-5 TFT-LCD 的结构

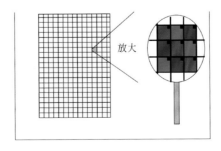

放大

图 7-6 彩色滤光片放大

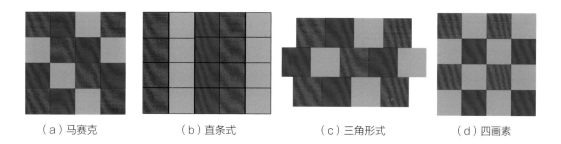

（a）马赛克　　　　　（b）直条式　　　　　（c）三角形式　　　　　（d）四画素

图 7-7　彩色滤色片像素矩阵的常见排列方式

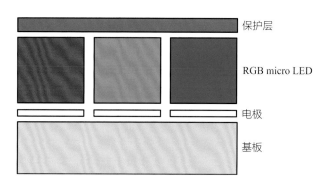

保护层

RGB micro LED

电极

基板

图 7-12　micro-LED 显示的基本结构

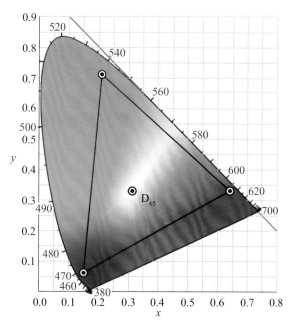

图 7-13　Adobe RGB 在 CIE 1931 xy 色度图中的色域大小

波长单位：nm

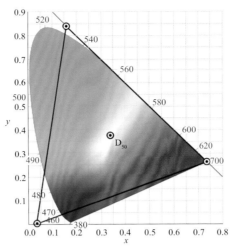

图 7-14 ProPhoto RGB 色域

波长单位：nm

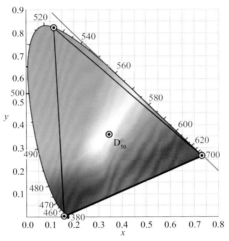

图 7-15 Wide Gamut RGB 色域

波长单位：nm

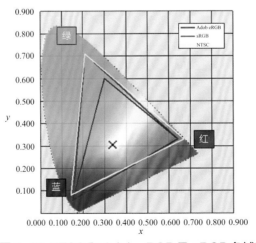

图 7-17 NTSC 和 Adobe RGB 及 sRGB 色域对比

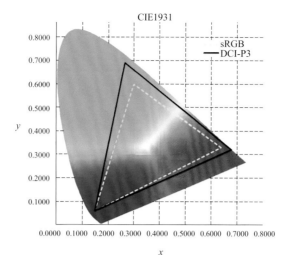

图 7-18　DCI-P3 色域图

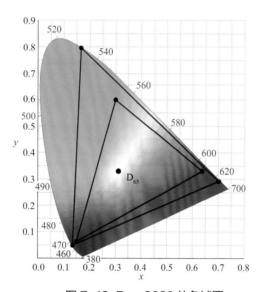

图 7-19　Rec.2020 的色域图

波长单位：nm

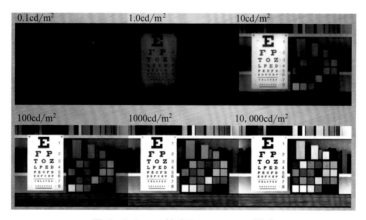

图 8-1　hunt 效应和 stevens 效应

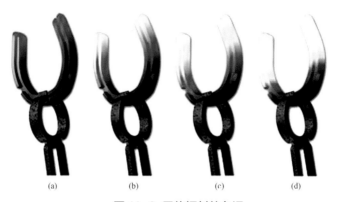

图 11-2 黑体辐射的色温

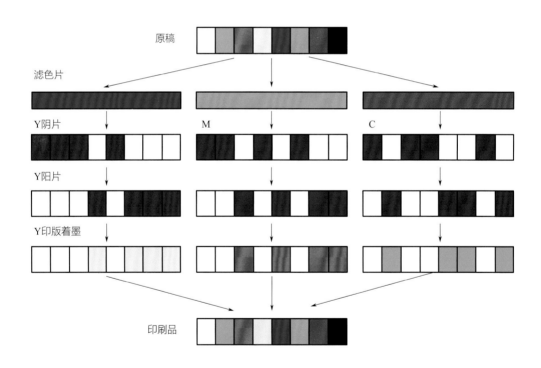

图 12-1 印刷色彩分解合成

图 12-2　图像示例

图 12-3　黄品青三色印刷效果

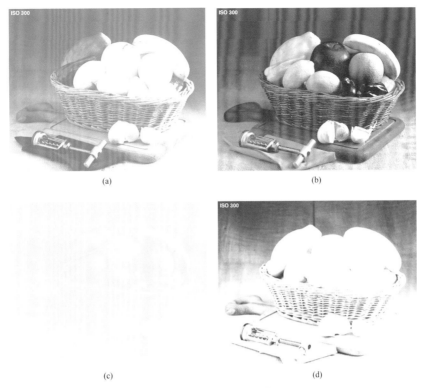

(a)

(b)

(c)

(d)

图 12-4　图像分色示意图

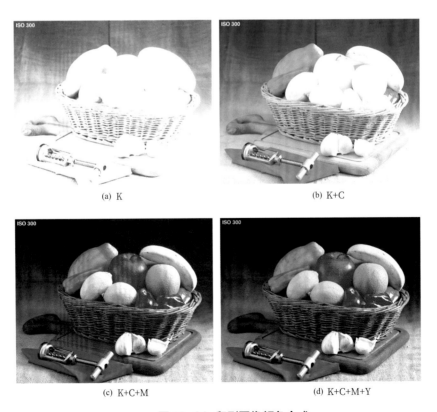

(a) K

(b) K+C

(c) K+C+M

(d) K+C+M+Y

图 12-20　印刷图像颜色合成

普通高等教育一流本科专业建设成果教材

Color
Science

颜色
科学

郑元林　主编

周世生　　审

化学工业出版社

·北京·

内 容 简 介

《颜色科学》围绕理解颜色、描述颜色、复制颜色这一主线展开论述。第一章内容是了解颜色本质，主要包含了光度学相关概念和基本定律；第二至四章是理解颜色部分，首先介绍了光与色的基本概念，为后续的学习奠定基础，然后结合颜色形成的要素分别介绍了眼睛及视觉功能、加色法和减色法、颜色视觉及相关理论；第五至十一章介绍了颜色的描述，这部分是颜色科学的重点和核心内容，包含了显色系统、CIE 的各表色系统、均匀颜色空间、色貌模型、色度测量、印刷中常用的密度等内容，其中 CIE LUV 空间、CIE DE 2000 色差公式、色貌与色貌模型等难度较大的内容可以选学；第十二章介绍了颜色的复制，主要包含同色异谱以及印刷色彩复制的基本原理；第十三章介绍了计算机在色彩领域的应用，主要包括计算机应用色彩设计与计算机配色。

《颜色科学》注重系统性和完整性，将印刷色彩学领域的技术进展编入其中，适用于高等学校数字媒体、印刷工程、包装工程、轻化工程等专业教学使用，也可供平面设计、产品设计等专业教学参考。如需本书课件可发邮件至 zhengyuanlin@xaut.edu.cn。

图书在版编目（CIP）数据

颜色科学/郑元林主编. —北京：化学工业出版社，2021.2（2024.8重印）
ISBN 978-7-122-38187-3

Ⅰ.①颜… Ⅱ.①郑… Ⅲ.①颜色-研究 Ⅳ.①TS193.1

中国版本图书馆 CIP 数据核字（2020）第 246597 号

责任编辑：李玉晖 杨 菁　　　　　　　　　　　文字编辑：陈 喆
责任校对：宋 玮　　　　　　　　　　　　　　　装帧设计：史利平

出版发行：化学工业出版社（北京市东城区青年湖南街 13 号　邮政编码 100011）
印　　装：涿州市般润文化传播有限公司
787mm×1092mm　1/16　印张 16　彩插 8　字数 392 千字　2024 年 8 月北京第 1 版第 4 次印刷

购书咨询：010-64518888　　　　　　　　　　　售后服务：010-64518899
网　　址：http://www.cip.com.cn
凡购买本书，如有缺损质量问题，本社销售中心负责调换。

定　　价：58.00 元

前　言

随着科学技术发展和人们生活水平的不断提高，颜色的呈现、度量、复制等在印刷、纺织、建筑、摄影、涂料、交通、照明、信息等各个领域都起着越来越重要的作用。如何准确地描述颜色、度量颜色、复制颜色成了颜色科学的重要研究内容。

本书是西安理工大学印刷工程国家级一流本科专业建设成果教材。本书从颜色形成的基础——光入手，介绍了和颜色相关的光度学基础知识，然后讲述了颜色的形成，以及颜色形成的要素、颜色的基本规律。定量描述颜色的显色系统和混色系统等色度学内容是本书的重点内容，这一部分结合工业的实际应用，加强了对 CIE LUV 空间、CIE DE 2000 色差公式以及计算机色彩显示与传递等方面的内容讲述。色貌及色貌模型是近二三十年研究和应用的热点，在本书中也得到了体现，一般在本科教学中可以略过，放在研究生课程中讲述。本书结合工业的实际应用，讲述了印刷及摄影工业中常用的颜色密度，结合 ISO 的相关标准讲述了颜色测量、颜色评价等知识，以及印刷色彩复制与计算机配色内容。每章后面均附有复习思考题，便于读者理解和掌握相关知识。在西安理工大学印刷工程专业的教学体系中另有色彩管理的课程，因此在本书中没有介绍色彩管理内容。

为了方便使用本书的任课老师的教学工作，本书配有教学课件，可通过作者邮箱 zhengyuanlin@ xaut. edu. cn 联系发送。

本书可作为高等学校数字媒体、印刷工程、包装工程、轻化工程等专业颜色科学及相关课程的教材，也可供相关技术领域的技术人员参考。

本书获得西安理工大学 2019 年教材建设项目的重点资助。

本书由西安理工大学郑元林、齐鲁工业大学林茂海、陕西科技大学郭凌华、曲阜师范大学孙中华、西安理工大学罗如柏、杜斌、胡京博、李怀林几位老师共同编写，郑元林担任主编，负责统稿工作；周世生教授负责审稿。由于编写人员水平有限，书中难免存在不足之处，恳请各位专家和读者批评指正。

编者

2020 年 10 月于西安

目　　录

第三章　色光加色法和色料减色法

第四章　颜色的显色系统

第五章　CIE 标准色度学系统

第六章　均匀颜色空间及应用

第一章 光度学基础

当我们欣赏着自然界的红花、绿叶、蓝天、白云，当我们欣赏着五颜六色、款式各异的服装，当我们看着商店里琳琅满目、赏心悦目的商品……我们不应该忘记，这些归根结底都是因为有阳光。没有阳光，就没有我们这个绚丽多彩的世界，光是人类生存的基本要素。这也就是人们常说的"万物生长靠太阳"。

第一节 光的本质

在 GB/T 5698—2001《颜色术语》中，光被定义为"能对人的视觉系统产生明亮和颜色感觉的电磁辐射，又叫可见电磁辐射。其波长范围一般取 380~780nm"。

电磁辐射的波长范围很广，最短的宇宙射线波长只有 $10^{-14} \sim 10^{-15}$ m，最长的交流电波长可达数千千米。在如此广阔的电磁辐射范围里，只有 380~780nm（$1nm = 10^{-9}$m）范围的波长的电磁辐射才能够引起人眼的视觉感受，如彩色插页图 1-1 所示。

波长不同的可见光，引起人眼的颜色感觉不同。一般而言，622~770nm 可见光，感觉为红色；597~622nm，橙色；577~597nm，黄色；492~577nm，绿色；455~492nm，蓝靛色；380~455nm，紫色。这种划分只是给出大致的范围，实际上单色光的颜色是连续逐渐变化的，不存在严格的界限。自然界中人们见到单色光的机会不多，一般都是由单色光混合而成的复色光，大自然中的太阳光、火光及人造光源发出的光都是复色光。

波长为 10~380nm 的辐射为紫外光，不能引起人们的视觉感受。但它在各个领域也有着广泛的应用，除可以杀菌、透视等外，还可对荧光增白剂进行激励产生可见光，在印刷包装领域常用的 UV 油墨、UV 光油等也要在紫外光照射下，使油墨或光油连接料中的单体聚合成聚合物，并使之成膜和干燥。波长在 780nm 以上但小于 1mm 的辐射称为红外光，虽然它不能引起人们的视觉感受，但它也有广泛的应用，如用于夜视仪、热成像、各种医疗仪器等，在印刷包装行业主要用于红外干燥以及热敏 CTP 制版。

光是颜色形成的第一要素，没有光，人们就无法感觉出物体的颜色，也就是说，光是色的源泉，色是光的表现。长期以来，人们一直在研究光与色的关系。早在 1666 年，牛顿在英国剑桥大学实验室曾做过著名的三棱镜色散实验，如彩色插页图 1-2 所示。

白光经过三棱镜折射，投射到白色屏幕上，会显出一条像彩虹一样美丽的色光带谱，从红开始，依次紧临的是橙、黄、绿、青、蓝、紫色。因此，牛顿发现了白光是由不同颜色

（即不同波长）的光混合而成的，且不同波长的光有不同折射率。牛顿的这一重要发现成为光谱与光色分析的基础，揭示了光色的秘密。此后牛顿研究了光的折射，表明棱镜可以将白光发散为彩色光谱，而透镜和第二个棱镜可以将彩色光谱重组为白光。另外，他进行了将分离出的单色光束照射到不同物体上的实验，发现色光不会改变自身的性质。牛顿还注意到，无论是反射、散射或透射，色光都会保持同样的颜色。因此，人们观察到的颜色是物体与特有色光相结合的结果，而不是物体产生颜色的结果。

第二节 光 度 量

光度学（photometry）是1760年由朗伯建立的，它是指在可见光波段内，考虑到人眼主观因素后的相应计量学科，即定量地测定光的明亮程度的科学。由光度学得到的规格化的明亮度量称为光度量（photometric quantity）。

光度量用对应的辐通量乘以光谱光视效率得到。光度量是从视觉心理评价物理量时得到的量，称为心理物理量（psychophysical quantity）。光度量包括光能量、光通量、发光强度、照度、光出射度、亮度等，每个物理量都有确定的含义和单位。

一、光能量

光能量（luminous energy），也称光量，是光通量与照射时间的乘积，用 Q 表示，单位是流［明］·秒（lumen second），符号 lm·s。

如果光通量在照射时间之内随时间而变化，则光能量为光通量对时间的积分，即

$$Q = \int \Phi(t) \, \mathrm{d}t \tag{1-1}$$

如果光通量在照射时间之内恒定不变，则光能量为

$$Q = \Phi t \tag{1-2}$$

二、光通量

光通量（luminous flux）是用光谱光视效率评价辐通量得到的量，即能够被人眼视觉系统所感受到的那部分辐射功率的大小的量度。由光源向各个方向射出的光功率，也即每一单位时间射出的光能量，以 Φ 表示，单位为流［明］（lumen），符号 lm。

$$\Phi = \frac{\mathrm{d}Q}{\mathrm{d}t} \tag{1-3}$$

三、发光强度

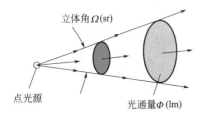

立体角 Ω(sr)

点光源

光通量 Φ (lm)

图 1-3 立体角示意图

发光强度（luminous intensity）是光源在指定方向单位立体角内包含的光通量，以 I 表示，单位为坎［德拉］（candela，简称 cd），如图 1-3 所示。1 坎［德拉］表示在单位立体角内辐射出 1 流［明］的光通量。

$$I = \frac{\mathrm{d}\Phi}{\mathrm{d}\Omega} \tag{1-4}$$

式中　Ω——立体角。

立体角的单位是球面度（steradian），符号是 sr，是指在半径为 r 的球面上，面积为 r^2 的面元对球心的张角为 1sr。因为球面的面积为 $4\pi r^2$，所以整个球面的立体角为 4πsr。

从以上定义可知，发光强度 I 描述了光源在某一方向上发光的强弱程度，其中包含了光源发光的方向性。式(1-4) 可以改写为

$$\Phi = \int_\Omega I \, \mathrm{d}\Omega \tag{1-5}$$

因此，根据式(1-4) 可知，图 1-3 中某一方向 (φ, θ) 上的发光强度应表征为

$$I(\varphi, \theta) = \frac{\mathrm{d}\Phi(\varphi, \theta)}{\mathrm{d}\Omega} \tag{1-6}$$

式中　$\mathrm{d}\Omega$——该方向的立体角元。

$\mathrm{d}\Omega$ 如图 1-4 所示，即

$$\mathrm{d}\Omega = \frac{\mathrm{d}A}{r^2} = \frac{r\sin\theta\,\mathrm{d}\varphi\,r\,\mathrm{d}\theta}{r^2} = \sin\theta\,\mathrm{d}\theta\,\mathrm{d}\varphi \tag{1-7}$$

因此

$$I(\varphi, \theta) = \frac{\mathrm{d}\Phi(\varphi, \theta)}{\sin\theta\,\mathrm{d}\theta\,\mathrm{d}\varphi} \tag{1-8}$$

则光源的总光通量为

$$\Phi = \int I \, \mathrm{d}\Omega(\varphi, \theta) = \int_0^{2\pi} \mathrm{d}\varphi \int_0^{2\pi} I(\varphi, \theta)\sin\theta\,\mathrm{d}\theta \tag{1-9}$$

如果光源的 $I(\varphi, \theta)$ 在各个方向上均相同，则

$$\Phi = 2\pi I \int_0^{2\pi} \sin\theta\,\mathrm{d}\theta = 4\pi I \tag{1-10}$$

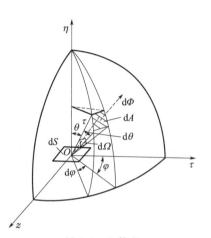

图 1-4　立体角

实际上，光源在各个方向上的发光强度不是均匀分布的，因此应该按照发光强度的实际分布，以极坐标的形式画出分布曲线，即发光强度分布曲线或配光曲线。

图 1-5 为钨丝灯的发光强度曲线，其中 0°线代表自灯垂直向下的方向，180°线代表由灯垂直向上的方向，图中 20、40、60、80 等数值用于表示该光源在各个方向上的发光强度值。图 1-6 为 3000W 超高压短弧氙灯发光强度曲线，其中 1、2、3、4 等数值用于示意相应方向上的发光强度值。

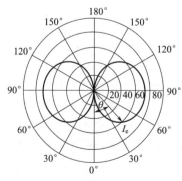

图 1-5　钨丝灯发光强度曲线

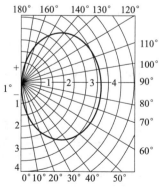

图 1-6　3000W 超高压短弧氙灯发光强度曲线

四、照度

照度（illuminance）E 是指在接收面上的一点处的光照度等于照射在包括该点在内的一个面元上的光通量 $\mathrm{d}\varPhi$ 与该面元的面积 $\mathrm{d}S$ 之比，即

$$E=\frac{\mathrm{d}\varPhi}{\mathrm{d}S} \tag{1-11}$$

照度单位是勒［克斯］，符号是 lx。当 1lm 的光通量均匀地照射在 $1\mathrm{m}^2$ 的面积上时，这个面上的照度就是 1lx，即 $1\mathrm{lx}=1\mathrm{lm/m}^2$。

居家照度一般为 $100\sim300\mathrm{lx}$。日常的代表性照度包括：烈日 100000lx，阴天 8000lx，绘图 600lx，阅读 500lx，夜间棒球场 400lx，办公室、教室 300lx，路灯 5lx，满月 0.2lx，星光 0.0003lx。

在国际标准 ISO 3664:2009 中规定了印刷品比较时的照度为 $(2000\pm500)\mathrm{lx}$，最好是 $(2000\pm250)\mathrm{lx}$；印刷品实际评价时的照度为 $(500\pm125)\mathrm{lx}$。

五、光出射度

光出射度（luminous existence）M 是指离开光源表面一点处的面元的光通量 $\mathrm{d}\varPhi$ 与该面元的面积 $\mathrm{d}S$ 之比，即

$$M=\frac{\mathrm{d}\varPhi}{\mathrm{d}S} \tag{1-12}$$

光出射度单位为流［明］每平方米，符号 $\mathrm{lm/m}^2$。它在数值上等于单位面积光源所发射出的光通量。

照度 E 和光出射度 M 的表达式完全相同，但含义不同。照度 E 描述的是光接受面的光度特性，光出射度 M 描述的是面光源向外发出光辐射的特性。

六、亮度

亮度（luminance）描述了光源在单位面积上的发光强度，用 L 表示，单位是坎［德拉］每平方米，符号是 $\mathrm{cd/m}^2$。

光源在某一方向上的发光能力可以用发光强度来表示，但要比较两种不同类型光源的明亮程度，就需要用到亮度这个光度量，它描述了光源在单位面积上的发光强度，即

$$L=\frac{\mathrm{d}I}{\mathrm{d}S\cos\theta}=\frac{\mathrm{d}^2\varPhi}{\mathrm{d}\varOmega\,\mathrm{d}S\cos\theta} \tag{1-13}$$

式中　θ——给定方向与单位面积元 $\mathrm{d}S$ 法线方向的夹角。

亮度定义示意图如图 1-7 所示。

亮度是显示器、电视剧、投影仪等产品的重要技术指标，亮度要控制在合理的范围内，ISO 3664:2009 规定用于软打样的彩色显示器的亮度不低于 $80\mathrm{cd/m}^2$，最好不低于 $160\mathrm{cd/m}^2$。

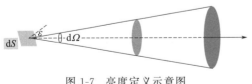

图 1-7　亮度定义示意图

需要注意的是，较亮的产品不见得就是较好的产品，显示器画面过亮常常会令人感觉不

适，一方面容易引起视觉疲劳，同时也使纯黑与纯白的对比度降低，影响色阶和灰阶的表现。因此提高显示器亮度的同时，也要提高其对比度，否则整个显示屏就会出现发白的现象。此外亮度的均匀性也非常重要，但在液晶显示器产品规格说明书里通常不做标注。亮度均匀与否和背光源与反光镜的数量及配置方式是息息相关的，品质较佳的显示器，画面亮度均匀，柔和不刺目，无明显的暗区。

光度量各个参数的名称、定义方程及单位如表 1-1 所示。

表 1-1　光度量各个参数的名称、定义方程及单位

名称	符号	定义方程	单位	单位符号
光能量	Q		流[明]秒	lm·s
光通量	Φ	$\Phi = \mathrm{d}Q/\mathrm{d}t$	流[明]	lm
发光强度	I	$I = \mathrm{d}I/\mathrm{d}\Omega$	坎[德拉]	cd
(光)照度	E	$E = \mathrm{d}\Phi/\mathrm{d}S$	勒[克斯]	lx
光出射度	M	$M = \mathrm{d}\Phi/\mathrm{d}S$	流[明]每平方米	lm/m²
(光)亮度	L	$L = \dfrac{\mathrm{d}I}{\mathrm{d}S\cos\theta} = \dfrac{\mathrm{d}^2\Phi}{\mathrm{d}\Omega\mathrm{d}S\cos\theta}$	坎[德拉]每平方米	cd/m²

第三节　光度学基本定律

一、朗伯余弦定律

一般来说，辐射源所发出的辐射能通量，其空间方向的分布很复杂，这给辐射量的测量带来很大的麻烦。但在自然界中存在一类特殊的辐射源，它们的辐射亮度与辐射方向无关，例如太阳、荧光屏、毛玻璃灯罩等都近似于这类辐射源。人们把这种辐射亮度与辐射方向无关的辐射源称为漫辐射源。

由式(1-13)可知，与发光面法线成 θ 角方向的亮度为

$$L_\theta = \frac{\mathrm{d}I_\theta}{\mathrm{d}S\cos\theta} \tag{1-14}$$

式中　I_θ——θ 角方向上的发光强度。

在发光面法线方向上的亮度为

$$L_0 = \mathrm{d}I_0/\mathrm{d}S \tag{1-15}$$

如果发光面或漫辐射表面的亮度不随方向而改变，则在发光面法线方向和成 θ 角方向的亮度相等，因此

$$L_\theta = L_0 = \frac{I_\theta}{\mathrm{d}S\cos\theta} = \frac{I_0}{\mathrm{d}S} \tag{1-16}$$

即

$$I_\theta = I_0\cos\theta \tag{1-17}$$

式(1-17)为朗伯余弦定律的数学表达式，朗伯余弦定律描述了辐射源向半球空间内的辐射亮度沿高低角变化的规律，即理想反射体单位表面积向空间某方向单位立体角反射（发

射）的辐射亮度与表面法线夹角的余弦成正比。漫反射体的辐射亮度分布遵从朗伯余弦定律，自身发射的黑体辐射源也遵从朗伯余弦定律，凡辐射亮度遵从朗伯余弦定律的辐射源称为朗伯辐射源。

二、光传播定律

图 1-8 为光传播定律示意图，dS_1 为朗伯面光源，它以相同的亮度向各个方向发出光辐射，面元 dS_2 为受光面，距离为 r，则 dS_1 由 dS_2 向发出的光通量为

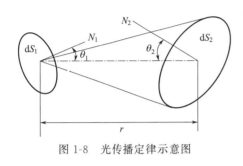

$$d\Phi = L\,dS_1\cos\theta_1 d\Omega \qquad (1\text{-}18)$$

式中　$d\Omega$　面元 dS_1 的中心对面元 dS_2 的投影面积所张的立体角。

$d\Omega$ 的计算式为

$$d\Omega = \frac{dS_2\cos\theta_2}{r^2} \qquad (1\text{-}19)$$

图 1-8　光传播定律示意图

将式（1-19）代入式（1-18）可得

$$d\Phi = L\frac{dS_1\cos\theta_1\,dS_2\cos\theta_2}{r^2} \qquad (1\text{-}20)$$

式（1-20）即为光传播定律的数学表达式。

三、距离平方反比定律

1. 点光源的距离平方反比定律

点光源能向周围 4π 空间以相同的发光强度发出光辐射。图 1-9 中的面元 dS 接受相距 r 的点光源 S 的照射，并且点光源发出的光束的光轴与面元法线 N 之间的夹角为 θ，则面元 dS 对点光源 S 所张的立体角为

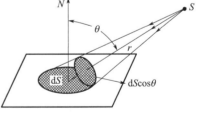

$$d\Omega = \frac{dS\cos\theta}{r^2} \qquad (1\text{-}21)$$

所以，在此立体角内，点光源发出的光通量为

$$d\Phi = I\frac{dS\cos\theta}{r^2} \qquad (1\text{-}22)$$

图 1-9　点光源的距离平方反比定律

由于此光通量将全部透射到面元 dS 上，因此，该面元上的照度为

$$E = \frac{d\Phi}{dS} = \frac{I}{r^2}\cos\theta \qquad (1\text{-}23)$$

由此可见，点光源 S 在面元 dS 上所产生的照度与光源的发光强度成正比，与距离的平方成反比，并且与面元相对于光束的倾角有关。

当点光源位于面元的法线上时，式（1-23）变为

$$E_0 = \frac{d\Phi}{dS} = \frac{I}{r^2} \qquad (1\text{-}24)$$

该式即为计算点光源照度的距离平方反比定律，它只适用于点光源的情况。

2. 有限尺寸光源的距离平方反比定律

实际光源均有一定的尺寸或发光面积，因此点光源的距离定律关系式(1-23)或式(1-24)都不实用。只有当光源的尺寸与受照物体表面积到光源的距离 r 之比小于一定的数值时，该有限尺寸光源才可视为点光源，并在一般精度的光度测试工作中方可应用式(1-24)来计算受照面的照度。

假设图 1-10 中的圆盘形余弦辐射光源的半径为 R，面积为 S_0，亮度为 L，作为受照面的小面积 A_d 与光源相距 r，则该面光源上的面元 dS 沿 l 向 A_d 发射的光通量为

$$dΦ = L\,dS \times \cosθ\,dΩ \tag{1-25}$$

从图 1-10 中可知，$dS = x\,dφ\,dx$，$dΩ = A_d\cosθ/l^2$，代入上式，得

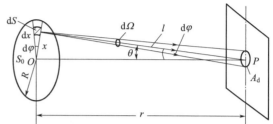

图 1-10　有限尺寸光源的距离平方反比定律

$$dΦ = L\frac{x\,dφ\,dx \times A_d\cos^2θ}{l^2} \tag{1-26}$$

从图 1-10 中的几何关系可知：

$$\cosθ = \frac{r}{l} = \frac{r}{\sqrt{x^2 + r^2}} \tag{1-27}$$

代入式(1-26)得

$$dΦ = LA_d\frac{xr^2\,dφ\,dx}{(x^2 + r^2)^2} \tag{1-28}$$

所以该面元向小面积 A_d 发出的总光通量为

$$Φ = LA_d\int_0^{2π}dφ\int_0^R \frac{xr^2}{(x^2 + r^2)^2}dx \tag{1-29}$$

令 $x^2 + r^2 = u$，则 $dx = du/2x$，代入上式得

$$Φ = 2πLA_d r^2\int_{r^2}^{R^2+r^2}\frac{du}{2u^2} = πLA_d r^2\left|-\frac{1}{u}\right|_{r^2}^{R^2+r^2} = πLA_d r^2\frac{R^2}{R^2 + r^2} \tag{1-30}$$

由此可得，面光源 S_0 在小面积 A_d 上产生的照度为

$$E = \frac{Φ}{A_d} = πL\frac{R^2}{R^2 + r^2} = πL\sin^2θ \tag{1-31}$$

可以改写为

$$E = πL\frac{R^2}{R^2 + r^2} = \frac{πLR^2}{r^2} \times \frac{r^2}{R^2 + r^2} \tag{1-32}$$

式中，$πR^2$ 为面光源的面积 S_0，而 LS_0 正好为该面光源的发光强度 I_0，所以上式变为

$$E = \frac{I_0}{r^2} \times \frac{r^2}{R^2 + r^2} \tag{1-33}$$

式中，$\dfrac{I_0}{r^2} = E_0$ 可视为点光源在面积 A_d 上产生的照度。于是，上式可写为

$$E = E_0\frac{r^2}{R^2 + r^2} \tag{1-34}$$

式中，$\dfrac{r^2}{R^2 + r^2}$ 为修正系数。

或
$$\frac{E_0}{E}=1+\left(\frac{R}{r}\right)^2 \tag{1-35}$$

由式(1-34)或式(1-35)可知，当光源为具有一定面积的面光源时，其在受照面上所产生的照度 E 与利用点光源的距离平方反比定律计算得到的照度 E_0 之间有差别，需要乘以修正系数 $r^2/(R^2+r^2)$ 才可得到面光源产生的实际照度。

复习思考题

1. 什么是光？可见光的光谱范围是多少？
2. 典型颜色的光谱范围是多少？
3. 照度和亮度的区别是什么？
4. 什么是朗伯余弦定律？
5. 推导立体角公式 $d\Omega=\sin\theta d\theta d\phi$。

第二章　颜色的形成

第一节　颜色及其形成

一、颜色定义

光波作用于人眼视觉系统后所形成的感觉可以分为两类：一类是形象感；另一类是颜色感觉。根据国家标准 GB/T 5698—2001《颜色术语》中的定义，颜色是光作用于人眼引起的除形象以外的视觉特性。因此，颜色是光波作用于人眼视觉系统后所产生的一系列复杂生理和心理反应的综合效果。

二、颜色的形成要素

产生颜色感觉需要四个要素，即光源、彩色物体、眼睛和大脑，如图 2-1 所示。

按照颜色引起的视觉特性，颜色可分为非彩色和彩色两大类。非彩色是指白色、黑色及白与黑之间深浅不同的灰色（也称为中性色、消色或中性灰）所构成的颜色系列。彩色是指除非彩色以外的所有颜色，各种光谱色均为彩色。

按照颜色形成的物理机制的不同，颜色又有光源色、物体色及荧光色之分。自发光体形成的颜色一般称为光源色；自身不发光，凭借其他光源照明，通过反射或透射形成的颜色称为物体色；物体受光照射激发所产生的荧光及反射或透射光共同形成的颜色称为荧光色。

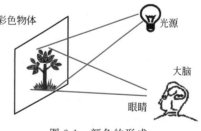

图 2-1　颜色的形成

第二节　眼　睛

眼睛是人体最重要的感觉器官，它所提供的信息量占人体所有感觉器官获得信息总量的80％以上。眼睛每天承担着繁重的捕捉外部视觉信息的任务，人们从每天早上睁开眼睛的那一刻始，直到休息时闭上眼睛为止，眼睛一直在从事着观察、收集光信号的工作，并且把这些信号通过视神经迅速传递给大脑。如果没有眼睛的辛勤工作，人们就与五颜六色的世界无缘了。因此了解眼睛的结构和功能是十分必要的。

人的眼睛是一个近似球状体，前后直径为 23～24mm，横向直径约为 20mm，通常称为眼球。眼球是由屈光系统和感光系统两部分构成的，如图 2-2 所示。

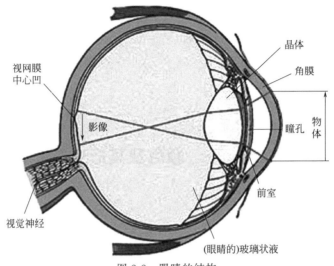

图 2-2　眼睛的结构

一、眼球的构造

1. 眼球壁

眼球壁由 3 层质地不同的膜组成。

（1）角膜和巩膜

眼球壁的最外层是角膜和巩膜。角膜在眼球的正前方，约占整个眼球壁面积的 1/6，它是一层厚约 1mm 的透明薄膜，折射率为 1.336。角膜的作用是将进入眼内的光线进行折光。巩膜是最外层中、后部色白而坚韧的膜层，约占整个眼球壁面积的 5/6，厚度为 0.4～1.1mm，也就是"眼白"，作用是保护眼球。

（2）虹膜、睫状体和脉络膜

虹膜、睫状体和脉络膜组成眼球壁的中层。虹膜是位于角膜之后的环状膜层，它将角膜和晶状体之间的空隙分成两部分：眼前房和眼后房。虹膜的内缘称为瞳孔，它的作用如同照相机镜头上的光圈，可以自动控制入射光量。虹膜可以收缩和伸展，使瞳孔在光弱时放大，光强时缩小，直径可在 2～8mm 范围内变化。

睫状体在巩膜和角膜交界处的后方，由脉络膜增厚形成，它内含平滑肌，功能就是支持晶状体的位置，调节晶状体的凸度（曲率）。脉络膜的范围最广，紧贴巩膜的内面，厚约0.4mm，含有丰富的黑色素细胞。它如同照相机的暗箱，可以吸收眼球内的杂散光线，保证光线只从瞳孔内射入眼睛，以形成清晰的影像。

（3）视网膜

视网膜是眼球壁最里面的一层透明薄膜，它有非常复杂的结构，贴在眼球的后壁部脉络膜的内表面，厚度为 0.1～0.5mm。视网膜主要由三层组成：第一层是视细胞层，用于感光，它包括视锥细胞和视杆细胞；第二层是双节细胞层，约有十到数百个视细胞，通过双节细胞与一个神经节细胞相联系，负责联络作用；第三层是节细胞层，专管传导。

视网膜上面分布着大量的视觉感光细胞，它是眼睛的感光部分，其作用如同照相机中的感光材料。在眼球后面的中央部分，视网膜上有一特别密集的细胞区域，颜色为黄色，称为黄斑区，直径为 2～3mm，黄斑区中央有一小窝，叫作中央窝，该处是视觉最敏锐的地方。黄斑距鼻侧约 4mm，有一圆盘状视神经乳头，由于它没有感光细胞，也就没有感光能力，所以称为盲点。外界物体的光信号在视网膜上形成影像，并由此处的视神经内段向大脑传递信息。

从光学观点出发，视网膜是眼光学系统的成像屏幕，它是一凹形的球面。视网膜的凹形弯曲有两个优点：一是眼光学系统形成的像有凹形弯曲，所以弯曲的视网膜作为成像屏具有适应的效果；二是弯曲的视网膜具有更广宽的视野。

在视网膜上既有视锥细胞，又有视杆细胞，在整个视网膜上的分布如图 2-3 所示。

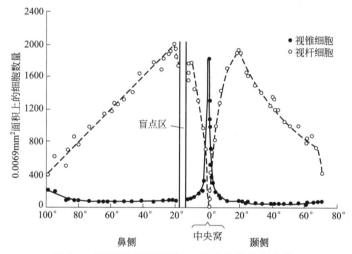

图 2-3 视网膜内视杆细胞和视锥细胞的密度分布

视杆细胞大约有 1.2 亿个，均匀地分布在整个视网膜上，其形状细长，可以接受微弱光线的刺激，能够分辨物体的形状和运动，但是不能分辨物体的颜色和细节。视杆细胞对光线极为敏感，使得我们在微弱的光线（如月光、星光）下也能够观察到物体。视杆细胞在光线比较暗的情况下（一般为 10^{-3}cd/m^2）形成的视觉叫暗视觉。

视锥细胞分布在视网膜的中央窝，其密度由中间向四周逐渐减少，到达锯齿缘处完全消失。视锥细胞在解剖学中呈锥形，是人眼颜色视觉的神经末梢，与视神经是一对一的连接，便于在光亮的条件下精细地接受外界的刺激，所以视锥细胞能够分辨物体的颜色和细节。大约 700 万个视锥细胞密集分布在 2° 视场内，超出 2° 视场则既有视锥细胞也有视杆细胞。所以在要求高清晰度、高分辨力的场合，应该采用 2° 视场，使物像直对视轴，而其影像恰好聚焦在中央窝内。在光线充足、亮度达到 3cd/m^2 以上时，只有视椎细胞起作用，视杆细胞不起作用，这时候形成的视觉叫明视觉。在明视觉和暗视觉之间的亮度水平下形成的视觉，称为中间视觉，这时候视椎细胞和视杆细胞同时起作用。

2. 眼球内容物

眼球的屈光系统除角膜外，还包括眼球内容物（晶状体、房水和玻璃体），它们的一个共同特点是透明，可以使光线畅通无阻。

（1）晶状体

晶状体是富有弹性的透明体，位于视网膜和玻璃体之间，通过悬韧带和睫状体连接，性质如同两个凸透镜，作用如同照相机的镜头。它能够由眼睛周围的肌肉组织调节厚薄，根据观察景物的远近自动拉扁减薄或缩圆增厚，对角膜折光后的光线进行更精细的调节，保证外界景物的影像恰好聚焦在视网膜上。在未调节的状态下，它前面的曲率半径大于后面的曲率半径，折射率从外层到内层由 1.386 变化到 1.437。

（2）房水

角膜与晶体之间充满了透明的液体——房水，它是水样透明液体，折射率为 1.336。房水由睫状体产生，充满于眼前房（角膜和虹膜之间）和眼后房（虹膜和晶体之间）。它的功能是促进角膜和晶状体等无血管组织的新陈代谢，维持眼睛的内压。

（3）玻璃体

晶状体的后面就是透明的胶状液——玻璃体，玻璃体内含星形细胞，外面包以致密的纤维层。它的折射率约为 1.336。

角膜、虹膜、房水、晶状体和玻璃体等共同组成了一个接收光线的精密的光学系统。

3. 视网膜上像的形成原理

人的眼睛就像一个照相机，如图 2-4 所示。来自外界的光线，经过角膜和晶状体的折射后，成像在视网膜上。物体上每一点的光线进入眼球以后会聚集到视网膜的不同点上，这些点在视网膜上形成左右换位、上下倒置的影像。但是由于"心理回到"作用，人们看到的并不是倒像，而是自然状态的正立的影像。

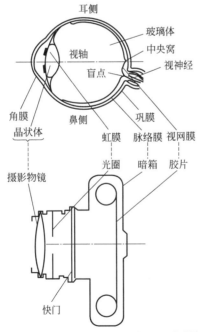

人眼与照相机的构造之间对应关系	
照相机	人眼
暗箱	巩膜和脉络膜
镜头	角膜和晶状体
快门	眼皮
光圈	虹膜
胶片	网膜

图 2-4　人眼构造与照相机的比较

"心理回到"是心理的自我调节功能，心理学家斯托顿曾做过一个实验，他用两片聚焦很短的凸透镜装在一个管子的两端，做成一个小型的室内望远镜，装在他的右眼上，使旁边不漏光，并且将左眼遮蔽起来。通过右眼上的望远镜来观察物体，因为望远镜所成的像是倒立的，所以在视网膜上形成的像与物体相同，是正立的。但是大脑的感觉则与平常相反，一切物体看起来都是倒立的。在开始实验的时候，他对这种情形很不习惯，视觉与触觉、动觉之间经常矛盾，用手触摸物体，在空间感觉和实际行动上都发生了困难，想拿上面的物体，手却伸到下面，想取右边的物体，手却伸到左边，"觉得自己的手不听指挥"。虽然他对这种混乱现象很不习惯，但是他还是耐心坚持锻炼下去，3 天后，混乱的现象消除了一些，到了第八天，混乱的现象完全消失，视觉与触觉动作非常协调，行动自如，适应这种新的空间关系了，要取什么地方的东西，就会把手伸到那里，看物体的感觉也和平常一样。

人们用眼睛去观察不同距离的物体时，要在视网膜上形成清晰的图像，必须靠眼睛的晶状体的调节作用来实现。晶状体是透明的，形状像两个凸透镜，扁圆形，中间厚，边缘薄，富有弹性。随着注视物体距离的远近，晶状体前面的曲率半径能够自动精细调节，以达到形成清晰图像的目的。

对于视觉正常的人，当眼睛处于没有调节的自然状态时，"无限远"的物体正好成像在视网膜上。即眼睛的像方焦面正好与视网膜重合；当观察近距离物体时，晶状体周围的肌肉向内收缩，使晶状体的半径变小。这时眼睛的焦距缩短，后焦距由视网膜向前移，以便形成清晰的影像。一般人的眼睛能够从"无限远"到 250mm 的范围进行自动调节。但是眼睛的调节能力会随着人的年龄的变化而变化，年龄越大，肌肉的调节功能越弱，因而能够看清的物体的最短距离也就越大，这就形成了"老花"现象。在适当的照度下，正常情况下看到距离眼睛 250mm 的物体不仅不费力，而且很清楚，这个距离就称为明视距离。因此产生了对物体的大小、形状及颜色的感觉和知觉，即形成了视觉。

二、视觉功能

由人们的视觉器官去完成的视觉任务的能力称为视觉功能，主要包括视觉敏锐度和对比辨认等方面。

1. 视角

物体在视网膜上成像的大小决定了视觉上的清晰度，可用视角表示。如图 2-5 所示，A 为物体的大小，D 为视距（即物体距离眼睛节点的距离）。从物体的上、下两点画线相交于眼睛的节点 O，并在视网膜上成像 S，如果物体 A 在眼睛里形成一个张角 α，则为视角。

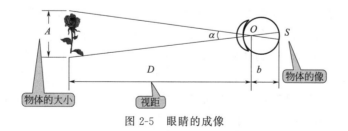

图 2-5 眼睛的成像

视角可用如下公式表示

$$\tan \frac{\alpha}{2} = \frac{A}{2D} \tag{2-1}$$

当 α 较小时有

$$\tan\frac{\alpha}{2}=\frac{\alpha}{2} \tag{2-2}$$

所以有

$$\alpha=\frac{A}{D}(\text{弧度})$$

如果观察一个圆形范围，其直径为 10mm，视距为 300mm，则其对眼睛所形成的视角为

$$\alpha=10/300(\text{弧度})=0.033(\text{弧度})=1.89(\text{度})$$

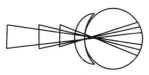

图 2-6　视角随距离的变化

从上述公式中也可以看出，视角的大小与物体的距离成反比，物体离人眼越近，视角越小，如图 2-6 所示。物体在离眼睛 30mm 时对眼睛形成一定大小的视角，在视网膜上形成相应大小的像；如果让物体逐渐远离人眼，到 60mm 时，视角缩小 1/2，视网膜上的像也相应缩小；如果把物体移至 90mm 处，视角缩小为原来的 1/3，像也相应缩小。

还可以得出

$$\alpha=\frac{S}{b} \tag{2-3}$$

式中　b——眼睛节点到视网膜上成像处的距离，mm，b 大约为 17mm。

于是物体 A 在视网膜上的像 S 的大小就可以按下式计算出来

$$S=17\alpha=\frac{17A}{D}(\text{mm})\quad(b=17\text{mm}) \tag{2-4}$$

由此可见，物体 A 在视网膜上成像的大小取决于视角的大小。具有正常视力的人能够分辨物体空间两点所形成的最小视角是 $1'$［视角可用弧度或度（°）分（′）秒（″）表示］。当视角为 $1'$、视距为 250mm 时，对应的物像和视网膜上像的大小是

物像

$$A=D\alpha=250\div(60\times57.3)=0.072(\text{mm})$$

即具有正常视力的人在 250mm 处所能够看到的最小像的大小是 0.07mm。

视网膜上像的大小

$$S=17\alpha=17\div(60\times57.3)=0.0049(\text{mm})$$

2. 视力

视力也叫视觉敏锐度或视敏度，表示眼睛辨认物体的细节和空间轮廓的能力。视觉辨认物体的比例与视距有很大的关系，一个原来看不清的细小物体，移动到离眼睛比较近的距离时就可以看清楚了。这是因为物体对眼睛形成的视角比原来大了，视网膜上的像也相应增大，所以看起来更清晰。

视力是以视角进行计算的，视力 V 是在一定条件下眼睛所能够分辨最小物体所形成视角 α 的倒数，α 以分为单位，也叫小数记录法，即

$$V=\frac{1}{\alpha} \tag{2-5}$$

我国规定，当人的视觉能够分辨 $1'$ 角度对应的物体的细节时，视力为 1.0，并以此作为正常视力的标准。表 2-1 是在 5m 的标准距离正常照明条件下，不同视力所对应的视角 α、物像 A 和视网膜像的大小。

表 2-1 不同视力下的视角、物像和视网膜像的大小

视力	视角	视距	物像/mm	视网膜像/10^{-3}mm
1.2	0.83′		1.25	4.1
1.0	1′		1.50	4.9
0.8	1.25′	5m	1.875	6.1
0.5	2′		3.00	9.9
0.2	5′		7.50	24.5

我国还有一种 5 分记录法，它这是我国独创的视力记录法，也叫缪氏记录法，它将正常视力规定为 5 分，无光感规定为 0，所有视力等级连成一个完整的数字系统。5 分记录法是以 5 减去视角的对数值来表达视力

$$V = 5 - \lg\alpha \tag{2-6}$$

3. 视场

眼睛视角 α 所对应形成的圆面积称为视场。如当观察视距 $D = 250$mm、视角 $\alpha = 10°$时，对应的视场半径是

$$r = \frac{1}{2}A = D\tan\frac{\alpha}{2} = 250 \times \frac{10}{2 \times 57.3} = 21.9(\text{cm})$$

图 2-7 表示，观察距离均为 250mm，视角分别为 1°、2°、4°所形成的视场圆面积及其半径的大小。

4. 光谱光视效率

在谈到光的能量与视觉亮度的关系时，总是认为，光的能量越大，其亮度也就越大，这对于颜色相同的光是正确的。当色光不同时，该关系就不成立。这是因为人的眼睛对不同波长的光的感受性是不同的，即不同波长的色光在相同的辐射能的情况下，在视觉上产生的明亮程度的感

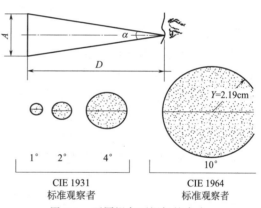

图 2-7 不同视角下视场的大小

觉是不同。当光的波长大于 780nm 或小于 380nm 时，可以认为眼睛的感受性为 0，当光的波长在 380nm～780nm 时，人眼的感受性也是不同的，即在具有相同辐射能的情况下，人眼感觉有的色光比较亮，有的色光比较暗，通常黄绿色感觉最亮，红色和紫色较暗。

当考察强度不同、但是颜色相同的光源时，可以用消衡法进行测量。图 2-8 所示为一个

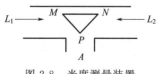

图 2-8 光度测量装置

简单的光度测量装置，以三棱镜 MNP 为屏，实验时，用对比的方法，将两个光源的光 L_1 和 L_2 分别从 MNP 的两边透射，逐渐改变光的强度，直到人眼在 A 处观察时，看不到 MP 和 NP 的分界线，从而可以推断出视觉与光源的亮度等因素的关系。

当考察颜色不同的光源时，上述方法欠妥当，可以采用逐步法或闪变法进行测量。

简单来讲，当将两个波长很邻近的光进行比较时，人眼是分辨不出它们的不同颜色的，

此时可以使用消衡法得出两个邻近波长的光的视觉亮度和辐射能之间的关系，然后对波长进行微小的移动，逐阶进行比较，就可以得到整个光谱波长范围的相对数值，这就是逐步法。它的缺点是误差由积累而来，如果其中一个测量出错，则会一错到底。

闪变法的基本原理是：将不同色的光轮流照射到屏幕上，并且以一定的频率进行交替，当频率达到一定数值时，不同颜色的感觉首先消失，然后只剩下不同亮度的闪烁。再调节光的强度，直至闪烁消失。这时候就可以比较出两种色光的关系。如果为其中一个色光选择一个标准光源，光谱中的其他色光逐个与之比较，就可以得出光谱色各个波长的色光之间的关系。

研究结果表明，眼睛对波长为 555nm（黄绿色）的色光的感受性最高，即该波长的光在较小的能量下就可以和其他较大能量的光匹配。为了衡量各个不同波长的光在视觉上所产生的效果，引入一个物理量叫做光通量 $\Phi_v(\lambda)$。如果用 $\Phi_e(\lambda)$ 表示辐通量，则光通量和辐通量的关系可用下式表示

$$\Phi_v(\lambda) = KV(\lambda)\Phi_e(\lambda) \tag{2-7}$$

式中 $V(\lambda)$ ——随波长变化的函数，称为光谱光视效率（spectral luminous efficiency）；

K——辐射能当量。

在 GB/T 5698—2001《颜色术语》中，光谱光视效率被定义为"把峰值归一化为 1 的人眼对不同波长的光能量产生光感觉的效率"。即在规定的观测条件下，波长为 λ 的单色辐射与参考辐射达到视亮度匹配时，该波长 λ 的单色辐射的亮度的倒数的相对值。其相对值的最大值定义为 1。光视效率表示的就是辐射能转化为人眼可见光的程度，它只与光的波长有关，实际上它是不同波长的光通量与辐通量的比。光谱光视效率有明视觉光谱光视效率和暗视觉光谱光视效率两种类型。明视觉光谱光视效率是由视觉系统的视锥细胞起作用的光谱光视效率，用 $V(\lambda)$ 表示；暗视觉光谱光视效率是由视觉系统的视杆细胞起作用的光谱光视效率，用 $V'(\lambda)$ 表示，其数值如表 2-2 所示。从颜色研究的角度，人们主要关注明视觉光谱光视效率，后面说的光谱光视效率默认为明视觉光谱光视效率。在明视觉条件下，由于人眼对 555nm 处的黄绿光的感受性最好，即 555nm 处的光谱光视效率最大，所以将 555nm 处的光谱光视效率定为 1.0，即 $V(555)=1.0$，其他波长处的光谱光视效率是与 555nm 处的光谱光视效率做比较而得出的。暗视觉光谱光视效率的峰值在 507nm 处。将表 2-2 数据绘制成曲线，得到如图 2-9 所示的相对光视效率和波长之间关系的钟形曲线，该曲线叫做光谱光视效率曲线。

表 2-2　光谱光视效率

波长/nm	$V(\lambda)$	$V'(\lambda)$	波长/nm	$V(\lambda)$	$V'(\lambda)$
380	0.00004	0.000589	460	0.060	0.5672
390	0.00012	0.002029	470	0.091	0.6760
400	0.0004	0.009292	480	0.139	0.7930
410	0.0012	0.03484	490	0.208	0.904
420	0.0040	0.09661	500	0.323	0.9818
430	0.0116	0.1998	507	—	1.000
440	0.023	0.3281	510	0.503	0.997
450	0.038	0.4550	520	0.710	0.9352

续表

波长/nm	$V(\lambda)$	$V'(\lambda)$	波长/nm	$V(\lambda)$	$V'(\lambda)$
530	0.862	0.811	660	0.061	0.0003129
540	0.954	0.6497	670	0.032	0.0001480
550	0.995	0.481	680	0.017	0.00007155
555	1.000	—	690	0.0082	0.0000353
560	0.995	0.3288	700	0.0041	0.00001780
570	0.952	0.2076	710	0.0021	0.0000091
580	0.870	0.1212	720	0.00105	0.00000478
590	0.757	0.0655	730	0.00052	0.0000026
600	0.631	0.03315	740	0.00025	0.000001379
610	0.503	0.01593	750	0.00012	0.00000076
620	0.381	0.007374	760	0.00006	0.000000425
630	0.265	0.003335	770	0.00003	0.0000024
640	0.175	0.001497	780	0.000015	0.000000139
650	0.107	0.000667			

将两个波长的光 λ_1、λ_2 进行比较，由式(2-7)可知

$$\Phi_v(\lambda_1)=KV(\lambda_1)\Phi_e(\lambda_1)$$
$$\Phi_v(\lambda_2)=KV(\lambda_2)\Phi_e(\lambda_2) \qquad (2-8)$$

当光通量相同时，即对于等明度光谱有

$$\Phi_v(\lambda_1)=\Phi_v(\lambda_2)$$

所以

$$\frac{V(\lambda_1)}{V(\lambda_2)}=\frac{\Phi_e(\lambda_2)}{\Phi_e(\lambda_1)} \qquad (2-9)$$

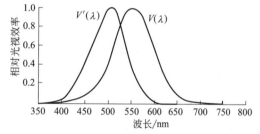

图 2-9 光谱光视效率曲线

式(2-9)表示：当明度相同时，光谱光视效率与辐通量成反比。

如果辐通量相同，即 $\Phi_e(\lambda_1)=\Phi_e(\lambda_2)$，则

$$\frac{V(\lambda_1)}{V(\lambda_2)}=\frac{\Phi_v(\lambda_1)}{\Phi_v(\lambda_2)} \qquad (2-10)$$

也就是说，当辐通量相同的时候，光谱光视效率与光通量成正比，即感觉越亮的光，其光谱光视效率越大。

从图 2-9 所示的 $V(\lambda)$ 曲线可以看出，在一些波长处光谱光视效率趋近于 0，表明人眼对这些波长的光感知很少，因此，即使光源的某些波长的光谱辐射客观存在，但人眼不产生光感觉。这些波长主要集中在 380～400nm 和 700～780nm 区间，可忽略不计，故常取 400～700nm 为可见光区间。

由于人眼对各个波长的感受性不同，所以各个波段所产生的光感觉程度也不相同。因而，整个可见光谱区间光通量 Φ_v 可由下式计算

$$\Phi_v=K\int_{380}^{780}\Phi_e(\lambda)V(\lambda)\mathrm{d}\lambda \qquad (2-11)$$

由实验求得 K 为 683lm/W。

5. 色觉异常

色觉是人眼视觉的重要组成部分。色彩的感受与反应是一个充满奥秘的复杂系统，辨色过程中任何环节出了问题，人眼辨别颜色的能力就会发生障碍，这称为色觉障碍（即色盲或色弱）。1875 年，在瑞典拉格伦曾发生过一起惨重的火车相撞事故——因为司机是位色盲患者，看错了信号。从那以后，辨色力检查就成为体检中一个必不可少的项目。通常，色盲患者是不能辨别某些颜色或全部颜色，以红绿色盲为多见，红色盲者不能分辨红光，绿色盲者不能感受绿色，这无疑会给生活和工作带来不良影响。色弱主要是指辨色功能低下，比色盲的表现程度轻，也分红色弱、绿色弱等。色弱者虽然能看到正常人所看到的颜色，但辨认颜色的能力迟缓或很差，在光线较暗时，有的几乎和色盲差不多或表现为色觉疲劳。色盲与色弱以先天性因素为多见。

先天性色盲或色弱是遗传性疾病，且与性别有关。临床调查显示，男性色盲占 4.9%，女性色盲仅占 0.18%，男性患者人数大大超过女性，这是因为色盲遗传基因存在于性染色体的 X 染色体上，而且采取伴性隐性遗传方式。通常男性表现为色盲，而女性却为外表正常的色盲基因携带者，因此色盲患者男性多于女性。

先天性色觉障碍终生不变，目前尚缺乏特效治疗，可以有针对性地戴红色或绿色软接触眼镜来矫正。有人试用针灸或中药治疗，据称有一定效果，但仍处于临床研究阶段。由于色盲和色弱是遗传性疾病，可传给后代，因此避免近亲结婚和婚前调查对方家族遗传病史，降低色盲后代的出生率，不失为有效的预防手段。

少数色觉异常也见于后天性患者，多是由视觉器官疾病引起，伴有视力障碍及视野暗点。视网膜疾病常伴黄蓝色觉异常，而视神经疾病常伴红绿色觉障碍。早期青光眼可以出现黄蓝色觉障碍，随着病情进展，会出现红绿色觉障碍，甚至全色觉障碍。后天性色觉障碍的防治主要是治疗原发病，原发病治愈和好转，色觉障碍也常常随之消失或减轻。

色觉异常者不宜从事与色彩相关的工作，如交通运输、化工、印染、美术、医学等。印刷行业是一个色彩复制的行业，它要求印刷工作者具有较高的颜色分辨力，色觉异常者尤其不宜从事摄影、设计、印刷行业的工作。

第三节　光源及物体的光谱特性

一、光源

光是由光源发出的。在物理学上，能发出一定波长范围电磁波（包括可见光与紫外线、红外线、X 射线等不可见光）的物体都称为光源。人们常说的光源通常指能发出可见光的发光体。光源可分为自然光源和人工光源，最典型的自然光源就是太阳、恒星等，日光灯、白炽灯等都属于人工光源。月亮表面、桌面等依靠反射外来光才能使人们看到它们，这样的物体不能称为光源。

1. 光源的光谱分布

在进行物体表面色的计算之前，我们还必须了解光源的特性——光谱相对能量分布。一般的光源是由不同波长的色光混合而成的复色光，如果将它的光谱中每种色光的强度用传感器测量出来，就可以获得不同波长色光的辐射能的数值。图 2-10 就是一种用来测量各波长色光辐射能的仪器的原理图，这种仪器称为分光辐射度计。

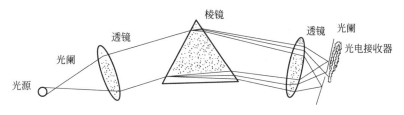

图 2-10　分光辐射度计原理

图 2-10 表明，光源经过左边的光阑和透镜变成平行光束，投向棱镜的入射平面，当入射光通过棱镜时，由于折射，使不同波长的色光，以不同的角度弯折，从棱镜的出射平面射出。任何一种分解后的光谱色光在离开棱镜时，仍保持为一束平行光，再由右边的透镜聚光，通过光阑射在光电接收器上转换为电能。如果右边的光阑是可以移动的，就可以把光谱中任意一种谱色挑选出来，所以，在光电接收器上记录的是光谱中各种不同波长色光的辐射能。若以 $\varPhi_e$ 表示光的辐射能，λ 表示光谱波长，则定义在以光谱波长 λ 为中心的微小波长范围内的辐射能与该波长的宽度之比称为光谱密度（GB/T 5698—2001《颜色术语》中也叫光谱密集度）。写成数学形式：

$$\varPhi_e(\lambda)=\frac{\mathrm{d}\varPhi_e}{\mathrm{d}\lambda}(\mathrm{W/nm}) \tag{2-12}$$

光谱密度表示单位波长区间内辐射能的大小。通常光源中不同波长色光的辐射能是随波长的变化而变化的，因此，光谱密度是波长的函数。光谱密度与波长之间的函数关系称为光谱功率分布。

在实用上更多的是以光谱密度的相对值与波长之间的函数关系来描述光谱分布，称为相对光谱功率分布，记为 $S(\lambda)$。相对光谱功率分布可用任意值来表示，但通常是取波长 $\lambda=560\mathrm{nm}$ 处的辐射能量为 100，作为参考点，与之进行比较而得出的。若以光谱波长 λ 为横坐标，相对光谱功率分布 $S(\lambda)$ 为纵坐标，就可以绘制出光源相对光谱功率分布曲线。

知道了光源的相对光谱功率分布，就知道了光源的颜色特性。反过来说，光源的颜色特性，取决于在发出的光线中，不同波长上的相对能量比例，而与光谱密度的绝对值无关。绝对值的大小只反映光的强弱，不会引起光源颜色发生变化。

实际光源的能量分布不是完全均匀一致的，当然也没有一种完全的白光；然而，尽管这些光源（自然光或人造光）在光谱分布上有很大的不同，在视觉上也有差别，但由于人眼有很大的适应性，因此，习惯上将这些光都称为"白光"。但是在色彩的定量研究中，1931 年国际照明委员会（缩写 CIE）建议，以等能量光谱作为白光的定义，等能白光的意义是：以辐射能作纵坐标、光谱波长为横坐标，则它的光谱功率分布曲线是一条平行横轴的直线。即 $S(\lambda)=C$（常数）。等能白光分解后得到的光谱称为等能光谱，每一波长为 λ 的等能光谱色色光的能量均相等。

表 2-3 和彩色插页图 2-11 列出了部分 CIE 照明体的相对光谱功率分布数据和图形表示。

表 2-3　部分 CIE 照明体的相对光谱功率分布

波长 λ/nm	A	C	D50	D55	D65	D75	波长 λ/nm	A	C	D50	D55	D65	D75
300	0.93		0.02	0.02	0.03	0.04	480	48.24	123.90	95.11	102.74	115.92	126.80
305	1.13		1.03	1.05	1.66	2.59	485	51.04	122.92	93.54	100.41	112.37	122.29
310	1.36		2.05	2.07	3.29	5.13	490	53.91	120.70	91.96	98.08	108.81	117.78
315	1.62		4.91	6.65	11.77	17.47	495	56.85	116.90	93.84	99.38	109.08	117.19
320	1.93	0.01	7.78	11.22	20.24	29.81	500	59.86	112.10	95.72	100.68	109.35	116.59
325	2.27	0.20	11.26	15.94	28.64	42.37	505	62.93	106.98	96.17	100.69	108.58	115.15
330	2.66	0.40	14.75	20.65	37.05	54.93	510	66.06	102.30	96.61	100.70	107.80	113.70
335	3.10	1.55	16.35	22.27	38.50	56.09	515	69.25	98.81	96.87	100.34	106.30	111.18
340	3.59	2.70	17.95	23.88	39.95	57.26	520	72.50	96.90	97.13	99.99	104.79	108.66
345	4.14	4.85	19.48	25.85	42.43	60.00	525	75.79	96.78	99.61	102.10	106.24	109.55
350	4.74	7.00	21.01	27.82	44.91	62.74	530	79.13	98.00	102.10	104.21	107.69	110.44
355	5.41	9.95	22.48	29.22	45.78	62.86	535	82.52	99.94	101.43	103.16	106.05	108.37
360	6.14	12.90	23.94	30.62	46.64	62.98	540	85.95	102.10	100.75	102.10	104.41	106.29
365	6.95	17.20	25.45	32.46	49.36	66.65	545	89.41	103.95	101.54	102.53	104.23	105.60
370	7.82	21.40	16.96	34.31	52.09	70.31	550	92.91	105.20	102.32	102.97	104.05	104.90
375	8.77	27.50	25.72	33.45	51.03	68.51	555	96.44	105.67	101.16	101.48	102.02	102.45
380	9.80	33.00	24.49	32.58	49.98	66.70	560	100.00	105.30	100.00	100.99	100.00	100.00
385	10.90	39.92	27.18	35.34	52.31	68.33	565	103.58	104.11	98.87	98.61	98.17	97.81
390	12.09	47.40	29.87	38.09	54.65	69.96	570	107.18	102.30	97.74	97.22	96.33	95.62
395	13.35	55.17	39.59	49.52	68.70	85.95	575	110.80	100.15	98.33	97.48	96.06	94.91
400	14.71	63.30	49.31	60.95	82.75	101.93	580	114.44	97.80	98.92	97.75	95.79	94.21
405	16.15	71.81	52.91	64.75	87.12	106.91	585	118.08	95.43	96.21	94.59	92.24	90.60
410	17.68	80.60	56.51	68.55	91.49	111.89	590	121.73	93.20	93.50	91.43	88.69	87.00
415	19.29	89.53	58.27	70.07	92.46	112.35	595	125.39	91.22	95.59	92.93	89.35	87.11
420	21.00	98.10	60.03	71.58	93.43	112.80	600	129.04	89.70	97.69	94.42	90.01	87.23
425	22.79	105.80	58.93	69.75	90.06	107.94	605	132.70	88.83	98.48	94.78	89.80	86.68
430	24.67	112.40	57.82	67.91	86.68	103.09	610	136.35	88.40	99.27	95.14	89.60	86.14
435	26.64	117.75	66.32	76.76	95.77	112.14	615	139.99	88.19	99.16	94.68	88.65	84.86
440	28.70	121.50	74.82	85.61	104.87	121.20	620	143.62	88.10	99.04	94.22	87.70	83.58
445	30.85	123.45	81.04	91.80	110.94	127.10	625	147.24	88.06	97.38	92.33	85.49	81.16
450	33.09	124.00	87.25	97.99	117.01	133.01	630	150.84	88.00	95.72	90.45	83.29	78.75
455	35.41	123.60	88.93	99.23	117.41	132.68	635	154.42	87.86	97.29	91.39	83.49	78.59
460	37.81	123.10	90.61	100.46	117.81	132.36	640	157.98	87.80	98.86	92.33	83.70	78.43
465	40.30	123.30	90.99	100.19	116.34	129.84	645	161.52	87.99	97.26	90.59	81.86	76.61
470	42.87	123.80	91.37	99.91	114.86	127.32	650	165.03	88.20	95.67	88.85	80.03	74.80
475	45.52	124.09	93.24	101.33	115.39	127.06	655	168.51	88.20	96.93	89.59	80.12	74.56

续表

波长 λ/nm	A	C	D50	D55	D65	D75	波长 λ/nm	A	C	D50	D55	D65	D75
660	171.96	87.90	98.19	90.32	80.21	74.32	750	227.00	59.20	78.23	71.88	63.59	58.63
665	175.38	87.22	100.60	92.13	81.25	74.87	755	229.59	58.50	67.96	62.34	55.01	50.62
670	178.77	86.30	103.00	93.95	82.28	75.42	760	232.12	58.10	57.69	52.79	46.42	42.62
675	182.12	85.30	101.07	91.95	80.28	73.50	765	234.59	58.00	70.31	64.36	56.61	51.98
680	185.43	84.00	99.13	89.96	78.28	71.58	770	237.01	58.20	82.92	75.93	66.81	61.35
685	188.70	82.21	93.26	84.82	74.00	67.71	775	239.37	58.50	80.60	73.87	65.09	59.84
690	191.93	80.20	87.38	79.68	69.72	63.85	780	241.68	59.10	78.27	71.82	63.38	58.32
695	195.12	78.24	89.49	81.26	70.67	64.46	785	243.92		78.91	72.38	63.84	58.73
700	198.26	76.30	91.60	82.84	71.61	65.08	790	246.12		79.55	72.94	64.30	59.14
705	201.36	74.36	92.25	83.84	72.98	66.57	795	248.25		76.48	70.14	61.61	56.94
710	204.41	72.40	92.89	84.84	74.35	68.07	800	250.33		73.40	67.35	59.45	54.73
715	207.41	70.40	84.87	77.54	67.98	62.26	805	252.35		68.66	63.04	55.71	51.32
720	210.37	68.30	76.85	70.24	61.60	56.44	810	254.31		63.92	58.73	51.96	47.92
725	213.27	66.30	81.68	74.77	65.74	60.34	815	256.22		67.35	61.86	54.70	50.42
730	216.12	64.40	86.51	79.30	69.89	64.24	820	258.07		70.78	64.99	57.44	52.92
735	218.92	62.80	89.55	82.15	72.49	66.70	825	259.87		72.61	66.65	58.88	54.23
740	221.67	61.50	92.58	84.99	75.09	69.15	830	261.60		74.44	68.31	60.31	55.54
745	224.36	60.20	85.40	78.44	69.34	63.89							

2. 标准照明体及光源

光源是颜色形成的非常重要的因素，光源的好坏直接影响着人们对颜色的评价。一件蓝色的物品，在日光下显示是蓝色，但是，当拿到其他光源下，例如，在高压钠灯下，就会发现显示成黑色。因此，为了统一颜色测量的标准，CIE 推荐了标准照明体和标准光源。

在 GB/T 3978—2008《标准照明体和几何条件》中，对照明体、色度学标准照明体、色度学标准光源作了定义。照明体是指"在影响物体颜色视觉的整个波长范围内所定义的相对光谱功率分布"；色度学标准照明体是指"由 CIE 用相对光谱功率分布定义的照明体 A 和照明体 D65"；色度学标准光源是指"由 CIE 规定的人工光源，其相对光谱功率分布近似于 CIE 标准照明体的相对光谱功率分布"。

在普通色度学中，规定使用以下五种标准照明体，其相对光谱功率分布见表 2-3。

照明体 A：应为完全辐射体在绝对温度 2856K 时发出的光，相对光谱功率分布根据普朗克辐射定律计算。它是同色异谱测试的典型白炽灯、家庭或商场重点使用的光源。

照明体 C：代表相关色温大约为 6774K 的平均日光，光色近似阴天天空的昼光。

照明体 D50、D65、D75：代表色温分别为 5003K、6504K 和 7504K 时相关状态的昼光。其中 D50 可以模拟中午天空光，在形象艺术中颜色品质、一致性好；D65 可以模拟平均北方天空日光，光谱值符合欧洲、太平洋周边国家视觉颜色标准；D75 可以模拟北方天空日光，符合美国视觉颜色评定。

当然，除了 CIE 规定的标准照明体，在实际的应用中还有很多类型光源，表 2-4 为国际上主要的通用光源。

表 2-4 国际上主要的通用光源

光源	灯的类型	色温	显色指数	内容及用途
Horizon	卤钨灯(白炽灯)	2300K	95+	模拟早晨日升、下午日落时的日光,同色异谱测试
CWF(F2)	美国商业荧光灯	4150K	62	典型的美国商场和办公室灯光,同色异谱测试
WWF	美国商业荧光灯	3000K	70	典型的美国商场和办公室灯光,同色异谱测试
U30(F12)	美国商业荧光灯	3000K	85	稀土商用荧光灯,用于商场照明。等同于 TL83
U41	美国商业荧光灯	4100K	85	稀土商用荧光灯,用于商场照明。等同于 TL84
TL83	欧洲商业荧光灯	3000K	85	稀土商用荧光灯,在欧洲和太平洋周边地区用于商场和办公室照明
TL84(F11)	欧洲商业荧光灯	4100K	85	稀土商用荧光灯,在欧洲和太平洋周边地区用于商场和办公室照明
UV	"黑光灯"、紫外光灯	BLB	N/A	近紫外线不可视,用于检视增白剂效果、荧光染料等
MV	高强度商业灯	4100K	70	水银灯,用于商场、工厂、街道照明
MH	高强度商业灯	3100K	65	金属卤化灯,用于商场照明
HPS	高强度商业灯	2100K	50	高压钠灯,用于工厂照明

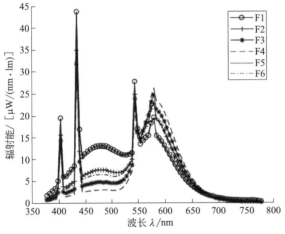

图 2-12 F1~F6 光源的光谱分布

F 系列光源代表各种类型的荧光灯,F 光源的光谱有几个比较尖锐的峰,这些峰就是发出来的荧光,共有 F1~F12 种类型。F1~F6 标准荧光灯是锑(Sb)和锰(Mn)激活卤磷酸钙荧光粉发出的半宽频的荧光,其光谱分布如图 2-12 所示。F7~F9 标准荧光灯是激活多种荧光粉发出的宽频带的荧光,其光谱分布如图 2-13 所示。F10~F12 标准荧光灯是由三元复合稀土荧光粉发出的狭窄三重频带红(R)、绿(G)、蓝(B)组成的窄频带光源,通过 R、G、B 三色光来覆盖整个可见光光谱,其光谱分布如图 2-14 所示。

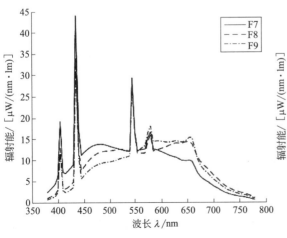

图 2-13 F7~F9 光源的光谱分布

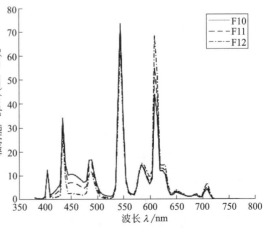

图 2-14 F10~F12 光源的光谱分布

二、物体的光谱特性

1. 透射

光照射在透明体或半透明体（如玻璃、滤色片等）上，经过折射穿过物体后的照射出来的现象叫作透射。透明体透过光的程度用透射率来表示，即入射光通量 Φ_i 与透射光通量 Φ_τ 之比 τ，如图 2-15 所示，表示为

$$光透射率（比）\tau = \frac{\Phi_\tau}{\Phi_i} \qquad (2\text{-}13)$$

图 2-15 所示为透射、吸收和反射示意图，式(2-13) 和图 2-15 中，Φ_i 为入射光通量；Φ_ρ 为反射光通量；Φ_τ 为透射光通量。

从色彩的观点来说，每一个透明体都能够用光谱透射率分布曲线来描述，此光谱透射率分布曲线为一相对值分布。所谓光谱透射率是指从物体透射出的波长为 λ 的光通量 $\Phi_\tau(\lambda)$ 与入射于物体上的波长为 λ 的光通量 $\Phi_i(\lambda)$ 之比。光谱透射率（比）$\tau(\lambda)$ 表示为

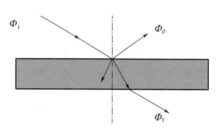

图 2-15 透射、吸收和反射示意图

$$\tau(\lambda) = \frac{\Phi_\tau(\lambda)}{\Phi_i(\lambda)} \qquad (2\text{-}14)$$

因此，由式(2-13) 和式(2-14) 可以得到物体总透射比为

$$\tau = \frac{\int_\lambda \Phi_\tau(\lambda)\mathrm{d}\lambda}{\int_\lambda \Phi_i(\lambda)\mathrm{d}\lambda} = \frac{\int_\lambda \Phi_i(\lambda)\tau(\lambda)\mathrm{d}\lambda}{\int_\lambda \Phi_i(\lambda)\mathrm{d}\lambda} \qquad (2\text{-}15)$$

通常在测量透射样品的光谱透射率时，还应以与样品相同厚度的空气层或参比液作为标准进行比较测量。

印刷品是典型的反射样品，红、绿、蓝、黄典型颜色的光谱反射率曲线如彩色插页图 2-16 所示。

2. 反射

一束光线投射到一个不透明的物体上，将有一部分光被反射，余下的光将被物体表面吸收。

反射率可表征不透明物体对光的反射程度。光反射率可以定义为"被物体表面反射的光通量 Φ_ρ 与入射到物体表面的光通量 Φ_i 之比"。用公式表示为

$$光反射率（比）\qquad\qquad \rho = \frac{\Phi_\rho}{\Phi_i} \qquad (2\text{-}16)$$

同理，从色彩的观点来说，每一个反射物体对光的反射效应，能够以光谱反射率分布曲线来描述。光谱反射率 $\rho(\lambda)$ 定义为在波长 λ 的光照射下，样品表面的反射光通量 $\Phi_\rho(\lambda)$ 与入射光通量 $\Phi_i(\lambda)$ 之比。表示为

$$光谱反射率（比）\rho(\lambda) = \frac{\Phi_\rho(\lambda)}{\Phi_i(\lambda)} \qquad (2\text{-}17)$$

因此，由式(2-16) 和式(2-17) 可以得到物体总反射率（比）为

$$\rho = \frac{\int_\lambda \Phi_\rho(\lambda)\mathrm{d}\lambda}{\int_\lambda \Phi_\mathrm{i}(\lambda)\mathrm{d}\lambda} = \frac{\int_\lambda \Phi_\mathrm{i}(\lambda)\rho(\lambda)\mathrm{d}\lambda}{\int_\lambda \Phi_\mathrm{i}(\lambda)\mathrm{d}\lambda} \qquad (2-18)$$

3. 吸收

物体对光的吸收有两种形式：如果物体对入射白光中所有波长的光都等量吸收，则称为非选择性吸收。例如白光通过灰色滤色片时，一部分白光被等量吸收，使白光能量减弱而变暗。如果物体对入射光中某些色光比其他波长的色光吸收程度大，或者对某些色光根本不吸收，这种不等量地吸收入射光称为选择性吸收。例如白光通过黄色滤色片时，蓝光被吸收，其余色光均可透过。

物体表面的物质之所以能吸收一定波长的光，这是由物质的化学结构所决定的。可见光的频率为 $(4.3 \sim 7.2) \times 10^{14} \mathrm{Hz}$。不同物体由于其分子和原子结构不同，就具有不同的本征频率，因此，当入射光照射在物体上，某一光波的频率与物体的本征频率相匹配时，物体就吸收这一波长（频率）光的辐射能，使电子的能级跃迁到高能级的轨道上，这就是光吸收。

在光的照射下，由于光粒子与物质的微粒作用，这些物质吸收某些波长的光粒子，而不吸收另外一些波长的光粒子，使得不同物质具有不同的颜色。例如，油墨的颜色是由颜料的分子结构所决定的，分子结构的某些基团吸收某种波长的光，而不吸收另外波长的光，从而使人觉得这一物质“发出颜色”，因此把这些基团称为“发色基团”。例如，无机颜料结构中就有发色团，铬酸盐颜料的发色团是 $Cr_2O_7^{2-}$（重铬酸根），呈黄色；氧化铁颜料的发色团是 Fe^{2+}、Fe^{3+}，呈红色；铁蓝颜料的发色团是 $Fe(CN)_6^{4-}$，呈蓝色。这些不同的分子结构对光波有选择性的吸收，反射出不同波长的光。

表面覆盖了涂料的物体，对于不透明的涂料来说，颜料颗粒反射回的光还受到颜料连接料性质的影响；如果涂料是透明的，物体的颜色不仅取决于涂料的颜色，还在很大程度上取决于涂料层下物体的颜色。

白光投射到非选择性吸收的物体上时，各种波长的光被吸收的程度相同，所以，从物体上反射或透射出来的光谱成分不变，即这类物体对于各种波长的光的吸收是均等的，产生消色的效果。

光照射到非选择性吸收的物体上时，反射或透射出来的光与入射光的强度相比，均有不同程度的减少。反射率不到 10% 的非选择性吸收的物体的颜色称为黑色。反射率在 75% 以上的非选择性吸收的物体的颜色称为白色。非选择性吸收的物体对白光反射率的大小反映了物体的黑白程度。

4. 荧光

荧光是一种光致发光的冷发光现象。当某种常温物质经某种波长的入射光（通常是紫外线或 X 射线）照射，吸收光能后进入激发态，并且立即退激发并发出出射光（通常波长比入射光的波长长，在可见光波段）；而且一旦停止入射光，发光现象也随之立即消失，具有这种性质的出射光就被称为荧光。

为了提高印刷材料（如纸张）的白度，常常使用荧光增白剂。荧光增白剂是一种荧光染料，或称为白色染料，这是一种复杂的有机化合物。它的特性是能激发入射光线产生荧光，

使所染物质获得类似萤石的闪闪发光的效应，使肉眼看到的物质很白，达到增白的效果。

荧光增白剂可以吸收不可见的紫外光（300～400nm），将之转换为波长较长的蓝光或紫色的可见光（400～500nm），因而可以避免纸张中不想要的微黄色，同时反射出比原来入射的波长在400～600nm范围内更多的可见光，从而使制品显得更白、更亮、更鲜艳。在日常生活中，接触荧光剂的机会很多。只要不超过一定标准，就会给人们的生活带来不少好处。但如果过量与它接触，就会对人体造成伤害。

第四节　颜色视觉

一、颜色视觉现象

1. 颜色的适应性

由于光对眼睛的持续作用，从而使视觉感受性发生变化的现象称为颜色的适应性。颜色的适应性包括亮度适应和颜色适应。

（1）亮度适应

人们既能够在夏天中午强烈的阳光下工作，在灯光明亮的车间里观察物体，也能够在朦胧的月光或者微弱的灯光下观察物体，这是人眼的优越功能。也就是说，人眼可以工作在照明条件相差较大的条件下。从人眼的结构可以知道，当光线强烈时，瞳孔会缩小，减少进入眼睛的光线；反之，光线较弱时，瞳孔放大，增加进入眼睛的光线。这样通过生理上的调节，对光线的强度进行适应，就可以获得清晰的影像，这个过程称为亮度适应。亮度适应分为暗适应和明适应。

1）暗适应

当人们从明亮的阳光下走进已经开演的电影院时，最开始眼前一片漆黑，过几分钟，能够隐隐约约看到观众的影子，十几分钟后，基本上能够适应周围的环境，甚至还可以借助银幕上影像的微弱的光线看清椅子上的号码。这种光线由明变暗，人眼在黑暗中的感受性逐步增强的过程叫作暗适应。在暗适应的过程中，一方面瞳孔自动放大，由2mm逐步扩大到8mm，使进入眼睛的光线增加数倍；另一方面，在黑暗中由视锥细胞视觉转变为视杆细胞视觉，即由明视觉转变为暗视觉，看不清物体的颜色和细节，只能够看清形状和运动。经测定，人眼在黑暗中停留15min后，视觉感受性比开始时提高数万倍。

红光只对视锥细胞起作用，对视杆细胞不起作用，所以红光不会阻碍视杆细胞的暗适应过程。在暗室工作的人员进出暗室时，如果戴上红色眼镜，从明亮的地方回到暗室时，就不需要重新进行暗适应，既节约了工作时间，又保护了眼睛。车辆的尾灯采用红灯也是有利于司机在夜晚行车时的暗适应。夜间飞机驾驶舱的仪表采用红光照明，既保证飞行员看清楚仪表，又能够保持视觉的暗适应状态。

2）明适应

在暗室工作一段时间后，走到明亮的地方，最初会感到耀眼，什么也看不到，大约经过1min，视觉又恢复正常，这种当光线由暗转亮时，视网膜对光线刺激的感受性逐步降低的过程称为明适应。明适应是暗适应的逆过程，在明适应的过程中，瞳孔缩小，由8mm缩为最小2mm，同时视杆体细胞失去作用，视锥细胞开始工作，又能够看清物体的颜色和细节了。

人眼感光灵敏度的一般变化规律是：感光灵敏度降低时快，即明适应需要的时间短；感光灵敏度提高时慢，即暗适应需要的时间长。

（2）颜色适应

如果在日光下观察一张纸，感觉这是一张白纸，将该纸拿到400W的白炽灯下，第一印象是纸张带有淡黄色，经过几分钟后，又觉得纸张不再发黄，仍然是白色的；再将该纸拿到日光下，开始时又觉得纸张是淡蓝色的，几分钟后又趋向于白色了。感觉纸张由淡黄色变为白色或由淡蓝色变为白色，所有客观条件都没有改变，唯一改变的就是人眼的视觉。这种情况主要表现在当照明方式突然改变时，人眼会感觉到物体颜色的变化，但是经过一段时间之后，眼睛便习惯了新的光源，物体又重新显现出它原始的不失真的外貌。通常人眼适应一定的颜色刺激后，再观察另一种颜色时，后者的色彩会受到前者的影响，通常是带有前者的补色成分。我们将先看到的色光对后看到的颜色的影响所造成的颜色视觉的变化叫作颜色适应。

对于从事彩色印刷复制工作的人员来说，在观察颜色时，强调要保持最初的印象和新鲜感，并规定"夜不观色"，也就是说不要在色温太低的光源下研究色差，目的就在于消除由光源光色产生的颜色适应的影响。

2. 颜色对比

色彩对比是指两种或两种以上的色彩放在一起时，由于相互影响的作用显示出差别的现象。在我们的视觉中，可以说任何色都是在对比状态或者是在相对条件下存在的。因为任何物态或者是一块颜色都不可能孤立地存在。它都是从整体中显现出来的；而我们的知觉也不可能单独地去感受某一种色，总是在大的整体中去感觉各个部分。进一步讲，对一块颜色的认识，与它存在的环境有关。例如色彩写生，初学者往往会出现这样的问题：调色板上的颜色似乎调准了，可是涂到画面上又觉得不"准"，有的学生甚至每调一笔就走到对象前面对比一下。但结果还是和感觉中的对象色彩不一样。原因何在？首先要明白，对象、调色板、画面是三个不同的色彩环境，同样一个色在不同的地方会得到不同的视觉效果。所以，在观察色彩时，应该记住客观物象之间的对比关系，只要画面的总体感觉"对"了，颜色也就"准"了。反之，总体感觉不"准"，即使个别颜色与对象完全一样，也不可能有"准"的感觉。从中可以看出，对比的存在对于视觉是绝对的，而对比的效果则是相对的。

（1）明度对比

因明度差别而形成的色彩对比称为明度对比。根据明度色标，明度在0～3的色彩称为低调色；明度在4～6的色彩称为中调色；明度在7～10的色彩称为高调色。

色彩间明度差别的大小决定了明度对比的强弱。差别在3以内的对比称为明度弱对比，又称为短调对比；差别在3～5的对比称为明度中对比，又称中调对比；差别在5以上的对比称为明度强对比，又称长调对比。

在明度对比中，如果其中面积最大，作用也最大的色彩或色组属高调色，它和另外色的对比属长调对比，整组对比就称为高长调。用这种方法可以把明度对比大体划分为以下十种：高长调、高中调、高短调、中间长调、中间中调、中间短调、低长调、低中调、低短调、最长调。

由于明度倾向和明度对比程度的不同，这些调子的视觉作用和感情影响各有特点。

高长调具有积极的、刺激的、快速明了的效果。高短调具有幽雅、柔和，有明亮的、女性的、沉默的效果。中间长调可以由黑、白、灰三色构成，有强的、男性的、丰富的效果。中间短调具有如做梦似的薄暮感，显得含蓄、模糊而平板。低长调较强烈，有爆发性，具有苦恼和苦闷感。低短调则薄暗、低沉，具有如死一般的忧郁感。

一般来说，高调愉快、活泼、柔软、弱、辉煌、轻；低调朴素、丰富、迟钝、重、雄大，有寂寞感。明度对比较强时，光感强，形象的清晰程度高，锐利，不容易出现误差。明度对比弱、不明朗、模糊不清时，则如梦，显得柔和静寂、柔软含混、单薄、晦暗、形象不易看清，效果不好。明度对比太强时，如最长调，会产生生硬、空间、眩目、简单化等感觉。

对装饰色彩的应用来说，明度对比的正确与否，是决定配色的光感、明快感、清晰感以及心理作用的关键。历来的图案配色，都重视黑、白、灰的训练。因此在配色中，既要重视非彩色的明度对比的研究，更要重视有彩色之间的明度对比的研究，注意检查色的明度对比及其效果，这是应掌握的方法。

（2）色相对比

因色相的差别而形成的色彩对比称为色相对比。色相的差别虽是因可见光的波长的长短差别形成的，但不能完全根据波长的差别来确定色相的差别和色相的对比程度。因为红色光与紫色光的波长差虽然最大，但都处于可见光的两极，都接近不可见光的波长，从眼睛感觉的角度分析，它们的色相是接近的，色相环反映了这一规律。因此在度量色相差时，不能只依靠测光器和可见光谱，而应借助色相环。

色相对比的强弱，决定于色相在色相环上的距离。色相距离在15°以内的对比，一般看作用色相的不同明度与纯度的对比，因为距离15°的色相属于模糊的较难区分的色相。这样的色相对比称为同类色相对比，是最弱的色相对比。色相距离在15°以上，45°以下的对比，称为邻近色相对比，或称近似色相对比，是较弱的色相对比。色相距离在130°左右的对比，一般称为对比色相对比，是色相中对比。色相距离在180°左右的对比称互补色相对比，是色相强对比。色相距离如果大于180°，从余下的弧度来看，必然小于180°。所以距离恰好在180°的对比称为最强色相对比。任何一个色相都可以自为主色，组成同类、近似、对比或互补色相对比。

"人们欢迎色彩"，这就是说对于一定纯度的色彩来说，不同程度的色相对比，既有利于人们识别不同程度的色相差异，也可以满足人们对色相感的不同要求。实际上同类色相对比是同一色相里的不同明度与纯度色彩的对比。这种色相的同一，不是各种色相的对比因素，而是色相调和的因素，也是把对比中的各色统一起来的纽带。因此，这样的色相对比，色相感就显得单纯、柔和、协调，无论总的色相倾向是否鲜明，调子都很容易统一调和。这种对比方法比较容易被初学者掌握。仅仅改变一下色相，就会使总色调改观。这类调子和稍强的色相对比调子结合在一起时，让人感到高雅、文静；相反则感到单调、平淡而无力。

邻近色相对比的色相感，要比同类色相对比明显些、丰富些、活泼些，可稍稍弥补同类色相对比的不足，但不能保持统一、协调、单纯、雅致、柔和、耐看等优点。

将各种类型的色相对比的色调放在一起时，同类色相及邻近色相对比，均能保持其明确的色相倾向与统一的色相特征。这种效果则显得更鲜明、更完整、更容易被看见。这时，色调的冷暖特征及其感情效果就显得更有力量。

对比色相对比的色相感，要比邻近色相对比鲜明、强烈、饱满、丰富，容易使人兴奋激动，会造成视觉以及精神的疲劳。这类调子的组织比较复杂，统一的工作也比较难做。它不容易单调，而容易产生杂乱和过分刺激，造成倾向性不强，缺乏鲜明的个性。

互补色相对比的色相感，要比对比色相对比更完整、更丰富、更强烈，更富有刺激性。对比色相对比也会觉得单调，不能适应视觉的全色相刺激的习惯要求，互补色相对比就能满足这一要求，但它的缺点是不安定、不协调、过分刺激，有一种幼稚、原始和粗俗的感觉。要想把互补色相对比组织得倾向鲜明、统一与调和，配色技术的难度就更高了。

（3）彩度对比

因纯度差别而形成的色彩对比叫作彩度对比。前面已讲过，不同色相的纯度，因其彩度相差较大，很难规定一个划分高、中、低纯度的统一标准。这里只能提示一个笼统的办法：把各主要色相的彩度均分成三段，处于零度色所在段内的称为低彩度色，处于纯色所在段内的称为高彩度色，余下的称为中彩度色。

一般来说，对比色彩间纯度差的大小，决定彩度对比的强弱，不同的色相情况就不完全一样，像与 R 一样的色相，就能达到较好的彩度。差 10 以上的彩度对比应称为彩度强对比，差 3 个阶段以下的称为彩度弱对比，其余均称为彩度中对比。

在彩度对比中，假如其中面积最大的色和色组属高彩度色（又称鲜色），而对比的另一色彩度低，就构成了彩度鲜明对比。用这样的办法可把彩度对比大体划分为鲜明对比、鲜中对比、鲜弱对比、中中对比、中弱对比、灰弱对比、灰中对比、灰强对比、最强对比等。

由于彩度倾向和彩度对比的程度不同，这些调子的视觉作用与感情影响各具特点。

一般来说，鲜色的色相明确、注目，视觉兴趣强，色相的心理作用明显，但容易使人疲倦，不能持久注视。含灰色等低纯度的色相则较含蓄，不容易分清楚，视觉兴趣弱，注目程度低，能持久注视，但因平淡乏味，久看容易令人厌倦。

在色相、明度相等的条件下，纯度对比的总特点是柔和，彩度差越小，柔和感越强。对视觉来说，一个阶段差的明度对比，其清晰度等于 3 个阶段差的彩度对比，因此，单一形度弱对比表现的形象比较模糊。

彩度对比的另一个特点是增强用色的鲜艳感，即增强色相的明确感。彩度对比较强，鲜色的艳丽、生动、活泼、注目及其感情倾向越明显。

配度彩度对比不足时，往往会出现粉、脏、灰、黑、闷、单调、软弱、含糊等感觉；彩度对比过强时，则会出现生硬、杂乱、刺激、眩目等感觉。

3. 颜色的恒常性

色源的照明光谱和照明水平发生较大变化而色源的颜色看起来是不变的，这种现象叫作颜色恒常性。例如，中午和黄昏，外界的照明水平有很大差异，日光和白炽灯、日光灯所发出的光谱分布很不相同，但是红花、绿叶看起来几乎是不变的。

颜色的恒常性是人眼视觉的一个重要特性，正是由于这一特性，使人类对自然界和生活工作中的各种物体的颜色有一种稳定的感受。假设没有这一特性，红花和绿叶在白天、夜晚、晴天、阴天等不同照明条件下就会各不相同，这看起来是多么不可思议！但是，颜色的恒常性所涉及的照明光谱或照明水平的变化都是有一定限度的，当这些变化太大时，被照明物体的颜色就不再保持不变了。我们都知道，肉店常用含红光多的灯光照明，金银首饰店常用含黄光多的灯光照明，其目的都是用特殊的灯光增强商品的吸引力，以招徕顾客。

与颜色的恒常性相联系的是颜色匹配的恒常性。在一种照明下相互匹配的一对异谱同色，在另外一种光谱分布和照明水平类似的照明下，这一对异谱同色仍然是相互匹配的，眼睛仍然把这对颜色看作相同的。当然，颜色匹配恒常性也同样要在变化不太大的照明条件下才能保持，超过一定的限度，这种恒常性也就不能继续存在。

4. 负后像

一般来说，对某一颜色光预先适应后再观察其他颜色，则其他颜色的明度和饱和度都会降低。在一个白色或灰色的背景上注视一块颜色纸片一段时间，当拿走颜色纸片后，仍继续注视背景的同一点，背景上就会出现原来颜色的补色，这一诱导出的补色时隐时现，直至最后完全消失，这种现象称为负后像现象，也是一种色适应现象。因此，在颜色视觉实验中，如果先后在两种光源下观察颜色，就必须考虑视觉对前一光源色适应的影响。

负后像是神经兴奋疲劳过度引起的，因此它的反应与正后像相反。例如：当人眼长时间（2min 以上）凝视一个红色方块后，再迅速转移到一张灰白色纸上时，将会感觉有一个青色方块。这种现象在生理学上可解释为：当凝视红色方块后，含红色素的视锥细胞长时间的兴奋引起疲劳，相应的感觉灵敏度也因此降低，当视线转移到白纸上时，就相当于白光中减去红光，出现青光，所以引起青色觉。由此推理，当长时间凝视一个红色方块后，再将视线移向黄色背景，那么，黄色就必然带有绿味（红视觉后像为青，青＋黄＝绿）。

二、颜色心理学

人的心理活动是一个极为复杂的过程，它由各种不同的形态所组成，如感觉、知觉、思维、情绪、联想等，而视觉只是包括听觉、味觉、嗅觉、触觉等在内的一种感觉。因此，当视觉形态的形和色作用于心理时，并非是对某物或某色个别属性的反映，而是一种综合的、整体的心理反应。另外，色彩的嗜好和色彩的象征性也会给色彩带来某种特别的心理效应。总之，色彩心理的研究，可使我们对色彩的认识不仅停留在表面，而且能够更深入地去掌握它、享受它和创造它。

1. 色彩的心理表现类型

（1）色彩的联想

色彩的联想是人脑的一种积极的、逻辑性与形象性相互作用的、富有创造性的思维活动过程。当我们看到色彩时，能够联想回忆起某些与此色彩相关的事物，进而产生情绪上的变化，成为色彩的联想。

英国心理学家 C. W. Valentine 将色彩的联想分为三种类型：下意识类型、一般类型、个别类型。另外有些学者把联想分为具体联想和抽象联想两大类。

1）具体联想

具体联想是指人眼视觉作用于某种色彩而联想到自然环境里具体相关事物。

2）抽象联想

抽象是相对于具体而言的，是指从具体事物中抽取出来的相对独立的各个方面、属性和关系等。色彩的抽象联想是指视觉作用于色彩引起的联想。例如，看到红，具体联想可能是火焰、血液、太阳，而抽象联想可能是喜气、热忱、青春、警告等抽象名词。色彩的具体联想和抽象联想如表 2-5 所示。

表 2-5　色彩的具体联想和抽象联想

色彩	具体联想	抽象联想
红	火焰、血液、太阳	喜气、热忱、青春、警告

续表

色彩	具体联想	抽象联想
橙	柳橙、秋叶	温暖、健康、喜欢、和谐
黄	橙光、闪电	光明、希望、欢快、富贵
绿	大地、草原	和平、安全、成长、新鲜
蓝	天空、大海	平静、科技、理智、速度
紫	葡萄、菖蒲	优雅、高贵、细腻、神秘
黑	夜晚、煤炭	颜色、刚毅、法律、信仰
白	云、雪	纯洁、神圣、安静、光明
灰	水泥、老鼠	平凡、谦和、失意、中庸

由色彩产生的联想因人而异，它受到年龄、性别、阅历、兴趣、性格、民族等各方面的影响。例如，一般来说，儿童的色彩联想因阅历浅，社会接触有限，多和身边的具体物品有关；而成年人的色彩联想随生活阅历而扩展，甚至会从具体事物过渡到抽象的精神文化和社会价值观的领域。

（2）颜色的象征

颜色的象征既是历史积淀的特殊文化的结晶，也是约定俗成的文化现象，并且在社会行为中起到了标示和传播的双重作用。同时又是生存于同一时空氛围的人们共同遵循的色彩尺度。自然界色彩的熏陶，人类对于色彩的认知、运用，是人们形成色彩感情象征意义的最根本的基础。

由于时代、地域、民族、历史、宗教、文化背景、阶层以及信仰的差异，人们对色彩的喜好、理解有很大差别，色彩也逐步从具体的物体中分离出来。不同的国家、种族和人群对色彩逐渐拥有自己的偏爱和象征意义。表2-5中所列的抽象联想因此并不完全适用于所有地区。

许多哲学家、艺术家都对色彩的象征意义进行过探索和分析，德国诗人歌德在他的《色彩论》一书中，用文字对几种主要的色彩进行了生动的剖析。歌德认为，所有的色彩都处于黄（"最接近光的一种颜色"）和蓝（"总包含一些黑暗"）这两种颜色之间，他还由此将颜色分为两类：一类是阳性的积极的色彩，它们是黄、橙和朱红，他认为它们呈现出一种"积极、活跃和奋斗"的姿态；另一类是阴性的消极的色彩，它们是蓝、红蓝和蓝红，他认为它们与"不安的、柔和的向往"的情绪相默契。歌德在纯正的红色中看到的是一种高度的庄严肃穆，他认为红色能够把所有其他颜色都统一在自身之中。另一位在探索色彩象征意义上的著名人物是康丁斯基，他也对色彩的象征意义也提出了自己的看法。

在中国的传统文化中，关于色彩的象征意义有着非常悠久的文化渊源，主要包含在阴阳五行说这一宇宙观中。中国在上古时期便以玄象征天，以黄象征地，这是最早的色彩的象征。五色（青、黄、红、白、黑，其中青是指从绿到蓝，乃至于近乎黑的冷色）与阴阳五行（木、土、火、金、水）、方位（东、中、南、西、北）、音律的五音（宫、商、角、徵、羽）、人体的五脏（肝、脾、心、肺、肾）、五味（酸、甜、苦、辣、咸）、五气的燥阳和湿阴等都有一一对应的象征关系。方位的色彩象征更被形象化成东（青龙）、南（朱雀）、西（白虎）、北（玄武），这些方位形象与色彩已经与龙凤图案一样，成为中国传统文化符号体系的一个重要组成部分。

现代企业已经充分认识到色彩的象征作用在企业文化和企业宣传中的重要性，逐渐形成了本企业的标准色或行业的标准色。

标准色是企业指定某一种特定色彩或一组色彩系统，运用在所有视觉设计的媒体上，像商标、标志、包装、广告等一切企业用品上，通过色彩的视觉刺激和心理反应，传达企业的经营理念或产品的内容特征。

企业标准色正是利用色彩的象征作用，使人看到色彩，就会产生各种联想或情感。如可口可乐公司选用红色作为标准色，洋溢着青春、健康、欢乐的气息；柯达软片公司运用黄色充分表现色彩饱满、璀璨辉煌的产品性质。从色彩的象征意义考虑，企业标准色可按表 2-6 进行分类。

表 2-6　企业标准色

色彩	企业标准色
红色系	食品业、交通运输业、药品业、金融业、百货业
橙色系	食品业、石化业、建筑业、百货业
黄色系	电器业、石化业、照明业、食品业
绿色系	金融业、林业、蔬菜业、建筑业、百货业
蓝色系	交通运输业、体育用品业、药品业、化工业、电子业
紫色系	化妆品、装饰品、服装业、出版业

2. 色彩的感觉

我们知道，不同的色性和调性都具备各自的特征，人们受其影响后也就产生了各色各样的感情反应。尽管这种反应由于民族、性别、年龄、职业等不同而出现差异，但还有很多共性的感觉。像色彩的冷暖感、空间感、大小感、轻重感、柔软感、明暗感、强弱感、兴奋与沉静感、明快与忧郁感、华丽与朴实感等都明显带有色彩直感性心理效应的特征。

（1）色彩的冷暖感

色彩的冷暖感是人体本身的经验习惯赋予的一种感觉，绝不能用温度来衡量。

"冷"和"暖"这两个词原是指温度的经验。例如：太阳和火的温度很高，它们发射出的红橙色光有导热功能，使人在皮肤被照射后有温暖感；而大海、远山、冰、雪等有吸热的功能，这些地方的温度比较低，令人有寒冷感。这些生活经验和印象的积累，使视觉先于触觉，只要一看到红橙色，就会产生温暖和愉快的感觉；看到蓝色，就会觉得冰冷、凉爽。所以，从色彩的心理学来考虑，红橙色被定义为最暖色，蓝绿色被定义为最冷色。它们在色立体上的位置分别被称为暖极和冷极，离暖极近的称为暖色，像红、橙、黄等；离冷极近的称为冷色，像蓝绿、蓝紫等；绿和紫被称为冷暖的中性色。

日本色彩学家大智浩曾做过一个试验：将两个工作间分别涂成灰蓝色（冷色）和红橙色（暖色），两个工作间的客观温度条件（即物理上的温度）相同，劳动强度也一样。在冷色工作间工作的员工，于 59℉（15℃）时感到冷，而在暖色工作间工作的员工，当温度自 59℉ 降到 52℉（11℃）时，仍然不觉得冷。美国心理学家 R·阿恩海姆在他的《色彩论》一书中也引用了一位足球教练的报告："把球队的更衣室油漆成蓝色的，使队员在半场休息的时候处于缓和和放松的气氛中。但外室却涂成红色的，这是为了给我（教练）作临阵前的打气讲话提供一个更为兴奋的背景。"其原因是绿蓝色能引起人的血压稍降、血液循环稍慢等"冷"的生理反应，红橙色能引起人的血压略高、血液循环稍快等"暖"的生理反应。

从色彩的心理学角度来说，还有一组冷暖色，即白冷、黑暖的概念。当白色反射光线时，也同时反射热量；当黑色吸收光线时，也同时吸收热量。因此，黑色衣服使我们感觉暖和，适于冬季、寒带；白色衣服适于夏季、热带。有关色彩对热量的吸收，大智浩举过一个显著的例子：原子弹在广岛爆炸时，穿着花纹衣服的人皮肤受到的灼伤面积与花纹大小相同，暗色部分灼伤重，明色部分只有一点表皮灼伤。穿白花纹或近于白色的衣服的人都免于灼伤。

不论冷色还是暖色，加白后有冷感，加黑后有暖感。在同一色相中也有冷色感与暖色感之分。冷暖实际上只是一个相对概念，如大红比玫红暖，但比朱红冷，朱红又比红橙冷，只有处于相对关系的红橙和绿蓝才是冷暖的极端。

（2）色彩的空间感

在平面上如想获得立方体的、有深度的空间感，一方面可通过透视原理，用对角线、重叠等方法来形成；另一方面也可运用色彩的冷暖、明暗、彩度以及面积对比来充分体现。

造成色彩空间感觉的因素主要有色的前进和后退。人们常把暖色称为前进色，冷色称为后退色。其原因是暖色比冷色波长长，长波长的红光和短波长的蓝光通过眼睛中晶状体时的折射率不同，当蓝光在视网膜上成像时，红光就只能在视网膜后成像。因此，为使红光在视网膜上成像，晶状体就要变厚一些，把焦距缩短，使成像位置前移。这样就使得相同距离内的红色感觉迫近，蓝色远去。从明度上看，亮色有前进感，暗色有后退感。在同等明度下，色彩的彩度越高越往前，彩度越低越向后。

然而，色的前进、后退与前景色紧密相关。在黑色背景上，明亮的色向前推进，深暗的色却潜伏在黑色背景的深处。相反，在白色背景上，深色向前推进，而浅色则融在白色背景中。

面积的大小也影响着空间感，大面积色向前，小面积色向后；大面积色包围下的小面积色则向前推进。作为形来讲，完整的形、单纯的形向前，分散的形、复杂的形则向后。

空间感在许多设计中就是体量感和层次感，其中有纯与不纯的层次，冷与暖的层次，深、中、浅的层次，重叠和透叠的层次等，这种色的秩序、形的秩序本身就具备空间效应。当形的层次和色的层次达到一致时，其空间效应是一致的。否则，会形成色彩的空间矛盾。

（3）色彩的大小感

造成色彩大小感的因素是色的前进感和后退感，感觉靠近的前进色，因膨胀而比实际显大，也称膨胀色；看来远去的后退色，又因收缩面比实际显小，也叫收缩色。也就是说，暖色和明色看着大，冷色和暗色看着小。翻看杂志时稍稍留心，就会发现白底黑字显得小，而黑底白字显得略大。所以，设计中一般暖色系的色和明色面积要小，冷色系的色和暗色面积要适当大些，这样才易取得平衡（特殊设计除外）。

（4）色彩的轻重感

色彩的轻重感主要与明度相关。明亮的色感到轻，如白、黄等高明度色；深暗的色感到重，如蓝、藏蓝、褐等低明度色。明度相同时，彩度高的比彩度低的感到轻。就色相来讲，冷色轻、暖色重。通常描述作品用到的"飘逸""柔美""深沉""稳重""雕塑感"等修饰语，其中都含着色彩重量的意义（当然也包括形的意义）。

（5）色彩的柔软感

色彩的柔软感主要取决于明度和彩度，与色相关系不大。明度较高、彩度又低的色有柔软色；明度低、彩度高的色有坚硬感；中性色系的绿和紫有柔和感，因为绿色使人联想到草坪或草，紫色使人联想到花卉；无彩色系中的白和黑是坚固的，灰色是柔软的。

从调性上看，明度的短调、灰色调、蓝色调比较柔和，而明度的长调、红色调显得坚硬。

（6）色彩的明暗感

任何一种颜色都有自己的明暗特征，人们知道色彩的明暗感是由明度要素来决定的，这当然没有错。而这里讲的却是与色相相关的明暗感，如蓝色比绿色亮，黄色比白色亮。蓝绿、紫、黑不给人以亮感，红、橙、黄、黄绿、蓝、白不给人以暗感，绿是中性的。

（7）色彩的强弱感

色彩的强弱感主要受明度和彩度的影响。高彩度、低明度的色感到强，低彩度、高明度的色感到弱。从对比的角度来讲，明度的长调、色相中的对比色和补色有强感，而明度的短调（高短调、中短调）、色相相关系中的同类色、类似色有弱感。

（8）色彩的兴奋与沉静感

色彩的兴奋与沉静感主要取决于色相的冷暖感。暖色系红、橙、黄中明亮而鲜艳的颜色给人以兴奋感，冷色系蓝绿、蓝、蓝紫中的深暗而深浊的颜色给人以沉静感。中性的绿和紫既没有兴奋感，也没有沉静感。另外，色彩的明度、彩度越高，其兴奋感越强。

色彩的积极与消极感和兴奋与沉静感完全相同。无彩色系的白与纯色组合有兴奋感、积极感，而黑与其他纯色组合则有沉静感。此外，白和黑以及彩度高的色给人以紧张感，灰色及彩度低的色给人以舒适感。

（9）色彩的明快与忧郁感

色彩的明快与忧郁感主要受明度和彩度的影响，也与色相有关。高明度、高彩度的暖色有明快感，低明度、低彩度的冷色有抑郁感。无彩色的白色明快，黑色忧郁，灰色是中性的。从调性来说，高长调明快，低短调忧郁。

（10）色彩的华丽与朴实感

色彩的华丽与朴实感和色彩的三属性都有关联，明度高、彩度也高的色显得鲜艳、华丽，如霓虹灯、舞台布置、新鲜的水果等色；彩度低、明度也低的色显得朴实、稳重，如古建筑、褪了色的衣物等。红橙色系容易有华丽感，蓝色系给人的感觉往往是文雅的、朴实的、沉着的。但漂亮的钴蓝、宝石蓝同样有华丽的感觉。以调性来说，大部分活泼、强烈、明亮的色调给人以华丽感，而暗色调、灰色调、土色调有朴素感。

从对比规律上看，上述这些色彩感觉的划分都属于一种相对概念。例如，将一组朴实的色彩放在另一组更为朴实的色彩旁，立刻就能显现出相对的华丽来。当然，这些客观特征中也带有很大的主观性心理因素。例如对华丽的理解，有人认为结婚、过新年时用的大红色是华丽的，有人则认为宫殿里的金黄色是华丽的。所以，色彩心理的分析不能一概而论，只能从普遍意义上进行归纳、总结。

三、颜色视觉理论

一般来说，人类视觉系统分辨颜色的能力远高于动物。例如，猫难以区分绿色和红色，虽然这两者之间波长相差高达 150nm。而相比之下人眼则可轻易地区分波长为 590nm 和 595nm 的两种颜色，这可能是由于人具有高度的智慧。也正是由于这样高度的智慧才使人类能以艺术的眼光欣赏丰富多彩的世界。动物之中只有从生物进化角度来说最接近于人类的短尾猴具有与人类相近的颜色视觉。因此对短尾猴颜色视觉的研究有特殊的重要性。但令人感兴趣的是，短尾猴眼睛中视锥细胞的视色素与人眼视锥细胞不同。

众所周知，在人类视觉系统中存在着两种感光细胞：视杆细胞和视锥细胞。前者是暗视器官，后者是明视器官，后者在照度足够高时起作用，并能分辨颜色。目前已知存在着三种视锥细胞。颜色视觉的三色理论认为，在视网膜中存在着三个独立的颜色处理通道，并且这些通道是由于不同视锥细胞中不同类型的视色素造成的。三色理论说明为什么三种颜色可以起原色的作用，它还说明某种颜色不只是由某几个固定波长的光组合而成，它也可以由其他波长的光组合而成。这个理论最初是由 Young 在 1807 年提出的，后由 Helmholtz 在 1862 年做了进一步发展，并且得到实验结果的支持。1872 年，Hering 又提出了颜色的对立机制理论，即四色理论，这个理论似乎与当时已有的三色理论相矛盾，他认为在视网膜的层次中存在着以颜色差异为基础的处理机制。这种模型也得到了许多证据的支持。最近的研究证明上述这两种颜色视觉处理模型都是正确的，但它们各自在不同的颜色信息处理层次上起作用。后来两者统一为阶段学说。

1. 三色学说

1807 年，Young 提出了红、绿、蓝三种原色以不同比例混合可以产生白色和其他各种颜色的假设。这个假设被以后的颜色混合实验证实。在此基础上，1862 年 Helmholtz 提出了一个颜色视觉的生理学理论。他假设在人眼内有三种基本的颜色视觉感觉纤维，后来发现这些假设的纤维和视网膜的视锥细胞的作用相类似。所以近代的三色理论认为三种颜色感觉纤维实际上是视网膜的三种视锥细胞。每一种视锥细胞包含一种色素，三种视锥细胞色素的光吸收特性不同，所以在光照射下，它们吸收和反射不同的光波。根据心理物理学实验的结果，Helmholtz 假设三种颜色感觉纤维和根据生理学数据测得视锥细胞的光谱吸收曲线如图 2-17、图 2-18 所示。

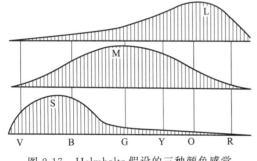

图 2-17　Helmholtz 假设的三种颜色感觉纤维的光谱吸收曲线

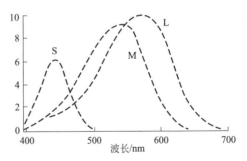

图 2-18　根据生理学数据测得视锥细胞的光谱吸收曲线

当色素吸收光时，视锥细胞发生生物和化学变化，产生神经兴奋。视锥细胞吸收的光越多，反应越强烈；吸收的光越少，就没有什么反应。因此，当光谱红端波长的光射到第一种视锥细胞上时反应强烈。而光谱蓝端波长的光射到它上面时反应就很小。黄光也能引起这种视锥细胞的反应，但比红光引起的反应要弱。由此可见，第一种视锥细胞是专门感受红光的细胞。相似地，第二和第三种视锥细胞则是分别感受绿光和蓝光。

人们已经知道，红、绿、蓝三种原色以不同比例混合可以产生各种颜色。白光包括光谱中各种波长的成分。当用白光刺激眼睛时，会同时引起三种视锥细胞的兴奋，在视觉上就会产生白色感觉。当用黄光刺激眼睛时，将会引起红、绿两种视锥细胞几乎相等的反应，而只引起蓝细胞很小的反应。这三种细胞不同程度的兴奋结果产生黄色的感觉（图 2-17 中的垂线）。这正如颜色混合时，等量的红和绿加上少量的蓝会产生黄色一样。一个短波长的蓝紫光将会引起第三种视锥细胞的强烈反应，也会引起第二种视锥细胞的一些活动，但几乎不能引起第一种视锥细胞的活动。与此相对应，我们用大量的蓝光、少量的绿光和极少量的红光进行混合就能复现这种蓝紫光。

由此可见，由于这三种视锥细胞不同的光谱吸收曲线，使不同波长的光所造成的三种视锥细胞反应的强度不同。三者不同程度兴奋的比例关系决定人们看到的将是什么颜色。Helmholtz 假定三种视锥细胞的吸收特性不完全一致，但却非常接近。现代的研究测得存在长、中、短三种色素，它们分别单独存在于三种视锥细胞中。这些视锥细胞可分别被称为 S、M、L 视锥细胞。这三种色素的吸收峰分别在 445nm、535nm 和 570nm 附近，并具有较宽范围的光谱感觉性（图 2-18）。S、M、L 视锥细胞相对于前面所讲的感蓝、感绿、感红视锥细胞。

三色学说可以解释不少颜色现象，现代的彩色印刷、照相分色、彩色电视机等都是基于三色学说。但还有许多颜色现象仅用三色理论模型难以解释，例如，色盲现象。同时，由图 2-18 所示的视锥细胞光谱吸收曲线可知，蓝色视锥细胞对波长大于 600nm 的光波是不敏感的，所以可认为在此波长以上的刺激将产生带绿的红色感觉，但实际上我们看到的是黄红色或橙色。此外，在 580nm 波长处，红、绿两种视锥细胞的光谱吸收曲线相交，意味着两者的反应相同，而实际上人在这时看到的是黄色。同时上述三色模型不考虑白和黑。这些现象意味着在视锥细胞以后还有一层信号处理，把经过三通道变换后的信号再变换成新的空间。这个新空间的特征似乎应该用 Hering 提出的颜色对立机制理论来说明。

2. 四色学说

四色学说又叫对立学说。早在 1864 年 Hering 就根据心理和物理学的实验结果提出了颜色的对立机制理论，又叫四色理论。他的理论是根据以下的观察得来的：有些颜色看起来是单纯的，不是其他颜色的混合色，而另外一些颜色则看起来是由其他颜色混合而来的。一般人都会认为橙色是红和黄的混合色，紫色是红和蓝的混合色。而红、绿、蓝、黄则看来是纯色，它们彼此不相似，也不像是其他颜色的混合色。因此，Hering 认为存在红、绿、蓝、黄四种原色。

Hering 理论的另一个根据是我们找不到一种看起来是偏绿的红或偏黄的蓝，而只有偏黄的红，即橙色以及绿蓝色。红和绿，以及黄和蓝色的混合得不出其他颜色，只能得到灰色或白色。这就是"绿刺激可以抵消红刺激的作用，黄刺激可以抵消蓝刺激的作用"。于是 Hering 假设在视网膜中有三对视素，白-黑视素、红-绿视素和黄-蓝视素，这三对视素的代谢作用给出四种颜色感觉和黑白感觉。每对视素的代谢作用包括分解和合成两种对立过程，光的刺激使白-黑视素分解，产生神经冲动引起白色感觉；无光刺激时，白-黑视素便重新合成引起黑色感觉。白灰色的物体对所有波长的光都能产生分解反应。对于红-绿视素来说，红光作用时，使红-绿视素分解引起红色感觉；绿光作用时，使红-绿视素合成产生绿色感觉。对于黄-蓝视素来说，黄光刺激使它分解产生黄色感觉；蓝光刺激使它合成引起蓝色感觉。因为各种颜色都有一定的明度，即含有白色的成分，所以，每一种颜色不仅影响其本身视素的活动，而且也影响白-黑视素的活动。

根据 Hering 的理论，三种视素在对立过程中的组合会产生各种颜色和各种颜色混合现象。当补色混合时，某一对视素的两种对立过程形成平衡，因而不产生与该视素有关的颜色感觉。但所有颜色都有白色成分，所以引起白-黑视素的分解，从而产生白色或灰色感觉。

同样情况，当所有颜色同时都作用到各种视素，红-绿、黄-蓝视素的对立过程都达到平衡，而只有白-黑视素活动，这就引起白色或灰色感觉。

Hering 的理论很好地解释了色盲、颜色负后像等现象。色盲是缺乏一对视素（红-绿或黄-蓝）或两对视素的结果。Hering 的理论的最大问题是对三原色能产生光谱上一切颜色这一现象没有给予说明。

3. 阶段学说

一个世纪以来，三色学说和四色学说一直处于对立的地位，如要肯定一个学说，似乎非要否定另一学说不可。在一个时期，三色学说曾占上风，因为它有更大的实用意义。然而，最近一二十年，由于新的实验材料的出现，人们对这两个学说有了新的认识，证明两者并不是不可调和的。事实上，每一学说都只是在问题的一个方面获得了正确的认识，而必须通过两者的相互补充才能对颜色视觉获得较为全面的认识。

现代生理学研究指出，视网膜中可能存在三种不同的颜色感受器，它们是三种感色的视锥细胞，每种视锥细胞具有不同的光谱敏感特性。同时在视网膜和神经传导通路的研究中，发现视神经系统可以分为黄蓝反应（Y-B）、光反应（L）和黄绿反应（R-G）三种反应，这符合赫林的对立学说。因此可以认为，在视网膜的视锥感受水平是一个三色机制，而在视觉信息向脑皮层视区的传导通路中变成四色机制。

颜色视觉的形成过程可以分成三个阶段：第一阶段，视网膜有三组独立的视锥感色

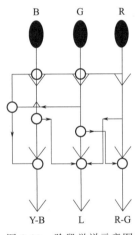

物质，它们有选择地吸收光谱不同波长的辐射，同时每一物质又可单独产生白和黑的反应。在强光作用下产生白的反应，无外界刺激时是黑的反应。第二阶段是把第一阶段的三种视锥细胞的刺激进行更新，并向大脑皮层传导。第一种颜色编码信号是红-绿信号，它接收来自红、绿两种视锥细胞的输入，然后依照它们的相对强度发生信号。第二种颜色编码信号是黄-蓝信号，黄色信息是来自红和绿两种视锥的输入加以混合而得出的。由这三种视锥的输入而编码的信息是一个光的亮度（白-黑）信息，可见在视神经传导通路水平是四色的。而在大脑皮层的视觉中枢，接收这些输送来的信息，产生各种颜色的感觉，为颜色视觉过程的第三阶段。可见，三色学说和对立学说终于在颜色视觉的阶段学说中得到了统一，阶段学说示意图如图 2-19 所示。

图 2-19 阶段学说示意图

复习思考题

1. 什么是颜色？颜色形成的要素有哪些？
2. 什么是光源的相对光谱功率分布？
3. 什么是照明体，什么是标准光源？两者是否相同？
4. 常用的标准照明体有哪些？
5. 什么是反射率，什么是光谱反射率？两者有何关系？
6. 请画出品红、青的光谱反射率曲线示意图。

7.眼睛是如何构成的，各部分的功能是什么？

8.请说明眼睛和照相机的异同点？

9.何谓视力与视角？人眼视力是如何规定的？

10.什么是光谱光视效率？

11.当红光（700nm）、绿光（540nm）和蓝光（430nm）三种色光的明度相同时，若绿光所需的辐通量 $\Phi_e(540)=0.7(W)$，试求 $\Phi_e(700)$ 和 $\Phi_e(430)$。

12.对于等能光谱来说，如果蓝光的光通量 $\Phi_v(430)=0.5lm$，试求 $\Phi_v(540)$ 和 $\Phi_v(700)$；又已知辐射能光当量 $K=683lm/W$，求此时各色光所需的辐射能。

13.试举例说明什么是明视觉和暗视觉。

14.什么是颜色适应，请举一个日常生活中的例子说明。

15.什么是三色学说，它有什么优缺点？

16.什么是四色学说（对立学说），它有什么优缺点？它和三色学说有何不同？

17.三色学说和四色学说如何统一于阶段学说？

第三章　色光加色法和色料减色法

颜色可以相互混合，两种或两种以上的颜色经过混合之后便可以产生新的颜色，这在日常生活中几乎随处可见。无论是绘画、印染，还是彩色印刷，都以颜色的混合作为最基本的工作方法。

颜色的混合有色光的混合和色料的混合两种，我们分别称之为色光加色法和色料减色法。充分理解这两种方法对于学习和生活都有非常重要的意义。

第一节　色光加色法

一、色光三原色的确定

三原色是指本身具有独立性，三原色中的任何一种颜色都不可以由其他两种颜色混合而成，但是其他颜色可以用三原色按照不同的比例混合产生。三原色的确定可以从光的物理特性和人眼的视觉生理特性两个方面考虑。

由牛顿的三棱镜实验可知：白光通过三棱镜后会分解成红（R）、橙（O）、黄（Y）、绿（G）、青（C）、蓝（B）、紫（P）七种单色光，这七种单色光不能够再分解，但是它们能够重新组合成白光。对色散后得到的鲜艳清晰的可见光谱仔细审视，我们会发现各单色光所占的波长范围的宽度是不同的。比较突出的是红光、绿光、蓝光，这三种并不相邻的单色光所占的区域较宽，而其余橙、黄、青、紫等单色光所占的区域较窄。如果适当地调整棱镜的折射角度，还会发现，当色散不太充分时，屏幕上最醒目的光就是红光、绿光和蓝光，其余的几种单色光几乎消失。此时这三种明显的单色光所对应的光谱范围是红光 $600 \sim 700nm$，绿光 $500 \sim 570nm$，蓝光 $400 \sim 470nm$。

从光的物理刺激角度出发，人们首先选定了以上三种在光谱中波长范围最宽、最鲜明、最突出的单色光——红光、绿光和蓝光。

从能量的观点来看，色光混合是亮度的叠加，混合后的色光必然要亮于混合前的各个色光，只有明亮度低的色光作为原色才能混合出数目比较多的色彩，否则，用明亮度高的色光作为原色，其相加则更亮，这样就永远不能混合出那些明亮度低的色光。同时，三原色应具有独立性，三原色不能集中在可见光光谱的某一段区域内。否则，不仅不能混合出其他区域的色光，而且所选的原色也可能由其他两色混合得到，失去其独立性，而不是真正的原色。

从人眼的视觉生理特性来看，人眼的视网膜上有三种感色视锥细胞——感红细胞、感绿细胞、感蓝细胞，这三种细胞分别对红光、绿光、蓝光敏感。当其中一种感色细胞受到较强的刺激，就会引起该感色细胞的兴奋，则产生该色彩的感觉。人眼的三种感色细胞具有合色的能力。当某一复色光（如黄光）刺激人眼时，它能够使人眼中的感绿细胞和感红细胞同时兴奋，从而使人产生黄的感觉。如果是用白光进行刺激，则感红细胞、感绿细胞、感蓝细胞产生相同程度的兴奋，从而产生白色的感觉。当三种感色细胞接受不同比例的刺激后，就产生不等的兴奋，就形成了相应的颜色感觉。由此可见，从人的视觉生理角度看，能够分别引起人眼感红细胞、感绿细胞、感蓝细胞三种感色细胞兴奋的单色光——红光、蓝光和绿光应该作为色光中的基本单色光。

综上所述可以确定：色光中存在三种最基本的色光，它们的颜色分别为红色、绿色和蓝色。这三种色光既是白光分解后得到的主要色光，又是混合色光的主要成分，并且能与人眼视网膜细胞的光谱响应区间相匹配，符合人眼的视觉生理效应。这三种色光以不同比例混合，几乎可以得到自然界中的一切色光，混合色域最大；而且这三种色光具有独立性，其中一种原色不能由另外的原色光混合而成，由此我们称红、绿、蓝为色光三原色。为了统一认识，1931年国际照明委员会（CIE）规定了三原色的波长：$\lambda_R = 700.0nm$，$\lambda_G = 546.1nm$，$\lambda_B = 435.8nm$。在色彩学研究中，为了便于定性分析，常将白光看成由红、绿、蓝三原色等量相加而合成的。

二、色光加色法

1. 色光加色法的定义

由两种或两种以上的色光相混合时，会同时或者在极短的时间内连续刺激人的视觉器官，使人产生一种新的色彩感觉。我们称这种色光混合为加色混合。这种由两种以上色光相混合，呈现另一种色光的方法，称为色光加色法。

色光加色法的三原色色光等量相加混合效果如下。

$$红光（R）+绿光（G）=黄光（Y）$$
$$红光（R）+蓝光（B）=品红光（M）$$
$$绿光（G）+蓝光（B）=青光（C）$$
$$红光（R）+绿光（G）+蓝光（B）=白光（W）$$

色光加色法混色可用图 3-1 表示。

如果两种原色光以不同的比例混合，就会得到一系列渐变的混合色。以黄光和绿光混合为例，两种色光等量混合时得到黄光，然后，红光不变，逐渐减少绿光的含量，便可以看到由黄→橘黄→橙→红等一系列颜色的变化；反之，绿光不变，逐渐减少红光的量，又会看到黄→黄绿→嫩绿→绿等一系列颜色的变化。在上述的颜色混合过程中，混合色光的颜色总是比例大的那种颜色。

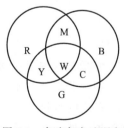

图 3-1　色光加色法混色

当三原色色光等量混合时，就得到了白光，如果三原色色光逐渐等量减少，则会得到一系列由浅渐深的灰色，也可以认为是由明逐渐转暗的白光。

如果三原色色光不等量混合，便会得到更丰富的颜色混合效果。

从色光混合的能量角度分析，色光加色法的混色方程为

$$C = \alpha(R) + \beta(G) + \gamma(B) \tag{3-1}$$

式中　　C——混合色光总量；

R，G，B——三原色的单位量；

α，β，γ——三原色分量系数。

此混色方程十分明确地表达了复色光中的三原色的成分。

在色光加色法实验中，已知三原色等量相加可以得到白光。由于红光和绿光等量混合的效果是黄光，所以也可以认为黄光和蓝光混合而成白光，即

红光(R)＋青光(C)＝白光(W)

绿光(G)＋品红光(M)＝白光(W)

蓝光(B)＋黄光(Y)＝白光(W)

在色光加色法中，任何两种色光相加混合后得到白光，那么这两种色光就称为互补色光（complementary colors）。因此，红光和青光是互补色光，绿光和品红光是互补色光等。

自然界和现实生活中，存在很多色光混合加色现象。例如太阳初升或将落时，一部分色光被较厚的大气层反射到太空中，一部分色光穿透大气层到地面，由于云层厚度及位置不同，人们有时可以看到透射的色光，有时可以看到部分透射和反射的混合色光，使天空出现了丰富的色彩变化。

2. 色光加色法的实质

当把加色混合得到的新的色光和混合的原色的色光相比较时，就会发现新色光总是比原色光更亮，例如，红光和绿光等量混合后得到的是黄光，黄光明显比红光和绿光都亮；红光和蓝光等量混合后得到的是品红光，品红光比红光和蓝光都亮；同样，青光比组成它的绿光和蓝光都亮；白光的亮度则大于其他各种色光。

这是因为参与加色混合的每一种色光都具有一定的能量，新产生的色光的能量是参与混合的原色色光的能量之和。由于能量的增大，使得新色光的亮度明显增高。由此可见，色光加色法的实质是色光相加混合后，色光能量相加，所以，加色混合的结果是得到能量值更高、更明亮的新色光。简言之，色光相加，能量相加，越加越亮。

三、色光加色混合的分类

色光加色混合按照不同的标准可以分为不同的类型：按照光源的不同，可以分为直接光源的加色混合和间接光源的加色混合；按照色光对人眼的刺激方式的不同，可以分为静态混合和动态混合；按照人眼的感受程度的不同，可以分为视觉器官外的加色混合和视觉器官内的加色混合。

1. 视觉器官外的加色混合

视觉器官外的加色混合是指两种或两种以上的色光在进入人眼之前就已经混合成新的色光。色光的直接匹配就是视觉器官外的加色混合。光谱上各种单色光形成白光，是最典型的视觉器官外的加色混合。这种加色混合的特点是：在进入人眼之前，各色光的能量就已经叠加在一起，混合色光中的各原色光对人眼的刺激是同时开始的，是色光的同时混合。还有后面将要讲到的颜色匹配实验，都是典型的视觉器官外的加色混合。

2. 视觉器官内的加色混合

视觉器官内的加色混合是指参加混合的各单色光，分别刺激人眼的三种感色细胞，使人

产生新的综合色彩感觉，它包括静态混合与动态混合两种。

（1）静态混合

将两个颜色不同的色块并列在一起，距离人眼较近，能够明显分辨出这是两个不同的颜色，随着色块和人眼的距离的加大，已经不能够分辨两个色块了，而是看成一个新的颜色的色块，这就是典型的静态混合。所谓静态混合是指各种颜色处于静态时，反射的色光同时刺激人眼产生的混合，如细小色点的并列与各单色细线的纵横交错所形成的颜色混合。各色反射光是同时刺激人眼的，也是色光的同时混合。

从人眼的视觉生理特征可以知道，在正常视距下（25cm），对于视力正常的人（1.0），只能分辨1.50mm及以上大小的东西，如果物体小于1.50mm，则人眼就分辨不出来了，将它看成一个物体。根据色光加色法原理，这时就有可能产生了新的颜色。

彩色复制印刷正是充分利用了这一现象。印刷品上的图像十分精美，色彩艳丽，给人一种赏心悦目的感觉，但是，如果用放大镜观看印刷品，就会发现图像是由一个一个的网点组成，而且网点只有几种颜色，并不像画面上的色彩那样多姿多彩。画面的艳丽是由于网点太小，人眼无法在正常的情况下分辨出来，只有借助一定的工具或手段，才能够看出网点。这也是充分利用静态混合的效果。

彩色纺织品中，不同色的经线和纬线交织后，在一定的距离内也可以产生静态混合的效果；在彩色电视机上，密集地分布着细小的红、绿、蓝色的光点，人的眼睛很难区分它们。当这三原色光点受显像管发出的电子束的控制，各色的光强度比例不断变化时，就会在视觉上产生各种加色混合的效果，并组成各种彩色图像。

（2）动态混合

动态混合是指各种颜色处于动态时，反射的色光在人眼中的混合，如彩色转盘的快速转动，各种色块的反射光不是同时在人眼中出现，而是一种色光消失，另一种色光出现，先后交替刺激人眼的感色细胞，由于人眼的视觉暂留现象，使人产生混合色觉。

人眼之所以能够看清一个物体，乃是由于该物体在光的照射下，物体所反射或透射的光进入人眼，刺激了视神经，引起了视觉反应。当这个物体从眼前移开，对人眼的刺激作用消失时，该物体的形状和颜色不会随着物体移开而立即消失，它在人眼还可以作一个短暂停留，时间大约为1/10s。物体形状及颜色在人眼中这个短暂时间的停留，就称为视觉暂留现象。正因为有了这种视觉暂留现象，人们才能欣赏到电影、电视的连续画面。视觉暂留现象是视错觉的一种表现。

人眼的视觉暂留现象是色光动态混合呈色的生理基础，如图3-2所示的彩色转盘。

在转盘上以1∶1的比例间隔均匀地涂上红、绿两种颜色。快速转动转盘，可以看到转盘上已不再是红、绿两种颜色，而是一种黄色。这是因为当转盘快速转动时，如果红色反射光进入人眼，就会刺激感红细胞。当红色转过，绿色反射光进入人眼，就刺激了感绿细胞。

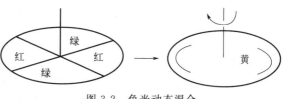

图3-2 色光动态混合

此时，感红细胞所受刺激并没有消失，它继续停留1/10s。在这个瞬间，感红细胞与感绿细胞同时兴奋，就产生了综合的黄色感觉。彩色转盘转动得越快，这种混合就越彻底。

动态混合是由参加混合的色光先后交替连续刺激人眼的，因此又称为色光的先后混合。

通常情况下，人眼可以正确地观察及判断外界事物的状态，如大小、形状、颜色等，但如果商品包装的颜色分布太杂，颜色面积太小或多种颜色的交替速度过快，人眼的分辨能力则受到影响，就会使观察到的颜色与实际有所差别。

四、颜色混合的基本规律

1. 色光连续变化的规律

由两种或两种以上的色光组成的混合色中，如果一种色光连续变化，混合色的外貌也连续变化，可以通过色光的不等量混合实验观察到这种混合色的连续变化。例如，红光与绿光混合形成黄光，若绿光不变，改变红光的强度使其逐渐减弱，可以看到混合色由黄变绿的各种过渡色彩；反之，若红光不变，改变绿光的强度使其逐渐减弱，可以看到混合色由黄变红的各种过渡色彩。

2. 补色律

每一种色光都有一种相应的补色光，如果某一种色光与其补色光以适当的比例混合，便会产生白光；如果按照其他比例混合，则产生偏向于比例大的色光的新的颜色，这就是补色律（law of complementary colors）。把两种混合后可以得到白光的色光称为互补色光，这两种颜色称为补色。

补色混合具有以下规律：每一种色光都有一种相应的补色光，某一种色光与其补色光以适当比例混合，便产生白光。最基本的互补色有三对：红-青，绿-品红，蓝-黄。

补色的一个重要性质：一种色光照射到其补色的物体上，则被吸收。如用蓝光照射黄色物体，则呈现黑色。

补色律可以用来解释许多生活和生产中的现象，与印刷、印染、纺织等工业有着密切的关系。在印刷工业中，从印刷品的设计开始，在分色、调墨、印刷、印后加工等各个工艺环节上都应该注意补色律的应用。

3. 中间色律

所谓中间色律（law of intermediary colors），就是指任何两种非补色光混合，便产生中间色。其颜色取决于两种色光的相对能量，其鲜艳程度取决于两者在色相顺序上的远近。

由于互补色光相互混合只能得到无彩色的白光，所以要获取丰富的中间色，可以排除互补色的混合。将两种原色光混合可以得到最常见的中间色，如果不断改变两种色光的比例，便可以得到一系列的中间色。

中间色律可以解释为什么在彩色电视机和彩色电影中能够用少量的几种颜色复制出自然界成千上万种绚丽的色彩。

4. 代替律

颜色外貌相同的光，不管它们的光谱成分是否一样，它们在色光混合中都具有相同的效果。凡是在视觉上相同的颜色都是等效的，即相似色混合后仍相似，这就是替代律（law of substitution）。

如果颜色光 $A=B$、$C=D$，那么 $A+C=B+D$。

色光混合的代替律表明：只要在感觉上颜色是相似的，便可以相互代替，所得的视觉效果是同样的。设 $A+B=C$，如果没有直接色光 B，而 $X+Y=B$，那么根据代替律，可以由 $A+$

$X+Y=C$ 来实现 C。由代替律产生的混合色光与原来的混合色光在视觉上具有相同的效果。

色光混合的代替律是非常重要的规律。根据代替律，可以利用色光相加的方法产生或代替各种所需要的色光。色光的代替律更加明确了同色异谱色的应用意义。

5. 亮度相加律

由几种色光混合组成的混合色的总亮度等于组成混合色的各种色光亮度的总和。这一定律叫作色光的亮度相加律。色光的亮度相加规律体现了色光混合时的能量叠加关系，反映了色光加色法的实质。

五、颜色环

颜色环是用来表达颜色混合规律的一个理想的示意性模型。如图 3-3 所示，把彩度最高的光谱色依红、橙、黄、绿、青、蓝、紫的顺序排列而成，在这个环的两端是红光和紫光，从物理学的角度来说，可见光谱是不能成环的，而是呈开放彩色的一条光带。但是，可见光两端的色光混合后可以产生谱外光，如红光加蓝光得到品红光，红光加紫光得到品红系的紫红色光。这样一来，就找到了连接光谱色两端色光的纽带——谱外光。于是在心理上可以把它们连接成环，只要将紫红光和品红光作连接即可形成颜色环。在颜色环上，每一种色光都在圆环上或者圆环内占有一个确定的位置，白色位于圆环的中心。颜色的彩度越小，其位置离中心越近。在圆环上的颜色则是彩度最大的光谱色。

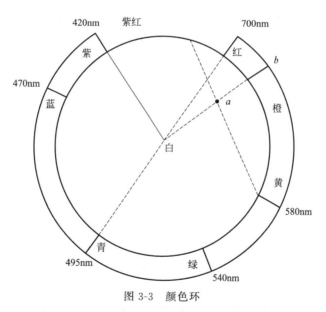

图 3-3 颜色环

任何一种色光均有其补色光，补色光在颜色环上的确定方法如下：连接该色光和颜色环的中心，并延长和颜色环相交于一点，该点的色光即为其补色光。也就是说，一对互补色光是颜色环上隔着圆心相对应的两种色光，只要通过颜色环的圆心作一条直线，直线两端与颜色环相交点的两种色光就是一对互补色光。

颜色环上任意两种非互补色混合出的所有中间色都位于连接两色的直线上。例如，品红光和黄光混合后所得的中间色均位于两色之间的连线上，如图 3-3 所示。其颜色取决于两种色光的比例大小，并且总是偏向于比例大的一方。如 60% 的品红光和 40% 的黄光相混合，要确定混合后的颜色，则先在品红光和黄光之间作一连线，自品红端起按 40％比例截取线段得一交点，即为中间色的位置点，见图 3-3 中的 a 点。再由圆心开始过 a 点作连线并延长至颜色环外环，交于 b 点，b 点的颜色即为 60％的品红光和 40％的黄光相混合后的中间色。中间色的饱和度取决于混合前的两种色光在颜色环上的距离，两色距离越近，混合后的中间色越靠近颜色环边线，越接近光谱色，因而就越鲜艳；反之，两色光距离越远，其中间色越接近中心白色光，饱和度越小。两色光距离最远时便成为一对互补色光。

第二节　色料减色法

在万紫千红的自然界中，更多的物体是非发光体，它们本身并不产生光，但是，却能够呈现给人们各种各样的颜色，其呈色机理就是色料减色法。

一、色料三原色

在光的照耀下，各种物体都具有不同的颜色，其中很多物体的颜色是经过色料的涂、染而具有的。凡是涂染后能够使无色的物体呈色、有色物体改变颜色的物质均称为色料。色料可以是有机物质，也可以是无机物质。色料有染料与颜料之分。

色料和色光是截然不同的物质，但是它们都具有众多的颜色。在色光加色法中，确定了红、绿、蓝三色光为最基本的原色光。在众多的色料中，是否也存在几种最基本的原色料，它们不能由其他色料混合而成，却能调制出其他各种色料？通过色料混合实验发现：采用与色光三原色相同的红、绿、蓝三种色料混合，其混色色域范围不如色光混合那样宽广。红、绿、蓝任意两种色料等量混合，均能吸收绝大部分的辐射光而呈现具有某种色彩倾向的深色或黑色。从能量观点来看，色料混合，光能量减少，混合后的颜色必然暗于混合前的颜色。因此，明度低的色料调配不出明亮的颜色；只有将明度高的色料作为原色，才能混合出数目较多的颜色，得到较大的色域。

从色料混合实验中发现：能透过（或反射）光谱较宽波长范围的色料有黄、品红、青三色，它们能匹配出更多的色彩。在此实验的基础上进一步明确：由青、品红、黄三色料以不同比例相混合得到的色域最大，而这三色料本身，却不能用其余两种原色料混合而成。

从人的视觉生理角度看，人眼视网膜的中央凹内有感红、感绿、感蓝三种感色视锥细胞。自然界的各种颜色可以认为是这三种视锥细胞受到不同刺激所产生的反映，也就是红、绿、蓝三原色光的刺激量比例不同，从而形成不同颜色的感觉。因此，我们只要能够有效地控制（增加或减少）进入人眼的红、绿、蓝三原色光的刺激量，也就相对控制了自然界各种物体的表面色彩。在颜色的相加混合中，通过红、绿、蓝三原色光能够混合出很多的颜色，有更大的色域，因此，我们选择黄色来控制蓝光，黄色是蓝色的补色，它能够有效地控制蓝光；同理，选择绿色的补色品红来控制绿光，选择青色来控制红光。因为黄、品红、青通过改变自身的浓度（或厚度），能够很容易地改变对红、绿、蓝三原色光的吸收量，以完成控制进入人眼的红、绿、蓝三刺激值的数量。

因此，从以上的分析得知，可以选择黄、品红、青三色作为色料的三原色。实际上，利用黄品青从照明光源广阔的光谱中吸收某些光谱的颜色，以使剩余的色光完成相加混合作用，这也就是色料减色法的相加混合作用。

需要说明的是，在包装色彩设计和色彩复制中，有时会将色料三原色称为红、黄、蓝，而这里的红是指品红（洋红），而蓝是指青色（湖蓝）。

二、色料减色法

1. 色料减色法的定义

当白光照射到色料上时，色料从白光中吸收一种或几种单色光，从而呈现另外一种颜色的方法称为色料减色法，简称减色法（subtractive mixture）。对于三原色基本色料的减色过程，可用下式表示：

$$黄色料 \quad W-B=R+G=Y$$
$$品红色料 \quad W-G=R+B=M$$
$$青色料 \quad W-R=G+B=C$$

色料呈色的原理是减色法原理，各种彩色物体呈色原理同样是减色法原理，两种以上色料混合调出新颜色也属于减色法原理。如果把色料三原色黄品青等量混合，所得色料可由下式表示：

$$黄(Y)+品红(M)=白(W)-蓝(B)-绿(G)=红(R)$$
$$黄(Y)+青(C)=白(W)-蓝(B)-红(R)=绿(G)$$
$$品红(M)+青(C)=白(W)-绿(G)-红(R)=蓝(B)$$
$$品红(M)+青(C)+黄(Y)=白(W)-绿(G)-红(R)-蓝(B)=黑(Bk)$$

色料减色法混色如图 3-4 所示。

如果将两种原色料以不同的比例混合，则会得到一系列渐变的颜色。例如，黄色料和青色料混合，当两者等量混合时得到绿色，固定黄色料的量不变，逐渐减少青色料的量，可得到由绿→草绿→黄绿→浅黄绿→黄色等一系列的颜色；若保持青色料的量不变，逐渐减少黄色料的量，则可得到绿→翠绿→青绿→青色等多种颜色。通常，混合色的颜色总是倾向于比例大的原色料的颜色。

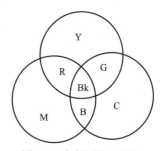

图 3-4 色料减色法混色

当将三种原色料等量混合时，就可以得到黑色。如果将三原色色料逐渐等量减少，就会得到一系列由深到浅的灰色。如果将三原色色料进行不等量混合，便会得到变化多端的混合色。

综上所述，三原色色料按照减色法混合后，便可产生自然界中几乎所有的颜色，各种色料和彩色物体，呈色都是减色法的原理，绘画、彩色摄影也是以减色法为理论基础的。在传统彩色印刷复制过程中，分色工具——滤色片是减少物质，利用它的减色作用，从彩色原稿中提取记录下三原色的比例关系，制成三色印版，再以三原色油墨按照上述比例关系在白纸等承印物上复制出原稿色彩。这个彩色印刷复制的过程同样是依据减色法原理来完成的。

2. 色料减色法的实质

色料减色法有一个明显的特点就是混合后的新颜色总是比混合前的颜色暗。例如，黄色料和品红色料混合后得到红色，红色的明度就比黄色和品红色的要小。这是由于色料减色法是通过色料对光的选择性吸收，减去一种或几种单色光，使得反射或透射的光的能量减少，色料进行减色法混合时，则分别减去各自应吸收的单色光，使得混合后的色光能量进一步降低，颜色自然会更加深暗。

由此可见，色料减色法的实质是色料的选择性吸收，使色光能量削弱。由于色光能量降低，新颜色的明亮程度就会降低而趋于深暗。简言之，色料相加，能量减弱，越加越暗。

3. 间色、复色和互补色

间色（secondary color）是指由两种原色料混合得到的颜色，又称为第二次色。典型的间色就是红、绿、蓝色，还包括黄品青色料两两进行不等量混合后所产生的其他颜色。

复色（tertiary color）是指三种原色料混合形成的颜色，又称为第三次色。三原色色料等量混合时得到黑色或灰色；当不等量混合时，可以分为如图3-5所示的三种情况。

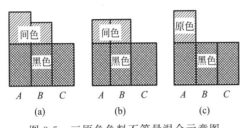

图3-5 三原色色料不等量混合示意图

图3-5(a) 表示：当色料 $A>B>C$ 时，以 C 为标准的三原色等量部分构成黑色，只影响复色的明度和彩度，复色的色相主要由 A 和 B 的比例大小决定。

图3-5(b) 表示：当色料 $A=B>C$ 时，以 C 为标准的三原色等量部分构成黑色，复色的色相倾向于 A 和 B 的间色的色相。

图3-5(c) 表示：当色料 $A>B=C$ 时，以 C 为标准的三原色等量部分构成黑色，复色的色相倾向于原色 A 的更暗淡的色相。

色料减色法的互补色是指两种色料混合后，如果是黑色，则这两种颜色为互补色，最典型的三对互补色是：Y←→B，M←→G，C←→R。其他互补色可以到颜色环中去找。

三、色光加色法与色料减色法的关系

色光加色法与色料减色法都属于颜色混合的方法，都与色光有关，同时也都有能量的变化。

色光加色法与色料减色法又是迥然不同的两种呈色方法。色光加色法是色光混合呈色的方法。色光混合后，不仅色彩与参加混合的各色光不同，同时亮度也增加了；色料减色法是色料混合呈色的方法。色料混合后，不仅形成新的颜色，同时亮度也降低了。色光加色法是两种以上的色光同时刺激人的视神经而引起的色效应；而色料减色法是指从白光或其他复色光中减掉某些色光而得到另一种色光刺激的色效应。从互补关系来看，有三对互补色：R-C、G-M、B-Y。在色光加色法中，互补色相加得到白色；在色料减色法中，互补色相加得到黑色。

色光三原色是红（R）、绿（G）、蓝（B），色料三原色是青（C）、品红（M）、黄（Y）。人眼看到的永远是色光，色料三原色的确定与三原色光有着必然的联系。

利用青、品红、黄对反射光进行控制，实际上是利用它们从照明光源的光谱中选择性吸收某些光谱的颜色，以剩余光谱色光完成相加混色作用，同时也是对色光三原色红、绿、蓝的选择和认定。色光三原色红、绿、蓝和色料三原色青、品红、黄是统一的，具有共同的本质，是一个事物的两个方面。因为照射到人眼内的是色光，它们都能得到较大的色域是必然的。

色光加色法与色料减色法的联系与区别见表3-1。

表 3-1　色光加色法和色料减色法的联系与区别

项目	色光加色法	色料减色法
三原色	R、G、B	Y、M、C
呈色基本规律	(R)+(G)=(Y) (R)+(B)=(M) (G)+(B)=(C) (R)+(G)+(B)=(W)	(Y)+(M)=(R) (Y)+(C)=(G) (M)+(C)=(B) (M)+(C)+(Y)=(Bk)
实质	色光相加,能量相加,越加越亮	色料相加,能量减弱,越加越暗
效果	明度增大	明度减小
呈色方法	视觉器官内的加色混合 视觉器官外的加色混合(静态混合+ 动态混合)	色料掺和 透明色层的叠合
补色关系	互补色光相加形成白光	互补色相加形成黑色
主要用途	颜色测量、彩色电视、剧场照明	彩色绘画、彩色印刷、彩色摄影、彩色印染

四、物体的选择性吸收和非选择性吸收

1. 颜色的分类

　　根据物体对光的吸收情况,颜色可以分为彩色和非彩色两大类。非彩色是指白色、黑色以及处于两者之间的一系列的灰色。纯白是理想的完全反射的物体,即反射率为100%;纯黑色是理想的完全吸收的物体,反射率为0;灰色则是反射率大于0且小于100%的颜色,有时候,又可以分为深灰、灰、浅灰等。黑白灰的光谱反射率曲线如图3-6所示。非彩色是能够引起人眼的三种感色细胞等比变化的颜色,颜色越白,反射率越大,引起人眼的感色细胞等比变化也就越大,感觉也就越明亮。研究表明,人眼大约能够分辨60级非彩色。

　　彩色是能够引起人眼的感红、感绿、感蓝三种感色视锥细胞不等的变化,彩色物体的光谱反射率曲线如图3-7所示。

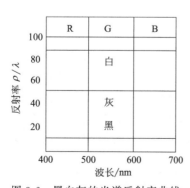

图 3-6　黑白灰的光谱反射率曲线

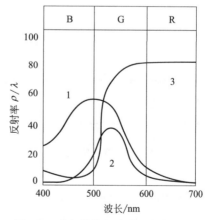

图 3-7　彩色物体的光谱反射率曲线

2. 彩色和选择性吸收

　　光线照射在物体上,由于物体对光各个波长范围的吸收率不同,它吸收某些波长的光,

而对其他波长的光不吸收或者吸收很少，这种吸收的不均匀性称为物体的选择性吸收。物体的选择性吸收是颜色形成的根本物理原因。当光照射在物体上时，由于物体的选择性吸收，使得光谱中各个波长的光的反射率各不相等，从而在人眼中的感红、感绿、感蓝三种感色细胞上引起不同的刺激，也就形成了彩色的感觉。

根据光线照射在物体上时发生的物理现象，可以把物体分为透明体和不透明体。透明体是指能够让光线全部或部分通过的物体，如日常生活中的照相底片、玻璃、印刷中常用的胶片、滤色片等。光线照射在透明体上时，会发生折射、透射、吸收、反射等物理现象，但是在印刷中，我们只研究吸收和透射。不透明体是指对光线有阻挡作用的物体，生活的大部分物体都是不透明体，如桌子、铁皮等。当光线照射在不透明体上时，通常会发生折射、透射、吸收、反射等很多物理现象，如印刷常用的纸张，光线照射在纸张上时，一部分光线被吸收，另一部分被反射，还有少量的光线通过纸张透射出去，但是透射的光线只占很少一部分，在研究纸张时，往往把纸张作为不透明体进行处理。

当白光照射在红滤色片上的时候，由于红滤色片具有选择性吸收的作用，使得白光中的400～500nm的蓝光和500～600nm的绿光被吸收，而600～700nm的红光可以通过，进入人眼，引起感红细胞的反应，从而人就感觉到红色。同样的道理，当白光照射在绿叶上时，400～500nm的蓝光和600～700nm的红光被吸收，500～600nm的绿光被反射，刺激了人眼的感绿细胞，从而感觉到绿色。如果不是白光照在绿叶上，而是蓝光照射，由于绿叶可以吸收400～500nm的蓝光，没有形成反射，即没有光线刺激人的眼睛，也就没有引起视锥细胞的刺激，这时候感觉叶子就是黑色的。同样的道理，用黄光照射时，仍然可以感觉到绿色。

也就是说，不论是透明体还是不透明体，之所以能够呈现彩色，归根结底是由于它们本身对入射光线选择性吸收的缘故。物体所呈现的颜色是由入射光中减去被物体选择性吸收的色光的颜色，符合减色法原则。

3. 无彩色和非选择性吸收

非选择性吸收是指物体对入射到其表面的光线，在不同的波长处进行等比例的吸收。当入射光是白光时，经过物体的等比例吸收后所呈现的颜色是从白到黑的一系列中性灰，也叫作消色。

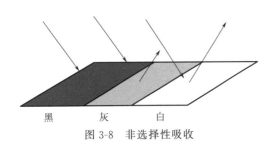
图3-8　非选择性吸收

如果入射光照射在物体上，经过程度极小的非选择性吸收，绝大部分入射光被反射出来，这种物体色就是白色，如图3-8所示。如果物体能够将入射光全部等比例吸收，几乎很少光反射出来，那么这种物体色就是黑色。如果等比例吸收一部分，反射另外一部分，则物体色就是灰色。根据等量吸收的多少，会有不同深浅的灰色。吸收的多，反射的少，灰色就深；反之，吸收的少，反射的多，灰色就浅。

复习思考题

1.什么是色光加色法，什么是色料减色法，各有何特点，有何不同？

2.为什么选择 R、G、B 作为色光加色法的三原色？

3.为什么选择 Y、M、C 作为色料减色法的三原色？

4.理想情况下，红灯照射在黄色和蓝色物体上，物体呈现什么颜色？品红光照射在黄色和青色物体上呢？

5.三原色油墨印在白纸上，它们各吸收白光中的什么光？反射什么光？画出它们的光谱反射曲线。

6.何谓补色？画出印刷六色色相环。

第四章

颜色的显色系统

自然界的色彩是千差万别的，人们之所以能对如此繁多的色彩加以区分，是因为每一种颜色都有自己的鲜明特征。为了准确地对颜色进行区分，将许多色样按照一定的顺序和规则排列起来，并且对其中所有色样分别命名或者编号就构成了一类特定的色序系统。一个完整的色序系统通常应该包括三个条件：①按照某种特定的顺序和规则进行颜色排列；②每种颜色都有特定和唯一的标号；③该系统与 CIE 色度系统有着对应的关系，便于计算和测量。

经过大量的实验及研究，国际上统一规定了鉴别颜色的三个心理特征量，即色相、明度和彩度，这三个特征量又称心理三属性。

第一节　色彩的心理属性

一、色相

色相是指颜色的基本相貌，它是颜色彼此区别的最主要和最基本的特征，它表示颜色质的区别，也叫色调。从光的物理刺激角度认识色相，是指某些不同波长的光混合后，所呈现的不同色彩表象，光源的色相取决于辐射的光谱组成对人眼所产生的感觉；物体的色相取决于光源的光谱组成和物体表面选择性吸收后所反射的各波长辐射的比例对人眼所产生的感觉。从人的颜色视觉生理角度认识色相，是指人眼的三种感色视锥细胞受不同刺激后引起的不同颜色感觉。因此，色相是表明不同波长的光刺激所引起的不同颜色的心理反应。例如红、绿、黄、蓝都是不同的色相，但是由于观察者的经验不同会有不同的色觉。然而每个观察者几乎总是按波长的次序，将光谱按顺序分为红、橙、黄、绿、青、蓝、紫以及许多中间的过渡色。红色一般指 610nm 以上，黄色为 570～600nm，绿色为 500～570nm，500nm 以下是青及蓝色，紫色在 420nm 附近，其余是介于它们之间的颜色。因此，色相取决于刺激人眼的光谱成分。对单色光来说，色相取决于该色光的波长；对复色光来说，色相取决于复色光中各波长色光的比例。色相的差异如图 4-1 所示，可知不同波长的光，给人以不同的色觉。因此，可以用不同颜色光的波长来表

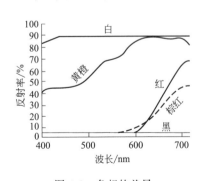

图 4-1　色相的差异

示颜色的相貌，即主波长，如红 700nm、黄 580nm 等。

色相和主波长之间的对应关系，会随着光照强度的改变而改变，图 4-2 所示为颜色主波长随光照强度的改变而发生偏移的情况。只有黄（572nm）、绿（503nm）、蓝（478nm）三个颜色的主波长恒定不变，称为恒定不变颜色点。通常所谈的色相是指在正常照度下的颜色。

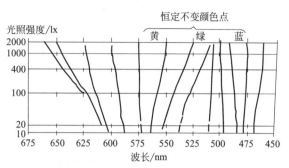

图 4-2 颜色主波长随光照强度的改变而发生偏移的情况

在正常条件下，人眼能分辨光谱中的色相有 150 多种，再加上谱外品红色 30 余种，超过 180 种。为应用方便，就以光谱色序为色相的基本排序，即红、橙、黄、绿、青、蓝、紫。包装印刷行业是以三原色油墨黄、品红、青为主色，加上其间色红、绿、蓝共 6 种基本色彩组成印刷色相环。

二、视明度

视明度（brightness）是指观察者对所观察颜色刺激在明亮程度上的感受强度，或认为是刺激色辐射出光亮的多少，过去也被称为主观亮度，用 B 表示。视明度是一绝对量，其大小变化对应于颜色刺激表现为从亮（bright or dazzling）变为暗（dim or dark）或从暗变为亮，是判断一个物体比另一个物体能够较多或较少地反射光的色彩感觉的属性。简单地说，色彩的明度就是人眼所感受的色彩的明暗程度。

视明度不等于亮度。根据光度学的概念，亮度是可以用光度计测量的、与人视觉无关的客观数值，而明度则是颜色的亮度在人们视觉上的反映，明度是从感觉上来说明颜色性质的。

通常情况下是用物体的反射率或透射率来表示物体表面的明暗感知属性的。图 4-1 也表示了不同色相由于反射率的不同引起的明度差异，图 4-3 所示的是相同色相、不同反射率引起的明度不同的情况，图 4-4 所示是不同饱和度颜色的反射率曲线。

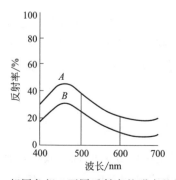

图 4-3 相同色相、不同反射率的明度差异曲线

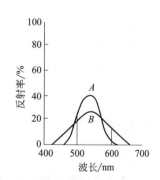

图 4-4 不同饱和度颜色的反射率曲线

反射或透射光的能量取决于两个量：物体的表面照度和物体的表面是否光洁。物体的表面照度与入射光的强度有关；物体的表面是否光洁，将直接影响光的反射率或透射率大小。

对消色物体来说，由于对入射光线进行等比例的非选择吸收和反（透）射，因此，消色物体无色相之分，只有反（透）射率大小的区别，即明度的区别。如图 4-5 所示，白色 A 最亮，黑色 E 最暗，黑与白之间有一系列的灰色，深灰 D、中灰 C 与浅灰 B 等，就是由于对入射光线反（透）射率的不同所致。

在观察物体颜色的明暗程度时，还会受到该物体所处环境色的影响，如图 4-6 所示，中间为均匀灰度的物体，由于物体与背景的不同亮度对比作用，增强或减弱了物体的固有亮度，因此，在包装色彩设计和印刷辨色时，一定要特别注意这种情况。

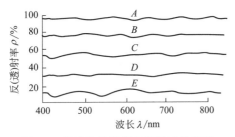

图 4-5　消色物体明度与反射率的关系

图 4-6　物体的明暗程度受所处环境的影响

在彩色摄影、彩色印刷、彩色包装等色彩的应用中，色彩的明暗变化是十分重要的。一个画面只有颜色而没有深浅的变化，就显得呆板，缺乏立体感，不生动，从而失去真实性。因此，明度是表达彩色画面立体空间关系和细微层次变化的重要特征。

三、明度

明度（lightness）是指观察者对所观察颜色刺激感知到的视明度相对于同一照明条件下完全漫反射体视明度的比值，用 L 表示，明度是一个相对量，可用下式表示

$$L = \frac{B}{B_{\mathrm{w}}} \tag{4-1}$$

式中　B_{w}——白点的视明度，即同一照明条件下完全漫反射体视明度。

四、视彩度

视彩度（colorfulness）是指某一颜色刺激所呈现色彩量的多少或人眼对色彩刺激的绝对响应量，用 C 表示。一般情况下，照度增加，物体变得更明亮，人眼对其的色彩知觉也相应变得更强烈，即视彩度增加。如果某颜色为没有色彩刺激的中性颜色，则其视彩度为 0。

五、饱和度

饱和度（saturation）是用于评估纯彩色在整个视觉中的成分的视觉属性，是人眼依据某一刺激量，视觉感受出其视彩度与视明度的相对比例值（相对值），用 S 表示。可用下式表示

$$S = \frac{C}{B} \tag{4-2}$$

物体色的饱和度取决于该物体表面选择性反射光谱的辐射能力。物体对光谱某一较窄波段的反射率高，而对其他波长的反射率很低或没有反射，则表明它有很高的选择性反射的能力，这一颜色的饱和度就高。如图 4-4 所示，分光反射率曲线 A 比曲线 B 显示的颜色饱和度高。

物体的饱和度还受物体表面状况的影响。在光滑的物体表面上，光线的反射是镜面反射，在观察物体颜色时，我们可以避开这个反射方向上的白光，观察颜色的饱和度。而粗糙的物体表面反射是漫反射，无论从哪个方向都很难避开反射的白光，因此光滑物体表面上的颜色要比粗糙物体表面上颜色鲜艳，饱和度大些。例如丝织品比棉织品色彩艳丽，就是因为丝织品表面比较光滑的缘故。雨后的树叶、花果颜色显得格外鲜艳，就是因为雨水洗去了树叶、花果表面的灰尘，填满了微孔，使表面变得光滑所致。有些彩色包装要上光覆膜，目的就是增加包装表面的光滑程度，使色彩更加饱和鲜艳。

六、彩度

彩度（chroma）是用距离等明度无彩色点的视知觉特性来表示物体表面颜色的浓淡，并给予分度，用 C_r 表示；它表示的是人眼感知的颜色的鲜艳程度，是人眼依据某一刺激量，感受出其视彩度与周围白点或最亮区块视明度的相对比例值（相对值）。可用下式表示

$$C_r = \frac{C}{B_W} \tag{4-3}$$

根据式(4-1)～式(4-3)，可以得出如下关系

$$S = \frac{C_r}{L} \tag{4-4}$$

由此也可以看出彩度不同于饱和度，但两者具有转换关系。

在色度学理论中，一般用色相、明度、彩度就可以描述一个颜色，这三者也称颜色的主观三属性。现在的研究表明，人眼对颜色的感觉仅仅用这三个属性还不足以完全准确地表达清楚，需要再加上视彩度和视明度，这也是色貌模型的研究内容，在后面的章节中会进行讲述。

七、颜色三属性的相互关系

颜色的三个属性（色相、明度、彩度）在某种意义上是各自独立的，但在另外意义上又是互相制约的。一个颜色的某一个属性发生了改变，那么，这个颜色必然要发生改变。

为了便于理解颜色三属性的独立性和制约性，可用图示进行说明。图 4-7 表示反射率相同但色相不同的情况；图 4-8 表示色相相同但明度值不同的情况；图 4-9 表示饱和度不同的情况。

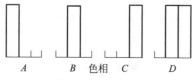

图 4-7　反射率相同但色相不同的情况

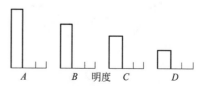

图 4-8　色相相同但明度值不同的情况

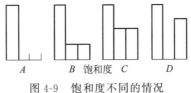

图 4-9 饱和度不同的情况

第二节 颜色感觉空间的几何模型

由于每一种颜色都具有色相、明度、彩度三个视觉心理属性，因此，如果要将自然界所有颜色进行有序排列，就必须使用三维的空间几何模型，称为颜色立体或颜色空间。颜色的几何模型一般有四种：双锥体模型、柱形模型、立方体模型及空间坐标模型。

图 4-10、图 4-11 所示的两种颜色的几何模型是比较常用的模型。图 4-10 用一个三维空间的双锥体来描述色彩的色相、明度和彩度三个基本属性，在此色彩空间中，垂直轴代表白黑系列明度的变化，顶端是白色，底端是黑色，中间是各种灰色的过渡，表示非彩色，称为明度轴或中性灰轴。色相由水平面圆周上点的位置来表示，圆周上的各点代表光谱上各种不同的色相（红、黄、绿、蓝、紫）。圆形的中心是中性灰色，各级灰色的明度同平面圆周上各种色相的明度相同。各平面圆的径向表示彩度，在圆周上点的色彩彩度最大，从圆周向圆心过渡表示色彩彩度逐渐降低，圆心的彩度为 0，故为中性灰色（非彩色）。从圆周向上、下（白、黑）方向变化时，色彩彩度降低，因此，最亮或最暗的颜色都不是饱和的色彩。明度不同，颜色彩度不同，在中等明度下，颜色可以获得最大的彩度。在图 4-10 中任一颜色，可用空间点 P 来表示，它可以沿着色相（H）、明度（L）、彩度（C）三个方向变化。这个双锥体是一个理想化的示意模型，目的是使人们更容易理解颜色三属性的相互关系。在真实颜色关系中，彩度最高的黄色在靠近顶部白色明度较高的地方；而彩度最大的蓝色在靠近下端黑色明度较低的地方，因此各种色相的最大彩度，并不完全在此颜色立体的中部，而且同一明度平面上的各色相离开垂直中性灰轴的距离也不一样，换句话说，就是在各圆形平面并不是真正的圆形。

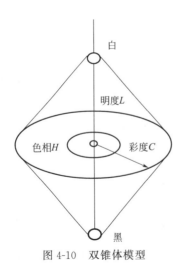

图 4-10 双锥体模型

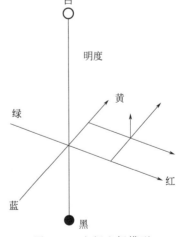

图 4-11 空间坐标模型

有些色彩学家和心理学家用所谓的心理颜色空间来描述人眼的色彩感觉，这就是如图 4-11 所示用三个相互垂直的坐标轴表示的几何模型系统。垂直轴表示明度，黑在底端，白在顶端，黄-蓝色轴和红-绿色轴与白-黑色轴相互垂直。黄、蓝、红、绿是判断色彩时心理上的原色，称为心理原色。其他任意一种颜色色相与特征，都可用类似于上述这些心理原色的程度来唯一确定。例如，橙色的色相可用类似于黄-红的程度来确定，而它的明度可用类似于白-黑的程度来确定。这样就可以在三个互相垂直轴的心理色彩空间中，有相应于某色彩的唯一的空间点 P。

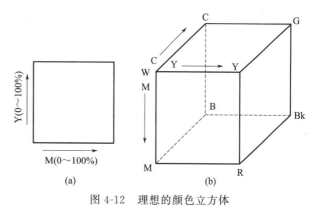

图 4-12　理想的颜色立方体

立方体模型也是一种应用比较广泛的模型。以色料三原色黄、品红、青为基色，对应三维空间做色量的均匀变化，互相交织起来，组成一个理想的颜色立方体，如图 4-12 所示。

首先将两个基色，利用 x、y 轴方向，交叉成一个平面，每个基色的色量做从 0～100％的变化。然后再用第三个基色在 z 轴方向上也做色量从 0～100％的变化，这样就组成了一个理想的颜色立方体。

在这样的颜色立方体中，任何一点的颜色都能用一个数字来表示，这个数字就是三原色黄、品红、青的分量。例如：颜色 752 为黄 7 成、品红 5 成、青 2 成合成后的颜色；颜色 267 为黄 2 成、品红 6 成、青 7 成合成后的颜色；颜色 545 为黄 5 成、品红 4 成、青 5 成合成后的颜色，如图 4-13 所示。

图 4-13　颜色立方体中颜色编号的意义

颜色立方体从某种意义上可以认为是色谱的立体化，在颜色立方体中分割成 10^3（即 1000）个颜色。当然这是人为的，如果每个基色分割成 20 个等级，则颜色数量就大大增加了。

第三节　孟塞尔颜色系统

美国画家孟塞尔（Albert Henry Munsell，1858～1918）于 1915 年创建了用颜色立体模型表示的孟塞尔表色系统。

一、孟塞尔颜色立体模型

孟塞尔颜色系统是一个三维的类似球体的空间模型，如彩色插页图 4-14 所示，它把物体各种表面色的三种基本属性色相、明度、彩度全部表示出来。以颜色的视觉特性来制定颜色分类和标定系统，以按目视色彩感觉等间隔的方式，把各种表面色的特征表示出来。目前国际上已广泛采用孟塞尔颜色系统作为分类和标定表面色的方法。

在孟塞尔颜色立体中，中央轴代表色彩的明度，颜色越靠近上方，明度越大；垂直于中央轴的圆平面周向代表颜色的色相；在垂直于中央轴的圆平面上，距离中央轴越近的颜色彩度越小，反之越大。

二、孟塞尔色相 H

孟塞尔颜色立体水平剖面上表示 10 种基本色，称为孟塞尔色相（hue）。如彩色插页图 4-15 所示，它含有 5 种原色［红（R）、黄（Y）、绿（G）、蓝（B）、紫（P）］和 5 种间色［黄红（YR）、绿黄（GY）、蓝绿（BG）、紫蓝（PB）、红紫（RP）］。然后，再进一步把这 10 个色相各自从一到十详细划分，总计得到 100 个刻度的色相环。用 5R、10R 等表示。这时各色相的第五号，即 5R、5YR、5Y 等是该色相的代表色相，也可以概略表示成R、YR、Y 等。另外，也有把 RP 和 R 中间的 10RP 表示成 PR-R，把 R 和 YR 中间的 10R表示成 R-YR 的情况。孟塞尔 10 个主要色相对应的主波长如表 4-1 所示（明度值 $V=5$）。

表 4-1　孟塞尔 10 个主要色相对应的主波长

Munsell 号	5R	5YR	5Y	5GY	5G	5BG	5B	5PB	5P	5RP
名称	红	橙	黄	黄绿	绿	蓝绿	蓝	青紫	紫	红紫
波长/nm	660	588	578	565	505	493	482	472	-560	-510

三、孟塞尔明度 V

在孟塞尔颜色立体中，以中央轴代表无彩色黑白系列中性色的明度等级，黑色在底部，白色在顶部，称为孟塞尔明度值（value）。按照视觉上等距的原则，将明度分为 0～10 共 11个等级，理想白色定为 10，理想黑色定为 0。在 0（黑）和白（10）之间加入等明度渐变的9 个灰色，用 N0、N1、…、N10 表示。对不同色相的彩色，则用与它等明度的灰色来表示该颜色的明度，记为 V1、V2、V3……如彩色插页图 4-16 所示。

四、孟塞尔彩度 C

在孟塞尔系统中，颜色样品离开中央轴的水平距离代表饱和度的变化，称为孟塞尔彩度（chroma）。彩度也是分成许多视觉上相等的等级。中央轴上的中性色彩度为 0，离开中央轴越远，彩度数值越大。该系统通常以每两个彩度等级为间隔制作一颜色样品。各种颜色的最大彩度是不相同的，个别颜色彩度可达 20，甚至更高。

任何颜色都可以用颜色立体上的色相、明度值和彩度这三项坐标来标定，并给以标号。标定的方法是先写出色相 H，再写明度值 V，在斜线后写彩度 C。

$$HV/C＝色相　明度值/彩度$$

例如标号为 10Y8/12 的颜色：它的色相是黄（Y）与绿黄（GY）的中间色，明度值是8，彩度是 12。这个标号还说明，该颜色比较明亮，具有较高的彩度。3YR6/5 标号表示：色相在红（R）与黄红（YR）之间，偏黄红，明度是 6，彩度是 5。

对于非彩色的黑白系列（中性色），用 N 表示，在 N 后标明度值 V，例如标号 N5/的意义：明度值是 5 的灰色。

另外，对于彩度低于 0.3 的中性色，如果需要做精确标定，可采用下式表示：

$$NV/(H,C)＝中性色明度值/(色相,彩度)$$

例如标号为 N8/(Y，0.2) 的颜色，该色是略带黄色、明度为 8 的浅灰色。

五、饱和度

由式(4-4)可知，饱和度是彩度除以明度的商，因此在孟塞尔系统的相同色相页中，具有等饱和度的颜色是在以明度 0、彩度 0 为起点的射线上，如彩色插页图 4-17 所示。

六、孟塞尔图册

用 HVC 把各种表面色的特性表示出来，给以颜色标号，并按此制作成许多标准颜色样品，汇编成颜色图册，就是孟塞尔图册。1915 年，美国最早出版了《孟塞尔颜色图谱》(*Munsell Atlas of Color*)。1929 年和 1943 年美国国家标准局 (National Bureau of Standards，NBS) 和美国光学会 (Optical Society of America，OSA) 对孟塞尔颜色系统作了进一步研究，由孟塞尔颜色编排小组委员会对孟塞尔色样进行了光谱光度测量及视觉实验，并按视觉上等距的原则对孟塞尔图册中的色样进行了修正和增补，重新编排了孟塞尔图册中的色样，制定了"孟塞尔新标系统" (Munsell renovation system)。孟塞尔新标系统中的色样编排在视觉上更接近等距，而且对每一色样都给出相应的 CIE 1931 色度学系统的色度坐标，即 Y、x、y 值。

现在出版发行的《孟塞尔图册》(*The Munsell Book of Color*) 分为光泽版 (glossy edition)、亚光版 (matte edition) 和近中性色版 (nearly neutrals edition)。光泽版包含 1600 多个孟塞尔高光泽的颜色，每个颜色都按照 40 个固定的色相排列，并且可以自由抽取，同时还新增了 37 个孟塞尔的灰系列，每张活页大小为 $9.75' \times 11'$ (25cm×28cm)，每个颜色样本大小为 $\frac{3'}{4} \times 1\frac{5'}{8}$ (2cm×4cm)。亚光版包含 1300 多个孟塞尔半光泽的颜色，同时还新增了 31 个孟塞尔的灰系列。近中性色版提供了接近中性灰的颜色，这些颜色包含 37 个灰色等级，明度从 0.5/到 9.5/，间距以 1/4 递增。

孟塞尔图册是以颜色立体的垂直剖面为一页依次列入。整个立体划分成 40 个垂直剖面，图册共 40 页，在一页里面包括同一色相的不同明度值、不同彩度的样品。彩色插页图 4-18 所示为孟塞尔颜色立体 5Y 和 5PB 两种色相的垂直剖面。中央轴表示明度值等级 1～9，左侧的色相是黄 (5Y)。当明度值为 9 时，黄色的彩度最大，该色的标号为 5Y9/14，其他明度值的黄色都达不到这一彩度。中央轴右侧的色相是紫蓝 (5PB)，当明度值为 3 时，紫蓝色的彩度最大，该色的标号为 5PB3/12。

第四节　其他显色系统表色方法

除孟塞尔颜色系统以外，还有很多其他显色系统正在得到广泛的应用，例如德国 DIN 表色系统、美国光学委员会表色系统 (OSA uniform color scale system)、瑞典自然色系统 (natural color system)、奥斯瓦尔德 (Ostwald) 表色系统、日本的彩度顺序表色系统 (chroma cosmos 5000) 等。颜色表示方法主要有色谱表色法。

一、自然色系统

NCS 是 natural colour system (自然色系统) 的简称。NCS 的研究始于 1611 年，后来

在色彩学、心理学、物理学以及建筑学等十几位专家数十年的共同努力下，经过反复的科学试验，于 1979 年完成。NCS 系统已经成为瑞典、挪威、西班牙等国的国家检验标准，它是欧洲使用最广泛的色彩系统，并正在被全球范围采用。

1. NCS 的基本原理

NCS 以白色（W）、黑色（S），以及黄色（Y）、红色（R）、蓝色（B）、绿色（G）6 个心理原色为基础。黑、白是非彩色，黄、红、蓝、绿是彩色。在这里，黄不是由红和绿混合产生的颜色，而是由人的颜色视觉所感受到的颜色。在这个系统中用"相似"，而不是用"混合"的术语，就是因为它是根据直接观察的色彩感觉，而不是根据混色实验对颜色进行分类和排列的。按照人们的视觉特点，黄色可以和红、绿相似，而不可能和蓝相似；蓝色可以和红、绿相似，而不可能和黄相似；红、绿彼此不相似；所有其他颜色均可以看做和黄、红、蓝、绿、黑、白这 6 种颜色有不同程度相似的颜色。根据这一特点，NCS 采用的色彩感觉几何模型如彩色插页图 4-19 所示。

在这个三维立体模型中，立体的上下两端是两种非彩色原色，顶端是白色，底端是黑色。立体在中间部位由黄、红、蓝、绿四种彩色原色形成一个色相环。在这个立体系统中，每一种颜色都占有一个特定的位置，并且和其他颜色有着准确的关系。

颜色立体的横剖面是圆形的色相环，如彩色插页图 4-20 所示。色相环上有黄、红、蓝、绿 4 种彩色原色，它们把整个圆环分成 4 个象限，每一个象限分为 100 个等级。要想判断某一种颜色的色相，首先要判别出该色相位于哪个象限内，然后再判断产生这一色相所需两原色的相对比例。以象限 Y-R 为例，从 Y 到 Y50R，黄对红的优势逐渐减少；从 Y50R 到 R，红对黄的优势逐渐增加，一直到红原色为止。若用百分比来说明颜色的这种标法，就容易理解颜色标号的意义。例如一个颜色的标号为 Y70R，就表示这个颜色中红色对黄色有 70% 的优势，而黄只占 30%。

NCS 颜色立体的垂直剖面图的左右半侧各是一个三角形，如彩色插页图 4-21 所示。三角形的 W 角代表白，S 角代表黑，也就是颜色立体的顶端和底端，C 代表一个纯色，与黑白都不相似。用 NCS 判定颜色时，第一步是由目测判别出该颜色中含有彩色和非彩色量的相对多少。颜色三角形中有两种标尺：彩度标尺说明一个颜色与纯彩色的接近程度；黑白标尺说明一个颜色与黑色的接近程度，这两种标尺都被均分成 100 等份。NCS 规定：任何一种颜色所包含的原色数量总量为 100，即白＋黑＋彩色＝100，其具体的计算和表示方法如下。

若某颜色表示为 S2030-Y90R，S2030 表示该颜色包含 20% 的黑和 30% 的彩色，也就是说，该颜色还有 100%－20%－30%＝50% 的白。在 30% 的彩色中，Y90R 表示色相，也就是与黄色 Y 和红色 R 之间的对应关系，Y90R 表示红色占彩色的 90% 和黄色占彩色的 10%。所以说在这一颜色中，各原色的比例关系是：黑—20%、白—50%（100%－20%－30%）、红—27%（30%×90%）、黄—3%［30%×（100%－90%）］、蓝—0%、绿—0%。

纯粹的灰色是没有色相的，标注以-N 来表示非彩色。其范围从 0500-N（白色）到 9000-N（黑色）。NCS 色彩编号前的字母 S 表示 NCS 第二版色样。这一版的色彩标准下的涂料油漆中不含有毒成分。

当我们熟悉了 NCS 系统，就可以根据颜色的编号判断其属性。例如多少明度、多少艳度、是什么色相等。这有助于颜色的交流和检验，还有助于识别那些未标注以 NCS 编号的颜色。

2. NCS 与色彩应用

NCS 的优点在于全部 1750 种颜色通过色立体进行了有规律的排列，是便于理解的、实用的和设计精良的色谱；它也是一种色彩交流的语言，便于色彩沟通；能够适应各种不同的色彩设计、选择和识别的需要。

NCS 主要使用对象有设计师、建筑行业、工厂等。在平面设计、工业设计、纺织品设计、室内设计等方面，NCS 都能够用于设计和色彩识别。在建筑行业，NCS 可以在建筑色彩规划、设计、施工到监理，乃至建筑产品及室内装饰方面进行设计、色彩识别和质量控制。对色彩有较高要求的生产者，如颜料、印刷、包装等，特别是涂料油漆厂，NCS 也可以适用于生产、质量控制及营销等各个环节。

二、色谱表色法

色谱（color standard）又叫色表或色彩图，是供用色部门参考的色彩排列表。色谱表色法是一种以有规律的一系列实际色块作为参考色样的最直观、通俗易懂的颜色表示方法。色谱表色法在与颜色打交道的各行各业和部门得到了广泛的应用。不同国家的许多行业都根据自己的特定的需求，用不同的排列方法编排了色谱，也有单一行业用的专用色谱，如印刷行业的印刷色谱。各种色谱中包含的颜色数目也各不相同，对颜色的命名方法也有所差异。但它们一般是按照颜色的三属性变化规律排列，直观地提供各种常用颜色的色样，便于理解、交流和应用。

色谱是用色料表现颜色。由于目前彩色复制技术条件和原材料质量的限制，还无法复制出我们希望的所有颜色，所以它只能对在一定范围内的典型颜色提供参考依据。

1. 普通色谱

普通色谱一般由国家有关部门统一制定，是供多个行业，如印染、纺织、交通、建筑、设计等通用的颜色参考工具。

中国色谱是 1957 年 10 月由中国科学院出版的色谱。这本色谱分为彩色和无彩色两部分，共 1631 个色块。

中国色谱中的彩色部分包含 8 种基本色，分别是黄、橙、红、品红、紫、蓝、青、绿，分别用罗马数字 I、II、III、IV、V、VI、VII、VIII 表示。每个基本色由浅到深分为 7 个等级，组成一页 49 个深浅不同色块的色谱。表 4-2 所示是黄和橙两种基本色的配合情况。表中越往左上角，颜色的明度越大，彩度越小；越往右下角，则颜色的明度越小，彩度越大。表 4-2 中许多颜色是以习惯命名法加以命名，在整个色谱中，已经命名的颜色有 625 种，其余则以数字来表示。

表 4-2　中国色谱中黄、橙配合页

颜色	黄						
	配合	1′	2′	3′	4′	5′	6′	7′
橙	1	乳白	杏仁黄	茉莉黄	麦秆黄	油菜花黄	佛手黄	迎春黄
	2	21′	22′	箴黄	葵扇黄	柠檬黄	金瓜黄	藤黄
	3	31′	酪黄	香水玫瑰黄	浅密黄	大豆黄	素馨黄	向日葵黄
	4	41′	42′	43′	44′	鸭梨黄	黄连黄	金盏黄
	5	51′	蛋壳黄	肉色	54′	鹅掌黄	鸡蛋黄	鼬黄
	6	61′	62′	63′	榴萼黄	浅橘黄	枇杷黄	橙皮黄
	7	71′	北瓜黄	73′	杏黄	雄黄	万寿菊黄	77′

2. 印刷色谱

色谱（color standard）又叫色表或色彩图，是供用色部门参考的色彩排列表。色谱表色法是一种以有规律的一系列实际色块作为参考色样的最直观、通俗易懂的颜色表示方法。色谱表色法在与颜色打交道的各行各业和部门得到了广泛的应用。不同国家的许多行业都根据自己的特定需求，用不同的排列方法编排了色谱，也有单一行业用的专用色谱，如印刷行业的印刷色谱。各种色谱中包含的颜色数目也各不相同，对颜色的命名方法也有所差异。但它们一般是按照颜色三属性变化规律排列，直观地提供各种常用颜色的色样，便于理解、交流和应用。

色谱是用色料表现颜色。由于目前彩色复制技术条件和原材料质量的限制，还无法复制出我们希望的所有颜色，所以它只能对在一定范围内的典型颜色提供参考依据。

印刷色谱是根据印刷工业的特点和要求，荟集大量实际色样分类排列，在实际印刷生产中更有针对性和实用性。印刷色谱又叫印刷网纹色谱，是用标准的黄、品红、青、黑四色油墨，按照不同的网点面积率叠合印成各种色彩的色块的总和。

印刷过程中，彩色图像复制通常是由三原色油墨外加黑色油墨以大小不等的网点套印而成。在这个印刷过程中，印刷色谱对制版、打样、调墨、印刷等各个工序都起着很大的参考和指导作用。

（1）色谱的基本组成

对于常规的印刷色谱，虽然由于条件、使用对象的不同，其组成、色块的排列方式和色块数目有一定的差别，但是都必须包含有 CMYK 原色以不同比例组成的单色、双色、三色、四色部分。

以《设计与印刷标准色谱（亮光铜版纸）》为例，该色谱按照印刷油墨比例来编排，分为双色、三色和四色印刷颜色，每页上的色样按两个颜色变化、其他颜色固定的方式排列，每个颜色按 5％、10％、20％、30％、40％、50％、60％、70％、80％、90％、100％的网点比例变化，四色印刷的黑色墨量最大限制为 80％。彩色插页图 4-22 为 $K=40$ 和 $K=50$、$Y=50$、$C=0\sim100$、$M=0\sim100$ 的两页色谱实例。因此，单色梯尺暗含在各页色谱上侧和外侧的油墨标尺中；双色 6 页，共有 $12\times12\times6=864$ 个色块；三色 37 页（$C+M+Y$ 组合时，Y 从 10％到 100％，共 10 级；两色＋K 组合时，K 从 10％到 90％，共 9 级），共有 $12\times12\times37=5328$ 个色块；四色 80 页（Y 从 10％到 100％，共 10 级；K 从 10％到 80％，共 8 级），共有 $12\times12\times80=11520$ 个色块。每个色块的面积为 11.5mm×12mm，中间用 1.5mm 的白线分开。在明视觉距离观察的条件下，色块与眼睛形成的视角大约为 4°以内，符合观察和计算印刷品颜色使用 CIE 1931 XYZ 标准观察者函数的条件。

（2）色谱的其他组成

除各印刷原色的叠印的单色、双色、三色和四色效果外，印刷色谱图册一般还包含一些其他内容。如《设计与印刷标准色谱（亮光铜版纸）》介绍了颜色的由来、颜色的视觉属性、三原色与颜色的混合、颜色的和谐理论、颜色环，以及淡纯色系列、浓纯色系列、明亮色系列、浅淡色系列、深浓色系列、深暗色系列、暖色系、冷色系的各种效果。《四色配色印艺图典》除标准色谱外，还包含金银色谱、色彩的情感搭配，以及一系列的印艺纸艺效果，如铜版纸四色印刷局部 UV、硫酸纸四色印刷、双胶纸四色印刷、印银、烫印、烫黑、烫红、印金、烫金等效果。

（3）印刷色谱的作用

色谱以其直观性和实用性成为印刷行业最常用的颜色表示方法，是一种对多个工序具有指导意义的颜色参考工具。它的使用有利于整个印刷工艺过程的标准化、数据化、规范化。客户的业务人员可以由色谱得知现有条件下所能获得的彩色复制效果；打样及调墨人员可以根据色谱调配出各种彩色印刷品所需要的专色油墨；印刷人员可以根据色谱各种纸张和油墨的呈色效果，评定彩色印刷品的质量。

从理论上讲，印刷色谱只能用于纸张、油墨、制版工艺、印刷工艺条件完全一样的复制过程，例如，从表4-3中可以看到《设计与印刷标准色谱（亮光铜版纸）》的印刷条件。印刷色谱最好由各印刷厂家在本厂的具体条件下印刷，因为色谱的印刷制作过程中涉及原材料以及印刷各种相关条件等许多可变的因素，只有在本厂特定的环境中，利用本厂现有的分色、加网、修版、晒版、打样、印刷设备以及常用的感光胶片、印版、纸张、油墨等原材料，发挥本厂各个工序操作人员的技术水平才能够印刷出对本厂最具有实际指导作用和参考价值的色谱。另外，随着时间的推移，调墨和纸张的物理化学性质会发生变化，会降低色谱的参考价值，因此印刷色谱应定期更新，同时将印制过程中使用的各种原材料的种类、设备型号等数据做详细的记录。

表4-3 《设计与印刷标准色谱（亮光铜版纸）》的印刷条件

项目	参 数
纸张	金东太空梭128g/m² 双面亮光铜版纸和亚光铜版纸
纸张颜色	$L^*=93.65, a^*=1.02, b^*=-4.28$(亮光铜版纸) $L^*=93.65, a^*=1.02, b^*=-4.28$(亚光铜版纸)
印刷油墨	东洋油墨
制版方式	CTP直接制版(柯达 LOTEM 800)
版材	柯达 CTP版
加网角度	C15°,M45°,Y90°,K75°
网点形状	圆形网点
加网线数	175lpi
印版输出网点误差	小于1%
印刷机型号	海德堡 CD102-4 对开四色印刷机
印刷速度	8000 印/h
印刷色序	黑、青、品红、黄

复习思考题

1.什么是颜色的心理三属性？举例说明如何区分颜色三属性。

2.简述孟塞尔系统的构成。

3.颜色样品的孟塞尔标号如下，请说明各自的色相、明度与彩度。

(a) 5R4/10 (b) 5G6/2 (c) 5B7/14 (d) 10GY8/10

(e) N1 (f) N7 (g) 5PB5/12 (h) 7.5RP6/13

4.什么是自然颜色系统？它与孟塞尔系统有何不同？

5.说明下列各颜色标号的意义：

(a) 2060Y50R (b) 3060B60G (c) 1080G (d) 4060R80B

6.印刷色谱是如何组成的？如何应用？

第五章 CIE标准色度学系统

色序系统虽然可以根据色彩的心理三属性对颜色进行标定，但是，面对万紫千红的多彩世界，色序系统不可能对自然界中的每一个颜色进行定量的准确的描述。为了克服这一问题，引入了混色系统（color mixing system），混色系统是根据色度学的理论和实验证明任何色彩都可以由色光三原色混合得到而建立的。色度三原色是红、绿、蓝。利用红、绿、蓝三色光可以混合匹配出任何想要的颜色。对于物体的表面色，需用仪器测定其所反射或者透射的三原色光的数量，此三原色色光的作用量称为色彩的三刺激值（tristimulus）。

由颜色的基本混合定律可知，外貌相同的颜色可以相互替代，而且可以通过匹配实验的方法来获得。颜色匹配就是将两个颜色调节到在视觉上完全一致或者相等的方法。颜色匹配的方法有转盘实验法和色光匹配法。

第一节　颜色匹配实验

一、转盘实验法

转盘实验法是比较普通的一种方法，简单快捷，但是精度较低，多用于颜色匹配的示意。颜色转盘由几块不同颜色的圆盘组成，通常是由红（R）、绿（G）、蓝（B）三种彩色和黑色四种颜色的四块圆盘。每一块圆盘由中心至边缘剪开一条直缝，以便于四块圆盘交叉叠放，成为四块扇形颜色的表面。为了单独地改变红、绿、蓝色扇形的面积比例，需有一块黑色扇形面，这一黑色扇形面还可以用来调节亮度。当转盘高速旋转时，眼睛便看到一混合色，如果将另一被匹配的颜色转盘放在转盘的中心部位，如图 5-1（a）所示，而把四个扇形面放在转盘的外圈，调节三种颜色的面积比，就可以使外圈的混合色看起来和内圈的颜色相同，从而实现颜色的匹配。

在颜色的转盘实验中，三种颜色刺激先后作用到视网膜的同一部位。当第一种颜色的刺激在视网膜上还没有消失

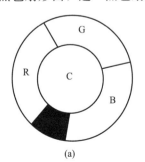
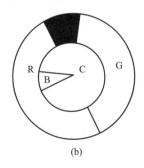

图 5-1　颜色转盘

时，第二种颜色的刺激已经发生作用，当第二种颜色刺激的视后效应还没有消失时，第三种颜色的刺激又开始发生作用。由于三种颜色的刺激快速先后作用，视觉上便产生混合色。

二、色光匹配法

颜色匹配的另外一种方法就是色光匹配法，它是一种精确的匹配方法。色光的颜色匹配实验如图 5-2 所示。左方是一块白色屏幕，上方为红（R）、绿（G）、蓝（B）三原色光，下方为待配色光（C），三原色光照射白屏幕的上半部，待配色光照射白屏幕的下半部，白屏幕上下两部分用一黑挡屏隔开，由白屏幕反射出来的光通过小孔抵达右方观察者的眼内。人眼看到的视场如图右下方所示，视场范围在 2°左右，被分成两部分。图右上方还有一束光，照射在小孔周围的背景白板上，使视场周围有一圈色光作为背景。实验时，调节红、绿、蓝三原色的强度比例，便产生看起来和另一颜色相同的混合色，实现颜色匹配。例如，若需要匹配从红到绿的各种颜色，可关闭蓝光，改变红和绿的比例，便能够产生红、橙、黄、绿等一系列的颜色，当关闭绿光，改变红光和蓝光的比例时，便可产生红、紫、蓝等一系列的颜色。因此，在此实验装置上可以进行一系列的颜色匹配实验。待配色光可以通过调节上方三原色的强度来混合形成，当视场中的两部分色光相同时，视场中的分界线消失，两部分合为同一视场，此时认为待配色光的光色与三原色光的混合光色达到色匹配。

色光的颜色匹配实验和转盘实验不同，它是颜色的色光在外界发生混合之后才到达人的视觉器官（即人眼）的，而转盘实验是先后混合。这也说明不同的刺激方法都可以对人的视觉产生颜色混合的效果。

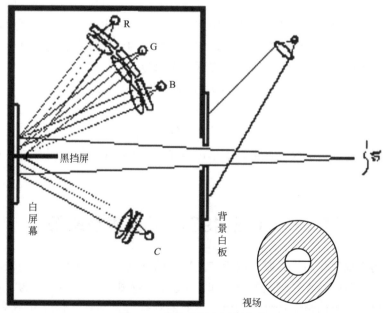

图 5-2　色光的颜色匹配实验

三、颜色方程

颜色转盘和色光的匹配可以用数学形式表示，以（C）表示待匹配的颜色（颜色转盘中间的颜色，色光的颜色匹配实验中的待匹配的单色光），以（R）、（G）、（B）代表红、绿、蓝三原色，由以 R、G、B 分别代表红绿蓝三原色的数量（三刺激值），则颜色方程可以表达为

$$(C) \equiv R(R) + G(G) + B(B) \tag{5-1}$$

式中　"$\equiv$"——匹配，即视觉上相等。

四、负刺激值

在颜色转盘实验中，如果被匹配的颜色（转盘中心的颜色）的饱和度很大，仍用红、绿、蓝三原色可能实现不了匹配，在这种情况下，如图 5-1(b) 所示，可以将外圈的一种颜色加到中心被匹配的颜色上，而外圈上只用两种颜色（加黑色）和中心的颜色匹配，当各种颜色的扇形面积调节到一定的比例时，便可以达到与外圈的颜色的匹配，若用（C）表示待匹配的饱和色，则颜色方程可以表示为

$$(C) + B(B) \equiv R(R) + G(G)$$

即

$$(C) \equiv R(R) + G(G) - B(B) \tag{5-2}$$

同理，在色光的匹配实验中，当匹配相等能量的光谱色时，所需三原色光的数量叫作光谱三刺激值，用 $\bar{r}$、$\bar{g}$、$\bar{b}$ 表示。则匹配波长为 λ 的等能光谱色（C_λ）的颜色方程为

$$C_\lambda \equiv \bar{r}(R) + \bar{g}(G) + \bar{b}(B) \tag{5-3}$$

如果屏幕上被匹配的颜色是非常饱和的光谱色，仍然用红绿蓝进行匹配时，就会发现光谱色的饱和度太高，用三原色混合得不到满意的效果，这时就应将少量的三原色色光的其中一个加到待匹配的高饱和度的色光一侧，用其余两个原色光去实现匹配。例如，光谱色的黄光就不能够用红绿蓝混合得到满意的效果，如果将少量的蓝光加到黄光一侧，用红光和绿光匹配，就可以得到满意的效果，则颜色方程可以表示为

$$C_\lambda + \bar{b}(B) \equiv \bar{r}(R) + \bar{g}(G)$$

即

$$C_\lambda \equiv \bar{r}(R) + \bar{g}(G) - \bar{b}(B) \tag{5-4}$$

在这里，可以理解为某颜色是由 $\bar{r}$ 个单位的红、$\bar{g}$ 个单位的绿，同时减去 $\bar{b}$ 个单位的蓝匹配而成的。

第二节　CIE 1931 RGB 表色系统

由于外界的光辐射作用于人眼，因而产生颜色的感觉，这说明物体的颜色既取决于物理刺激，又取决于人眼的特性。颜色的测量和标定应符合人眼的观察结果。为了定量地表示颜色，首先必须研究人眼的视觉特性。然而，不同的观察者，其视觉特性并不是完全相同的，这就要求根据许多观察者的颜色视觉实验来确定为匹配等能光谱色所必需的三原色数据。CIE 1931 RGB 真实三原色表色系统就是根据莱特和吉尔德分别实验的结果，取其光谱三刺激值的平均值，作为该系统的光谱三刺激值。

1928～1929 年，莱特用红（650nm）、绿（530nm）、蓝（460nm）作为三原色，由 10 名观察者在 2°视场条件下做了颜色匹配实验。三原色的单位是这样规定的，相等数量的红

和绿刺激匹配，获得 582.5nm 的黄色，相等数量的蓝和绿刺激匹配，获得 494.0nm 的蓝绿色，莱特用三原色匹配光谱色的实验结果如图 5-3 所示。从图 5-3 中可知，为了匹配 460～530nm 的光谱色，原色红的刺激值是负值，说明必须将少量的红加到光谱色的一侧，以降低光谱色的饱和度，才能使原色绿和蓝的混合色与之匹配。

同样，吉尔德选择用红（630nm）、绿（542nm）、蓝（460nm）作为三原色，由 7 名观察者做了颜色匹配实验。他是以三原色色光匹配色温为 4800K 的白光为条件，规定三者的数量关系。实验结果如图 5-4 所示。从图 5-4 中可知，无论匹配哪一个波长上的光谱色，总有负值出现，在 510nm 处原色红的负值最大。

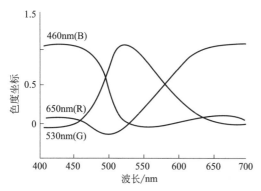

图 5-3　莱特用三原色匹配光谱色的实验结果

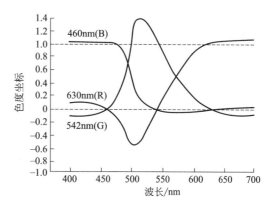

图 5-4　吉尔德用三原色匹配光谱色的实验结果

根据两人的实验结果，如果把三原色光转换成 700.0nm、546.1nm、435.8nm，并将三原色的单位调整到相等的数量，可相加匹配出等能白光的条件，两人的结果非常一致。因此，CIE 规定红、绿、蓝三原色的波长分别为 700.0nm、546.1nm、435.8nm，在颜色匹配实验中，当这三原色光的相对亮度比例为 1.0000：4.5907：0.0601，或它们的辐射能之比为 72.0962：1.3971：1.0000 时就能匹配出等能白光，所以 CIE 选取这一比例作为红、绿、蓝三原色的单位量，即（R）：（G）：（B）＝1：1：1。尽管这时三原色的亮度值并不相等，但 CIE 却把每一原色的亮度值作为一个单位看待。因此，波长为 λ 的光谱色的匹配方程可以表示为

$$C_\lambda \equiv \overline{r}_\lambda(R) + \overline{g}_\lambda(G) + \overline{b}_\lambda(B) \tag{5-5}$$

表 5-1 的第二、三、四列列出了各波长的光谱三刺激值。彩色插页图 5-5 则是光谱三刺激值曲线，这一组函数称为"CIE 1931 RGB 色度观察者"。

表 5-1　国际 R．G．B 坐标制（CIE 1931 RGB 色度观察者）

波长 λ/nm	光谱三刺激值			色度坐标		
	$\overline{r}(\lambda)$	$\overline{g}(\lambda)$	$\overline{b}(\lambda)$	$r(\lambda)$	$g(\lambda)$	$b(\lambda)$
380	0.00003	−0.00001	0.00117	0.02720	−0.01150	0.98430
385	0.00005	−0.00002	0.00189	0.02680	−0.01140	0.98460
390	0.00010	−0.00004	0.00359	0.02630	−0.01140	0.98510
395	0.00017	−0.00007	0.00647	0.02560	−0.01130	0.98570
400	0.00030	−0.00014	0.01214	0.02470	−0.01120	0.98650

续表

波长 λ/nm	光谱三刺激值			色度坐标		
	$\bar{r}(\lambda)$	$\bar{g}(\lambda)$	$\bar{b}(\lambda)$	$r(\lambda)$	$g(\lambda)$	$b(\lambda)$
405	0.00047	-0.00022	0.01969	0.02370	-0.01110	0.98740
410	0.00084	-0.00041	0.03707	0.02250	-0.01090	0.98840
415	0.00139	-0.00070	0.06637	0.02070	-0.01040	0.98970
420	0.00211	-0.00110	0.11541	0.01810	-0.00940	0.99130
425	0.00266	-0.00143	0.18575	0.01420	-0.00760	0.99340
430	0.00218	-0.00119	0.24769	0.00880	-0.00480	0.99600
435	0.00036	-0.00021	0.29012	0.00120	-0.00070	0.99950
440	-0.00261	0.00149	0.31228	-0.00840	0.00480	1.00360
445	-0.00673	0.00379	0.31860	-0.02130	0.01200	1.00930
450	-0.01213	0.00678	0.31670	-0.03900	0.02180	1.01720
455	-0.01874	0.01046	0.31166	-0.06180	0.03450	1.02730
460	-0.02608	0.01485	0.29821	-0.09090	0.05170	1.03920
465	-0.03324	0.01977	0.27295	-0.12810	0.07620	1.05190
470	-0.03933	0.02538	0.22991	-0.18210	0.11750	1.06460
475	-0.04471	0.03183	0.18592	-0.25840	0.18400	1.07440
480	-0.04939	0.03914	0.14494	-0.36670	0.29060	1.07610
485	-0.05364	0.04713	0.10968	-0.52000	0.45680	1.06320
490	-0.05814	0.05689	0.08257	-0.71500	0.69960	1.01540
495	-0.06414	0.06948	0.06246	-0.94590	1.02470	0.92120
500	-0.07173	0.08536	0.04776	-1.16850	1.39050	0.77800
505	-0.08120	0.10593	0.03688	-1.31820	1.71950	0.59870
510	-0.08901	0.12860	0.02698	-1.33710	1.93180	0.40530
515	-0.09356	0.15262	0.01842	-1.20760	1.96990	0.23770
520	-0.09264	0.17468	0.01221	-0.98300	1.85340	0.12960
525	-0.08473	0.19113	0.00830	-0.73860	1.66620	0.07240
530	-0.07101	0.20317	0.00549	-0.51590	1.47610	0.03980
535	-0.05136	0.21083	0.00320	-0.33040	1.31050	0.01990
540	-0.03152	0.21466	0.00146	-0.17070	1.16280	0.00790
545	-0.00613	0.21487	0.00023	-0.02930	1.02820	0.00110
550	0.02279	0.21178	-0.00058	0.09740	0.90510	-0.00250
555	0.05514	0.20588	-0.00105	0.21210	0.79190	-0.00400
560	0.09060	0.19702	-0.00130	0.31640	0.68810	-0.00450
565	0.12840	0.18522	-0.00138	0.41120	0.59320	-0.00440
570	0.16768	0.17807	-0.00135	0.49730	0.50670	-0.00400
575	0.20715	0.15429	-0.00123	0.57510	0.42830	-0.00340
580	0.24526	0.13610	-0.00108	0.64490	0.35790	-0.00280

波长 λ/nm	光谱三刺激值			色度坐标		
	$\bar{r}(\lambda)$	$\bar{g}(\lambda)$	$\bar{b}(\lambda)$	$r(\lambda)$	$g(\lambda)$	$b(\lambda)$
585	0.27989	0.11686	−0.00093	0.70710	0.29520	−0.00230
590	0.30928	0.09754	−0.00079	0.76170	0.24020	−0.00190
595	0.33184	0.07909	−0.00063	0.80870	0.19280	−0.00150
600	0.34429	0.06246	−0.00049	0.84750	0.15370	−0.00120
605	0.34756	0.04776	−0.00038	0.88000	0.12090	−0.00090
610	0.33971	0.03557	−0.00030	0.90590	0.09490	−0.00080
615	0.32265	0.02583	−0.00022	0.92650	0.07410	−0.00060
620	0.29708	0.01828	−0.00015	0.94250	0.05800	−0.00050
625	0.26348	0.01253	−0.00011	0.95500	0.04540	−0.00040
630	0.22677	0.00833	−0.00008	0.96490	0.03540	−0.00030
635	0.19233	0.00537	−0.00005	0.97300	0.02720	−0.00020
640	0.15968	0.00334	−0.00003	0.97970	0.02050	−0.00020
645	0.12905	0.00199	−0.00002	0.98500	0.01520	−0.00020
650	0.10167	0.00116	−0.00001	0.98880	0.01130	−0.00010
655	0.07857	0.00066	−0.00001	0.99180	0.00830	−0.00010
660	0.05932	0.00037	0.00000	0.99400	0.00610	−0.00010
665	0.04366	0.00021	0.00000	0.99540	0.00470	−0.00010
670	0.03149	0.00011	0.00000	0.99660	0.00350	−0.00010
675	0.02294	0.00006	0.00000	0.99750	0.00250	0.00000
680	0.01687	0.00003	0.00000	0.99840	0.00160	0.00000
685	0.01187	0.00001	0.00000	0.99910	0.00090	0.00000
690	0.00819	0.00000	0.00000	0.99960	0.00040	0.00000
695	0.00572	0.00000	0.00000	0.99990	0.00010	0.00000
700	0.00410	0.00000	0.00000	1.00000	0.00000	0.00000
705	0.00291	0.00000	0.00000	1.00000	0.00000	0.00000
710	0.00210	0.00000	0.00000	1.00000	0.00000	0.00000
715	0.00148	0.00000	0.00000	1.00000	0.00000	0.00000
720	0.00105	0.00000	0.00000	1.00000	0.00000	0.00000
725	0.00074	0.00000	0.00000	1.00000	0.00000	0.00000
730	0.00052	0.00000	0.00000	1.00000	0.00000	0.00000
735	0.00036	0.00000	0.00000	1.00000	0.00000	0.00000
740	0.00025	0.00000	0.00000	1.00000	0.00000	0.00000
745	0.00017	0.00000	0.00000	1.00000	0.00000	0.00000
750	0.00012	0.00000	0.00000	1.00000	0.00000	0.00000
755	0.00008	0.00000	0.00000	1.00000	0.00000	0.00000
760	0.00006	0.00000	0.00000	1.00000	0.00000	0.00000

波长 λ/nm	光谱三刺激值			色度坐标		
	$\overline{r}(\lambda)$	$\overline{g}(\lambda)$	$\overline{b}(\lambda)$	$r(\lambda)$	$g(\lambda)$	$b(\lambda)$
765	0.00004	0.00000	0.00000	1.00000	0.00000	0.00000
770	0.00003	0.00000	0.00000	1.00000	0.00000	0.00000
775	0.00001	0.00000	0.00000	1.00000	0.00000	0.00000
780	0.00000	0.00000	0.00000	0.00000	0.00000	0.00000

在色度学体系中，不直接用三刺激值来表示颜色，而是用三原色各自在三原色总量（R+G+B）中的比例来表示颜色，三原色各自在（R+G+B）中的相对比例叫作色度坐标，某颜色的色度坐标可以表示为

$$\begin{cases} r = \dfrac{R}{R+G+B} \\[2mm] g = \dfrac{G}{R+G+B} \\[2mm] b = \dfrac{B}{R+G+B} \end{cases} \tag{5-6}$$

由式(5-6)可知，$r+g+b=1$。对于标准白光，红绿蓝三原色光数量相等，即 $R=G=B$，所以，$r=g=b=0.33$。其颜色方程可以表示为

$$W = 0.33(R) + 0.33(G) + 0.33(B) \tag{5-7}$$

光谱三刺激值和光谱色度坐标的关系是

$$\begin{cases} r(\lambda) = \dfrac{\overline{r}(\lambda)}{\overline{r}(\lambda)+\overline{g}(\lambda)+\overline{b}(\lambda)} \\[3mm] g(\lambda) = \dfrac{\overline{g}(\lambda)}{\overline{r}(\lambda)+\overline{g}(\lambda)+\overline{b}(\lambda)} \\[3mm] b(\lambda) = \dfrac{\overline{b}(\lambda)}{\overline{r}(\lambda)+\overline{g}(\lambda)+\overline{b}(\lambda)} \end{cases} \tag{5-8}$$

经过计算，光谱色各波长光的色度坐标在表 5-1 第五、六、七列列出，绘制成色度图如彩色插页图 5-6 所示。在该图中，偏马蹄形曲线是光谱轨迹，但是，光谱轨迹很大一部分的 r 坐标是负值。CIE 1931 RGB 真实三原色表色系统之所以选用 700nm、546.1nm、435.8nm 波长的光作为红绿蓝三原色，是因为 700nm 是可见光中的红色末端，546.1nm、435.8nm 是两个较为明显的汞亮线谱，三者都比较容易从光谱色中分离出来。

第三节 CIE 1931 XYZ 表色系统

一、CIE 1931 XYZ 系统的建立

在由 CIE 1931 RGB 色度系统计算颜色的三刺激值时会出现负值，这给工业应用带来了不便，因此，国际照明委员会推荐了 CIE 1931 XYZ 系统。

所谓 CIE 1931 XYZ 系统，就是在 RGB 系统的基础上，用数学方法，选用三个理想的

原色来代替实际的三原色，从而将 CIE 1931 RGB 系统中的光谱三刺激值 $\bar{r}$、$\bar{g}$、$\bar{b}$ 和色度坐标 r、g、b 均变为正值。

建立 CIE 1931 XYZ 系统主要是考虑以下几个方面。

① 为了避免 CIE 1931 RGB 系统中 $\bar{r}$、$\bar{g}$、$\bar{b}$ 光谱三刺激值和色度坐标出现负值，就必须在（R）、（G）、（B）三原色的基础上另外选择三原色，由新的三原色所形成的三角形色度图能够包含整个光谱轨迹，即新三原色必须落在光谱轨迹之外，而不能在光谱轨迹的范围之内，这就决定了选用的三个理想的三原色（X）、（Y）、（Z）（X 代表红色、Y 代表绿色、Z 代表蓝色）。这三个新的三原色在 CIE 1931 RGB 系统色度图上的位置如图 5-6 所示。虽然它们不是真正存在的，但是 X、Y、Z 所形成的三角形却包含整个光谱轨迹。因此，在小系统中，光谱轨迹以及光谱轨迹内的色度坐标都是正值。

② 光谱轨迹 540～700nm 在 CIE 1931 RGB 系统色度图上基本上是一段直线，用这段直线上的两个颜色混合可以得到两色之间的各种光谱色。新的 XYZ 三角形的 XY 边和这段直线重合。这样在这段直线光谱轨迹上的颜色只涉及（X）原色和（Y）原色的变化，而不涉及（Z）原色的变化，使计算方便。另外，新的 XYZ 三角形的 YZ 边应尽量与光谱轨迹短波部分的一点（503nm）靠近。结合上述 XY 边与红端光谱轨迹相切，就可以使光谱轨迹内的真实颜色尽量落在 XYZ 三角形内较大部分的空间，从而减少三角形内所设想颜色的范围。

③ 规定（X）和（Z）的亮度为 0，XZ 线视为无亮度线。无亮度线上的各个点只是代表色度，没有亮度，但 Y 即代表色度，又代表亮度。这样，当用 X、Y、Z 计算色度时，因 Y 本身又代表亮度，就使亮度计算较为方便。无亮度曲线 XZ 在 CIE 1931 RGB 系统中的位置用以下办法确定。

CIE 1931 RGB 真实三原色表色系统中（R）、（G）、（B）三原色的相对亮度关系是 $1.0000 : 4.5907 : 0.0601$，某颜色 C 的亮度方程为

$$Y_c = r + 4.5907g + 0.0601b \tag{5-9}$$

若此颜色在无亮度曲线上，则 $Y_c = 0$，即 $r + 4.5907g + 0.0601b = 0$，又因为 $r + g + b = 1$，所以

$$0.9399r + 4.5306g + 0.0601 = 0 \tag{5-10}$$

该方程即为 XZ 无亮度线的方程，在这条线上各点的亮度都是 0，即都是黑的。在三角形除零亮度线以外的另外两条边上，选取 700nm 和 540nm 两点作为直线上的两点，求得直线方程为

$$r + 0.99g - 1 = 0 \tag{5-11}$$

另取一条与光谱轨迹波长 503nm 点相靠近的直线，这条直线的方程是

$$1.45r + 0.55g + 1 = 0 \tag{5-12}$$

以上三条直线相交，就得到 X、Y、Z 三点，这三点在 CIE 1931 RGB 系统色度图中的坐标见表 5-2。

表 5-2 理想三原色的色度点

色度点	r	g	b
X	1.275	−0.278	0.003
Y	−1.739	2.767	−0.028
Z	−0.743	0.141	1.602

经过数学变换，CIE 1931 XYZ 系统和 CIE 1931 RGB 系统的色度坐标的转换关系为

$$\begin{cases} x(\lambda)=\dfrac{0.490r(\lambda)+0.310g(\lambda)+0.200b(\lambda)}{0.667r(\lambda)+1.132g(\lambda)+1.200b(\lambda)} \\[2mm] y(\lambda)=\dfrac{0.117r(\lambda)+0.812g(\lambda)+0.010b(\lambda)}{0.667r(\lambda)+1.132g(\lambda)+1.200b(\lambda)} \\[2mm] z(\lambda)=\dfrac{0.000r(\lambda)+0.010g(\lambda)+0.990b(\lambda)}{0.667r(\lambda)+1.132g(\lambda)+1.200b(\lambda)} \end{cases} \tag{5-13}$$

CIE 1931 XYZ 系统光谱色度坐标在表 5-3 第 5、6、7 列列出。这样，XYZ 三角形经过转换就成为直角三角形，即目前国际通用的 CIE 1931 XYZ 系统色度图，如彩色插页图 5-7 所示。在 CIE 1931 XYZ 系统色度图中仍然保持 CIE 1931 RGB 系统的基本性质和关系。

CIE 规定了 CIE 1931 XYZ 系统的色度坐标 x、y、z 和三刺激值 X、Y、Z，它们的关系如下

$$\begin{cases} x=\dfrac{X}{X+Y+Z} \\[2mm] y=\dfrac{Y}{X+Y+Z} \\[2mm] z=\dfrac{Z}{X+Y+Z} \end{cases} \tag{5-14}$$

CIE 还规定 CIE 1931 XYZ 系统光谱三刺激值 $\overline{x}(\lambda)$、$\overline{y}(\lambda)$、$\overline{z}(\lambda)$ 中的 $\overline{y}(\lambda)$ 与人眼的光谱光视效率 $V(\lambda)$ 一致，即

$$\overline{y}(\lambda)=V(\lambda) \tag{5-15}$$

因此，光谱色三刺激值可以通过式(5-14) 和式(5-15) 得出的下式计算

$$\begin{cases} \overline{x}(\lambda)=\dfrac{x(\lambda)}{y(\lambda)}\overline{y}(\lambda) \\[2mm] \overline{y}(\lambda)=V(\lambda) \\[2mm] \overline{z}(\lambda)=\dfrac{z(\lambda)}{y(\lambda)}\overline{y}(\lambda) \\[2mm] \quad\;\;=\dfrac{1-x(\lambda)-y(\lambda)}{y(\lambda)}\overline{y}(\lambda) \end{cases} \tag{5-16}$$

在 CIE 1931 XYZ 系统中，用于匹配光谱色的（X）、（Y）、（Z）三原色数量叫作"CIE 1931 标准色度观察者"，也叫作"CIE 1931 颜色匹配函数"，简称"颜色匹配函数"，记为 $\overline{x}(\lambda)$、$\overline{y}(\lambda)$、$\overline{z}(\lambda)$。表 5-3 的第 2、3、4 列列出了光谱三刺激值 $\overline{x}(\lambda)$、$\overline{y}(\lambda)$、$\overline{z}(\lambda)$ 的数值，曲线如彩色插页图 5-8 所示。

表 5-3　CIE 1931 XYZ 系统光谱三刺激值和光谱色度坐标

波长 λ/nm	光谱三刺激值			光谱色度坐标		
	$\overline{x}(\lambda)$	$\overline{y}(\lambda)$	$\overline{z}(\lambda)$	$x(\lambda)$	$y(\lambda)$	$z(\lambda)$
380	0.001368	0.000039	0.006450	0.17411	0.00496	0.82093
385	0.002236	0.000064	0.010550	0.17401	0.00498	0.82101
390	0.004243	0.000120	0.020050	0.17380	0.00492	0.82128
395	0.007650	0.000217	0.036210	0.17356	0.00492	0.82152

续表

波长 λ/nm	光谱三刺激值			光谱色度坐标		
	$\overline{x}(\lambda)$	$\overline{y}(\lambda)$	$\overline{z}(\lambda)$	$x(\lambda)$	$y(\lambda)$	$z(\lambda)$
400	0.014310	0.000396	0.067850	0.17334	0.00480	0.82186
405	0.023190	0.000640	0.110200	0.17302	0.00478	0.82220
410	0.043510	0.001210	0.207400	0.17258	0.00480	0.82262
415	0.077630	0.002180	0.371300	0.17209	0.00483	0.82308
420	0.134380	0.004000	0.645600	0.17141	0.00510	0.82349
425	0.214770	0.007300	1.039050	0.17030	0.00579	0.82391
430	0.283900	0.011600	1.385600	0.16888	0.00690	0.82422
435	0.328500	0.016840	1.622960	0.16690	0.00856	0.82454
440	0.348280	0.023000	1.747060	0.16441	0.01086	0.82473
445	0.348060	0.029800	1.782600	0.16110	0.01379	0.82511
450	0.336200	0.038000	1.772110	0.15664	0.01770	0.82566
455	0.318700	0.048000	1.744100	0.15099	0.02274	0.82627
460	0.290800	0.060000	1.669200	0.14396	0.02970	0.82634
465	0.251100	0.073900	1.528100	0.13550	0.03988	0.82462
470	0.195360	0.090980	1.287640	0.12412	0.05780	0.81808
475	0.142100	0.112600	1.041900	0.10959	0.08684	0.80357
480	0.095640	0.139020	0.812950	0.09129	0.13270	0.77601
485	0.057950	0.169300	0.616200	0.06871	0.20072	0.73057
490	0.032010	0.208020	0.465180	0.04539	0.29498	0.65963
495	0.014700	0.258600	0.353300	0.02346	0.41270	0.56384
500	0.004900	0.323000	0.272000	0.00817	0.53842	0.45341
505	0.002400	0.407300	0.212300	0.00386	0.65482	0.34132
510	0.009300	0.503000	0.158200	0.01387	0.75019	0.23594
515	0.029100	0.608200	0.111700	0.03885	0.81202	0.14913
520	0.063270	0.710000	0.078250	0.07430	0.83380	0.09190
525	0.109600	0.793200	0.057250	0.11416	0.82621	0.05963
530	0.165500	0.862000	0.042160	0.15472	0.80586	0.03942
535	0.225750	0.914850	0.029840	0.19288	0.78163	0.02549
540	0.290400	0.954000	0.020300	0.22962	0.75433	0.01605
545	0.359700	0.980300	0.013400	0.26578	0.72432	0.00990
550	0.433450	0.994950	0.008750	0.30160	0.69231	0.00609
555	0.512050	1.000000	0.005750	0.33736	0.65885	0.00379
560	0.594500	0.995000	0.003900	0.37310	0.62445	0.00245
565	0.678400	0.978600	0.002750	0.40874	0.58961	0.00165
570	0.762100	0.952000	0.002100	0.44406	0.55471	0.00123

波长 λ/nm	光谱三刺激值			光谱色度坐标		
	$\overline{x}(\lambda)$	$\overline{y}(\lambda)$	$\overline{z}(\lambda)$	$x(\lambda)$	$y(\lambda)$	$z(\lambda)$
575	0.842500	0.915400	0.001800	0.47877	0.52020	0.00103
580	0.916300	0.870000	0.001650	0.51249	0.48659	0.00092
585	0.978600	0.816300	0.001400	0.54479	0.45443	0.00078
590	1.026300	0.757000	0.001100	0.57515	0.42423	0.00062
595	1.056700	0.694900	0.001000	0.60293	0.39650	0.00057
600	1.062200	0.631000	0.000800	0.62704	0.37249	0.00047
605	1.045600	0.566800	0.000600	0.64823	0.35139	0.00038
610	1.002600	0.503000	0.000340	0.66576	0.33401	0.00023
615	0.938400	0.441200	0.000240	0.68008	0.31975	0.00017
620	0.854450	0.381000	0.000190	0.69150	0.30834	0.00016
625	0.751400	0.321000	0.000100	0.70061	0.29930	0.00009
630	0.642400	0.265000	0.000050	0.70792	0.29203	0.00005
635	0.541900	0.217000	0.000030	0.71403	0.28593	0.00004
640	0.447900	0.175000	0.000020	0.71903	0.28093	0.00004
645	0.360800	0.138200	0.000010	0.72303	0.27695	0.00002
650	0.283500	0.107000	0.000000	0.72599	0.27401	0.00000
655	0.218700	0.081600	0.000000	0.72827	0.27173	0.00000
660	0.164900	0.061000	0.000000	0.72997	0.27003	0.00000
665	0.121200	0.044580	0.000000	0.73109	0.26891	0.00000
670	0.087400	0.032000	0.000000	0.73199	0.26801	0.00000
675	0.063600	0.023200	0.000000	0.73272	0.26728	0.00000
680	0.046770	0.017000	0.000000	0.73342	0.26658	0.00000
685	0.032900	0.011920	0.000000	0.73405	0.26595	0.00000
690	0.022700	0.008210	0.000000	0.73439	0.26561	0.00000
695	0.015840	0.005723	0.000000	0.73459	0.26541	0.00000
700	0.011359	0.004102	0.000000	0.73469	0.26531	0.00000
705	0.008111	0.002929	0.000000	0.73469	0.26531	0.00000
710	0.005790	0.002091	0.000000	0.73469	0.26531	0.00000
715	0.004109	0.001484	0.000000	0.73469	0.26531	0.00000
720	0.002899	0.001047	0.000000	0.73469	0.26531	0.00000
725	0.002049	0.000740	0.000000	0.73469	0.26531	0.00000
730	0.001440	0.000520	0.000000	0.73469	0.26531	0.00000
735	0.001000	0.000361	0.000000	0.73469	0.26531	0.00000
740	0.000690	0.000249	0.000000	0.73469	0.26531	0.00000
745	0.000476	0.000172	0.000000	0.73469	0.26531	0.00000

波长 λ/nm	光谱三刺激值			光谱色度坐标		
	$\overline{x}(\lambda)$	$\overline{y}(\lambda)$	$\overline{z}(\lambda)$	$x(\lambda)$	$y(\lambda)$	$z(\lambda)$
750	0.000332	0.000120	0.000000	0.73469	0.26531	0.00000
755	0.000235	0.000085	0.000000	0.73469	0.26531	0.00000
760	0.000166	0.000060	0.000000	0.73469	0.26531	0.00000
765	0.000117	0.000042	0.000000	0.73469	0.26531	0.00000
770	0.000083	0.000030	0.000000	0.73469	0.26531	0.00000
775	0.000059	0.000021	0.000000	0.73469	0.26531	0.00000
780	0.000042	0.000015	0.000000	0.73469	0.26531	0.00000
合计	21.371524	21.371327	21.371540			

CIE 1931 标准色度观察者（光谱三刺激值）$\overline{x}(\lambda)$、$\overline{y}(\lambda)$、$\overline{z}(\lambda)$ 曲线分别代表匹配各保持等能光谱刺激所需要的红、绿、蓝的量。在理论上，要得到某一保持的光谱的颜色，可以从表中或者图上查出相应的 $\overline{x}(\lambda)$、$\overline{y}(\lambda)$、$\overline{z}(\lambda)$ 三刺激值，也就是说，按照 $\overline{x}(\lambda)$、$\overline{y}(\lambda)$、$\overline{z}(\lambda)$ 数量的红、绿、蓝理想三原色相加，便能够得到该光谱色。

图 5-8 中 $\overline{x}(\lambda)$、$\overline{y}(\lambda)$、$\overline{z}(\lambda)$ 所包括的总面积分别用 X、Y、Z 代表。表 5-3 中 CIE 1931 标准色度观察者等能光谱各波长的 $\overline{x}(\lambda)$ 总量、$\overline{y}(\lambda)$ 总量、$\overline{z}(\lambda)$ 总量是相等的，都是 21.371（$X=Y=Z=21.371$）。这个 21.371 数值是一个相对的数值，没有绝对的意义，它表明一个等能光谱的白光由相同数量的 X、Y、Z 组成的。

图 5-8 中的 $\overline{y}(\lambda)$ 曲线是有特殊意义的。由于在确定光谱三刺激值的时候，$\overline{y}(\lambda)$ 曲线被恰好调整符合明视觉光谱光视效率 $V(\lambda)$。因此用 $\overline{y}(\lambda)$ 曲线可以计算颜色的亮度特性。

CIE 1931 标准色度观察者使用的材料适用于 2°视场的中央视觉观察条件（视场范围 ≤4°）。在观察 2°的小面积物体时，主要是中央窝视锥细胞起作用。对于极小面积的颜色点的观察，CIE 1931 标准观察者的数据不再有效。

二、CIE 1931 XYZ 色度图

CIE 1931 XYZ 色度图是根据 CIE 1931 XYZ 系统绘制而成的，如图 5-7 所示。根据颜色混合原理，用匹配某一颜色的三原色的比例来确定该颜色。色度坐标 x 相当于红原色的比例，y 相当于绿原色的比例。图中没有 z 坐标，这是因为 $x+y+z=1$，所以 $z=1-x-y$。图中弧形曲线是光谱轨迹，其色度坐标见表 5-3。从图中可知，从光谱的红端（700nm 左右）至 540nm 的绿色，光谱轨迹几乎是直线。以后光谱轨迹突然弯曲，颜色从绿转为蓝绿，蓝绿色又从 510nm 到 480nm 这一段曲率较小。蓝和紫色波段却在光谱轨迹末端较短的范围。光谱轨迹的这种特殊形状是由于人眼对三原色刺激的混合比例所决定的。连接 400nm 到 700nm 的直线是光谱上所没有的由红到紫的颜色。光谱轨迹曲线以及连接光谱轨迹两端所形成的马蹄形内包括一切物理上能够实现的颜色。然而坐标系统的原色点、三角形的三个顶点，都落在该区域之外，即原色点的假象的，不能够在物理上实现，同样，在马蹄形之外的所有颜色均不能够用物理的办法实现。

$y=0$ 的直线与亮度没有关系，即无亮度线，光谱轨迹的短波端紧靠这条线，虽然波长

短的光的刺激能够引起视觉上的反应，产生蓝紫色的感觉，但是 380～420nm 这一段波长的辐通量在视觉上只能够引起微弱的反应。

颜色三角形中心 E 处是等能白光，由三原色各 1/3 产生，其色度坐标为：$x=0.33$，$y=0.33$，$z=0.33$。C 点是 CIE 标准光源 C 的色度坐标点。

任何颜色在色度图中都占有一个确定的位置。如图 5-9 所示，Q、S 两个颜色的色度坐标是 $Q(0.16, 0.55)$，$S(0.50, 0.38)$，由 C 通过 Q 作一条直线并延长和光谱轨迹相交，交点在 511.3nm 处，则 Q 颜色的主波长即为 511.3nm。如果 Q 点和 S 点的颜色相加，就得到 Q 和 S 直线上的各种过渡颜色。以 T 点为例，由 C 点通过 T 交于光谱轨迹上 572nm 点处，即为 T 的主波长。光谱轨迹的形状是近似直线形或者是凸形的，而不是凹形的，因此，任意两种波长的光混合所得出的混色均落在光谱轨迹上或者光谱轨迹之内，不会落在光谱轨迹之外。

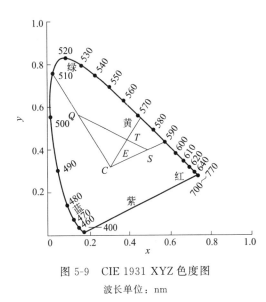

图 5-9　CIE 1931 XYZ 色度图

波长单位：nm

在 CIE 1931 XYZ 色度图上，光谱轨迹还有以下颜色特性。

① 由光谱轨迹的色度坐标可以看出，靠近波长末端 700～770nm 的光谱波段范围具有一个恒定的色度值，都是 (0.7347，0.2653)，所有在色度图上只用一个点来代替，若将 700～770nm 这段光谱轨迹上的任意两个颜色调整到相同的亮度，则给人眼的视距感受是一样的。

② 光谱轨迹 540～700nm 这一段，在颜色三角形上的坐标是 $x+y=1$，这也是一条与 XY 重合的直线。它表明在这段光谱范围内的任何光谱色，都可以通过 540nm 和 700nm 这两种色光以适当的比例混合而成。

③ 光谱轨迹 380～540nm 这一段是曲线，在此范围内是两种颜色的色光混合，不能够获得两者之间位于光谱轨迹上的颜色，而只能获得光谱轨迹所包含的面积内的混合色。光谱轨迹上的颜色的饱和度最高，而离开光谱轨迹，越是靠近 E 点，饱和度就越低。因此在 380～540nm 这段波长范围内，随着波长的间隔增加，两种颜色的色光之间混合色光的饱和度也就越低。

④ 增加两种颜色的色光的波长间隔，直到这两种色光相混合显示出无色相的白光，则称这两种颜色为互补色。在色度图上，很容易确定互为补色的两种色光的波长，从光谱轨迹上的任意一点与 C 点（或者 E 点）连接一条直线，延长此直线在对侧光谱轨迹，得到一交点，在轨迹上的这两点对应的波长就是一对互补色的波长。在色度图上，380～494nm 光谱色的补色存在于 570～700nm 范围内，反之亦然。但是，在 494～570nm 的补色光只能够由两种色光混合而成，因为 494～570nm 的点通过 E 点连成的直线，其对侧与光谱轨迹的交点在由光谱两端色光混合色的轨迹上。

三、Yxy 表色方法

无论是从显示系统还是从颜色的匹配实验中都可以知道，要定量地描述一个颜色，必须在三维空间中进行，即颜色要有三个属性，而在图 5-7 的 xy 色度图中，x 色度坐标相当于红原色的比例，y 色度坐标相当于绿原色的比例，并且从式(5-14) 知道，$x+y+z=1$，也就是说不能用 x、y、z 来唯一确定一个颜色。前面曾经讨论过，色度坐标只规定了颜色的色度，而未规定颜色的亮度，所以若要唯一地确定某颜色，还必须指出其亮度特征，即 Y 的大小。由于光反射率 $\rho=$ 物体表面的亮度/入射光源的亮度＝Y/Y_0，因此

亮度因数

$$Y=100\rho \tag{5-17}$$

这样，既有表示颜色特征的色度坐标 x、y，又有表示颜色亮度特征的亮度因数 Y，则该颜色的外貌才能完全唯一地确定。为了直观地表示这三个参数之间的意义，可用一立体图形象表示，如图 5-10 所示。

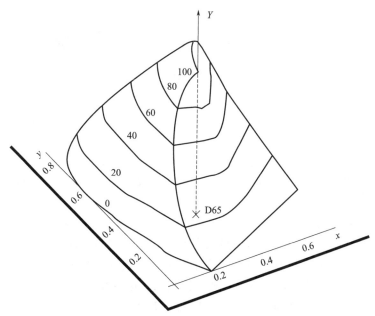

图 5-10　CIE 1931 三维 Yxy 色度图

根据色度坐标的定义以及式(5-14)，可以得出三刺激值 XYZ 和 Yxy 的转换关系。
由物体三刺激值 XYZ 计算 Yxy 的公式为

$$\begin{cases} Y=Y \\ x=\dfrac{X}{X+Y+Z} \\ y=\dfrac{Y}{X+Y+Z} \end{cases} \tag{5-18}$$

由 Yxy 计算物体三刺激值

$$\begin{cases} X=\dfrac{x}{y}\times Y \\ Y=Y \\ Z=\dfrac{1-x-y}{y}\times Y \end{cases} \tag{5-19}$$

某国产油墨印刷的黄、品红、青、红、绿、蓝、黑各色标的 Yxy 值如表 5-4 所示。

表 5-4 某油墨的 Yxy 值

序号	色别	亮度因数 Y/%	色度坐标	
			x	y
1	黄(Y)	72.33	0.4029	0.4401
2	品红(M)	24.69	0.4020	0.2410
3	青(C)	26.24	0.1902	0.2296
4	红(R=Y+M)	23.52	0.4916	0.3224
5	绿(G=Y+C)	21.94	0.2568	0.4236
6	蓝(B=M+C)	9.98	0.2426	0.1767
7	黑(Y+M+C)	9.09	0.3044	0.2759
8	黑(Y+M+C+Bk)	7.46	0.2875	0.2848

第四节 CIE 1964 XYZ 补充色度学表色系统

人眼观察物体细节时的分辨力与观察时视场的大小有关。与此相似,人眼对色彩的分辨力也受视场大小的影响。实验表明:人眼用小视场(<4°)观察颜色时辨别差异的能力较低,当观察视场从 2°增大至 10°时,颜色匹配的精度和辨别色差的能力都有增高;但视场再进一步增大时,则颜色匹配的精度提高就不大了。

图 5-11 是 2°视场和 10°视场光谱三刺激值曲线。从图 5-11 中可见:2°视场和 10°视场的光谱三刺激值曲线略有不同,主要在 400～500nm 区域,$\bar{y}_{10}$ 曲线高于 2°视场的 $\bar{y}$。这表明中央凹外部对短波光谱有更高的敏感性。

CIE 1931 XYZ 系统是在 2°视场下实验的结果,适用于<4°的视场范围。由于这一原因,1964 年 CIE 又补充规定了一种 10°视场的表色系统,称为"CIE 1964 补充色度学系统"。这两种系统中的三刺激值和色度坐标的概念完全相似,只是数值不同。图 5-12 是 2°视场与 10°视场 xy 色度坐标图。从图中可以看出,相同波长的光谱色在各自光谱轨迹上的位置有相当大的差异。在色度图上唯一重合的点,是等能白光 E 点。

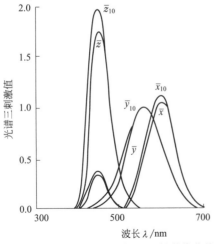

图 5-11 视场 2°和 10°视场的三刺激值曲线

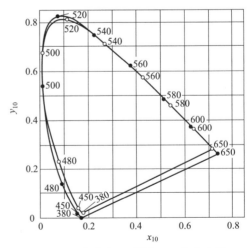

图 5-12 2°视场与 10°视场 xy 色度坐标

波长单位:nm

为了区别，在 10°视场下的这些物理量均加写下标"10"，可以表示为 $X_{10}Y_{10}Z_{10}$、$x_{10}y_{10}z_{10}$。其色度坐标的计算式可写成

$$\begin{cases} x_{10} = \dfrac{X_{10}}{X_{10}+Y_{10}+Z_{10}} \\[2mm] y_{10} = \dfrac{Y_{10}}{X_{10}+Y_{10}+Z_{10}} \\[2mm] z_{10} = \dfrac{Z_{10}}{X_{10}+Y_{10}+Z_{10}} \end{cases} \tag{5-20}$$

而且有 $x_{10}+y_{10}+z_{10}=1$。

基于表色系统的上述原因，现代测色仪器逐渐采用 10°视场下的数值和公式进行测色。CIE 1964 XYZ 光谱三刺激值和光谱色度坐标，如表 5-5 所示。

表 5-5 CIE 1964 XYZ 光谱三刺激值和光谱色度坐标

波长 λ/nm	光谱三刺激值			光谱色度坐标		
	$\overline{x}_{10}(\lambda)$	$\overline{y}_{10}(\lambda)$	$\overline{z}_{10}(\lambda)$	$x_{10}(\lambda)$	$y_{10}(\lambda)$	$z_{10}(\lambda)$
380	0.000160	0.000017	0.000705	0.18133	0.01969	0.79898
385	0.000662	0.000072	0.002928	0.18091	0.01954	0.79955
390	0.002362	0.000253	0.010482	0.18031	0.01935	0.80034
395	0.007242	0.000769	0.032344	0.17947	0.01904	0.80149
400	0.019110	0.002004	0.086011	0.17839	0.01871	0.80290
405	0.043400	0.004509	0.197120	0.17712	0.01840	0.80448
410	0.084736	0.008756	0.389366	0.17549	0.01813	0.80638
415	0.140638	0.014456	0.656760	0.17323	0.01781	0.80896
420	0.204492	0.021391	0.972542	0.17063	0.01785	0.81152
425	0.264737	0.029497	1.282500	0.16790	0.01871	0.81339
430	0.314679	0.038676	1.553480	0.16503	0.02028	0.81469
435	0.357719	0.049602	1.798500	0.16217	0.02249	0.81534
440	0.383734	0.062077	1.967280	0.15902	0.02573	0.81525
445	0.386726	0.074704	2.027300	0.15539	0.03002	0.81459
450	0.370702	0.089456	1.994800	0.15100	0.03644	0.81256
455	0.342957	0.106256	1.900700	0.14594	0.04522	0.80884
460	0.302273	0.128201	1.745370	0.13892	0.05892	0.80216
465	0.254085	0.152761	1.554900	0.12952	0.07787	0.79261
470	0.195618	0.185190	1.317560	0.11518	0.10904	0.77578
475	0.132349	0.219940	1.030200	0.09573	0.15909	0.74518
480	0.080507	0.253589	0.772125	0.07278	0.22924	0.69798
485	0.041072	0.297665	0.570060	0.04519	0.32754	0.62727
490	0.016172	0.339133	0.415254	0.02099	0.44011	0.53890
495	0.005132	0.395379	0.302356	0.00730	0.56252	0.43018
500	0.003816	0.460777	0.218502	0.00559	0.67454	0.31987

波长 λ/nm	光谱三刺激值			光谱色度坐标		
	$\overline{x}_{10}(\lambda)$	$\overline{y}_{10}(\lambda)$	$\overline{z}_{10}(\lambda)$	$x_{10}(\lambda)$	$y_{10}(\lambda)$	$z_{10}(\lambda)$
505	0.015444	0.531360	0.159249	0.02187	0.75258	0.22555
510	0.037465	0.606741	0.112044	0.04954	0.80230	0.14816
515	0.071358	0.685660	0.082248	0.08502	0.81698	0.09800
520	0.117749	0.761757	0.060709	0.12524	0.81019	0.06457
525	0.172953	0.823330	0.043050	0.16641	0.79217	0.04142
530	0.236491	0.875211	0.030451	0.20706	0.76628	0.02666
535	0.304213	0.923810	0.020584	0.24364	0.73987	0.01649
540	0.376772	0.961988	0.013676	0.27859	0.71130	0.01011
545	0.451584	0.982200	0.007918	0.31323	0.68128	0.00549
550	0.529826	0.991761	0.003988	0.34730	0.65009	0.00261
555	0.616053	0.999110	0.001091	0.38116	0.61816	0.00068
560	0.705224	0.997340	0.000000	0.41421	0.58579	0.00000
565	0.793832	0.982380	0.000000	0.44692	0.55308	0.00000
570	0.878655	0.955552	0.000000	0.47904	0.52096	0.00000
575	0.951162	0.915175	0.000000	0.50964	0.49036	0.00000
580	1.014160	0.868934	0.000000	0.53856	0.46144	0.00000
585	1.074300	0.825623	0.000000	0.56544	0.43456	0.00000
590	1.118520	0.777405	0.000000	0.58996	0.41004	0.00000
595	1.134300	0.720353	0.000000	0.61160	0.38840	0.00000
600	1.123990	0.658341	0.000000	0.63063	0.36937	0.00000
605	1.089100	0.593878	0.000000	0.64713	0.35287	0.00000
610	1.030480	0.527963	0.000000	0.66122	0.33878	0.00000
615	0.950740	0.461834	0.000000	0.67306	0.32694	0.00000
620	0.856297	0.398057	0.000000	0.68266	0.31734	0.00000
625	0.754930	0.339554	0.000000	0.68976	0.31024	0.00000
630	0.647467	0.283493	0.000000	0.69548	0.30452	0.00000
635	0.535110	0.228254	0.000000	0.70099	0.29901	0.00000
640	0.431567	0.179828	0.000000	0.70587	0.29413	0.00000
645	0.343690	0.140211	0.000000	0.71025	0.28975	0.00000
650	0.268329	0.107633	0.000000	0.71371	0.28629	0.00000
655	0.204300	0.081187	0.000000	0.71562	0.28438	0.00000
660	0.152568	0.060281	0.000000	0.71679	0.28321	0.00000
665	0.112210	0.044096	0.000000	0.71789	0.28211	0.00000
670	0.081261	0.031800	0.000000	0.71873	0.28127	0.00000
675	0.057930	0.022602	0.000000	0.71934	0.28066	0.00000
680	0.040851	0.015905	0.000000	0.71976	0.28024	0.00000
685	0.028623	0.011130	0.000000	0.72002	0.27998	0.00000

波长 λ/nm	光谱三刺激值			光谱色度坐标		
	$\overline{x}_{10}(\lambda)$	$\overline{y}_{10}(\lambda)$	$\overline{z}_{10}(\lambda)$	$x_{10}(\lambda)$	$y_{10}(\lambda)$	$z_{10}(\lambda)$
690	0.019941	0.007749	0.000000	0.72016	0.27984	0.00000
695	0.013842	0.005375	0.000000	0.72030	0.27970	0.00000
700	0.009577	0.003718	0.000000	0.72036	0.27964	0.00000
705	0.006605	0.002565	0.000000	0.72032	0.27968	0.00000
710	0.004553	0.001768	0.000000	0.72023	0.27977	0.00000
715	0.003145	0.001222	0.000000	0.72009	0.27991	0.00000
720	0.002175	0.000846	0.000000	0.71991	0.28009	0.00000
725	0.001506	0.000586	0.000000	0.71969	0.28031	0.00000
730	0.001045	0.000407	0.000000	0.71945	0.28055	0.00000
735	0.000727	0.000284	0.000000	0.71919	0.28081	0.00000
740	0.000508	0.000199	0.000000	0.71891	0.28109	0.00000
745	0.000356	0.000140	0.000000	0.71861	0.28139	0.00000
750	0.000251	0.000098	0.000000	0.71829	0.28171	0.00000
755	0.000178	0.000070	0.000000	0.71796	0.28204	0.00000
760	0.000126	0.000050	0.000000	0.71761	0.28239	0.00000
765	0.000090	0.000036	0.000000	0.71724	0.28276	0.00000
770	0.000065	0.000025	0.000000	0.71686	0.28314	0.00000
775	0.000046	0.000018	0.000000	0.71646	0.28354	0.00000
780	0.000033	0.000013	0.000000	0.71606	0.28394	0.00000

第五节　CIE 色度计算方法

一、颜色三刺激值的计算

由物体（印刷品）表面的光谱反射曲线计算 X、Y、Z 三刺激值涉及光源能量分布、物体表面反射性能和人眼颜色视觉三方面的特征参数，因此是一种最基本、最精确的颜色测量方法。颜色三刺激值的计算过程可用彩色插页图 5-13 进行说明。

其计算步骤如下。

① 确定光源及其相对光谱功率分布 $S(\lambda)$。

物体表面的颜色受照射光源能量分布的影响，因此，在测量物体表面颜色时，应首先说明所使用的光源。如 CIE 标准光源 A、B、C、D50、D65 等，可以查表 2-3 或按 GB/T 3978—2008《标准照明体和几何条件》中的规定取值。

② 确定颜色刺激 $\varphi(\lambda)$。

对于光源色：

$$\varphi(\lambda)=S(\lambda) \tag{5-21}$$

对于物体色

$$\varphi(\lambda)=S(\lambda)R(\lambda) \tag{5-22}$$

当物体是反射物体时，$R(\lambda)$ 为物体的光谱反射率 $\rho(\lambda)$，即

$$R(\lambda)=\rho(\lambda) \tag{5-23}$$

若是透射物体，$R(\lambda)$ 为物体的光谱透射率 $\tau(\lambda)$，即

$$R(\lambda)=\tau(\lambda) \tag{5-24}$$

③ 确定标准观察者 $\overline{x}(\lambda)$、$\overline{y}(\lambda)$、$\overline{z}(\lambda)$ 或者 $\overline{x}_{10}(\lambda)$、$\overline{y}_{10}(\lambda)$、$\overline{z}_{10}(\lambda)$。

当视场是 $2°$（$\leqslant4°$）时，使用 CIE 1931 标准色度观察者 $\overline{x}(\lambda)$、$\overline{y}(\lambda)$、$\overline{z}(\lambda)$，若是 $10°$（$>4°$）视场，则使用 $\overline{x}_{10}(\lambda)$、$\overline{y}_{10}(\lambda)$、$\overline{z}_{10}(\lambda)$。

④ 物体色的三刺激值的计算。

XYZ 色度学系统中颜色的三刺激值 X、Y、Z 按下式计算：

$$\begin{cases} X=K\displaystyle\int_{\lambda}\varphi(\lambda)\overline{x}(\lambda)\mathrm{d}\lambda \\[2mm] Y=K\displaystyle\int_{\lambda}\varphi(\lambda)\overline{y}(\lambda)\mathrm{d}\lambda \\[2mm] Z=K\displaystyle\int_{\lambda}\varphi(\lambda)\overline{z}(\lambda)\mathrm{d}\lambda \end{cases} \tag{5-25}$$

$$K=\frac{100}{\displaystyle\int_{\lambda}S(\lambda)\overline{y}(\lambda)\mathrm{d}\lambda}$$

式中　　$\varphi(\lambda)$——颜色刺激，按照式(5-21)～式(5-24)的规定取值；

$\overline{x}(\lambda),\overline{y}(\lambda),\overline{z}(\lambda)$——标准观察者；

K——归化系数；

λ——波长，mm，取值范围 380～780nm。

在实际计算时，用上面的积分公式计算起来非常不方便，故用求和公式代替积分：

$$\begin{cases} X=K\displaystyle\sum_{380}^{780}S(\lambda)R(\lambda)\overline{x}(\lambda)\Delta\lambda \\[2mm] Y=K\displaystyle\sum_{380}^{780}S(\lambda)R(\lambda)\overline{y}(\lambda)\Delta\lambda \\[2mm] Z=K\displaystyle\sum_{380}^{780}S(\lambda)R(\lambda)\overline{z}(\lambda)\Delta\lambda \end{cases} \tag{5-26}$$

式中，波长间隔 $\Delta\lambda$ 按要求取 5nm、10nm 或 20nm，在精度要求不高的场合，波长也可以在 400～700nm 范围内取值。

计算出颜色的三刺激值后，色度坐标可以根据式(5-14)或式(5-20)计算得出。

光源 A、C、D50、D55、D65、D75 的三刺激值和色度坐标见表 5-6。

表 5-6　常用光源的色度数据

比较项目		照明体					
		A	C	D50	D55	D65	D75
CIE 1931	X	109.85	98.07	96.42	95.68	95.04	94.97
	Y	100.00	100.00	100.00	100.00	100.00	100.00
	Z	35.58	118.22	82.51	92.14	108.88	122.61
	x	0.44758	0.31006	0.34567	0.33243	0.31272	0.29903

比较项目		照明体					
		A	C	D50	D55	D65	D75
CIE 1931	y	0.40745	0.31616	0.35851	0.34744	0.32903	0.31488
	u'	0.25597	0.20089	0.20916	0.20443	0.19783	0.19353
	v'	0.52429	0.46089	0.48808	0.48075	0.46834	0.45853
CIE 1964	X_{10}	111.14	97.29	96.72	95.80	94.81	94.42
	Y_{10}	100.00	100.00	100.00	100.00	100.00	100.00
	Z_{10}	35.20	116.14	81.43	90.93	107.32	120.64
	x_{10}	0.45117	0.31039	0.34773	0.33412	0.31381	0.29968
	y_{10}	0.40594	0.31905	0.35952	0.34877	0.33098	0.31740
	u'_{10}	0.25896	0.20000	0.21015	0.20507	0.19786	0.19305
	v'_{10}	0.52425	0.46255	0.48886	0.48165	0.46954	0.46004

二、颜色相加的计算

在已知两种或两种以上颜色的色品坐标和亮度的情况下,可以根据颜色混合定律得出混合色的色品坐标和亮度值,主要采用计算法和作图法两种方法。

1. 计算法

颜色混合时,混合色的色品坐标与混合前各色的色品坐标之间没有线性叠加关系,但与混合前各颜色的三刺激值之间存在线性叠加关系。因此在已知两种或两种以上颜色的色品坐标和亮度的情况下,计算混合色色品坐标时,可以分为三步:首先根据各颜色的色品坐标和亮度值求各颜色的三刺激值;然后求混合色的三刺激值;最后求混合色的色品坐标。

① 求各颜色的三刺激值。

可根据式(5-19)求混合前各颜色的三刺激值。

② 求混合色的三刺激值。

混合色的三刺激值等于混合前各颜色的三刺激值之和。例如,若两种颜色的三刺激值分别为 X_1、Y_1、Z_1 和 X_2、Y_2、Z_2,设其混合色的三刺激值为 X、Y、Z,则有

$$\begin{cases} X = X_1 + X_2 \\ Y = Y_1 + Y_2 \\ Z = Z_1 + Z_2 \end{cases} \tag{5-27}$$

③ 求混合色的色品坐标。

混合色的色品坐标可用式(5-18)计算。

2. 作图法

两种颜色相加混合,混合色一定位于两种颜色的连线上,混合色在连线上的位置应用重力中心定律的原理,即混合色靠近比重大的颜色一方。

例如,颜色相加示意图如图 5-14 所示,颜色 1 位于 M 点,颜色 2 位于 N 点,C_1 和 C_2 分别为两种颜色的三刺激值之和。求两颜色的混合色。

具体做法是:先连接 MN,过 M 点画一与 MN 垂直的线段 MP,使其长度为 KC_2(K

为比例系数，其值可任意取），过 N 点反方向画一与 MN 垂直的线段 NQ，使其长度为 KC_1；连接 PQ 与 MN 相交于 A 点，A 点的坐标值即为要求的混合色的色品坐标。

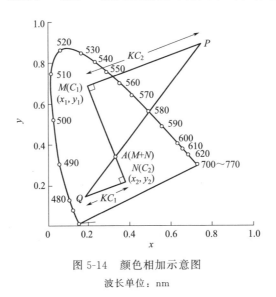

图 5-14　颜色相加示意图

波长单位：nm

第六节　颜色客观三属性

在色度学中常用主波长（dominant wavelength）、色纯度（purity）、亮度因素（luminance factor）来表示颜色的三属性，它们是客观物理量，可以用仪器测量或计算得出。

一、主波长

物体的表面色是在光源的照射下，经过选择性地吸收，由所反射光谱的相对能量分布决定的。一般情况下，物体表面色所反射的能量集中部位的波长就是该颜色的主波长。自然界的每一种颜色都可以在 CIE 1931 XYZ 系统色度图中找到其对应的色度坐标点，由 x，y 来描述其颜色特征。因而，在 CIE 1931 XYZ 系统色度图中，将光源的色度点和样品色的色度点用直线进行连接，然后延长其与光谱轨迹相交，该相交处的波长即为样品色的主波长。如图 5-15 所示，a_1、a_2、a_3 是按照表 5-4 中黄、品红、青、红、绿、蓝油墨的色度坐标 x、y 描绘出的色度点。在图 5-15 中，将 CIE 标准光源 C 的色度点与青的色度点 a_1 连接，其延长线与光谱轨迹相交于 L_1 点，该点处的波长是 481nm，则 481nm 就是该青油墨的主波长。同样，可以得到黄油墨的主波长是 572nm。

但是，如果将把 C 和 a_3 点连接并延长，交点在 $-L_3$ 处，这段光谱轨迹是没有波长的，也就是说不能够确定主波长，在这种情况下，我们把经过光源色度点和样品色度点的直线反向延长，与光谱轨迹相交于一点，对于 a_3 来说就是 L_3 点，该点处的波长叫作该样品色的补色波长（complementary wavelength）。在标定颜色时，为了区分主波长和补色波长，可以在补色波长的前面加负号"—"，或者在后面加"C"来表示。例如，图 5-15 中的品红色的补色波长为 -501nm。

确定颜色的主波长和补色波长的最简单的方法就是作图法，另外，还可以用计算法来求得。

计算法是根据颜色的色度坐标和照射光源的坐标计算斜率，如式（5-28）或式（5-29）所

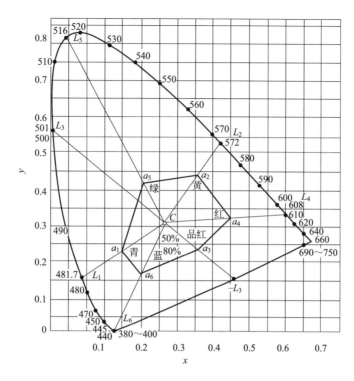

图 5-15　颜色客观三属性的确定

波长单位：nm

示，然后查表读出样品色度点和光源色度点所在的直线与光谱轨迹的交点，进而确定主波长，这里不再赘述。

$$K = \frac{x - x_0}{y - y_0} \tag{5-28}$$

或

$$K = \frac{y - y_0}{x - x_0} \tag{5-29}$$

二、色纯度

当某颜色与非彩色和单色（光谱色）加色混合后的颜色匹配时，非彩色和单色的混合比称为该颜色的色纯度，即色纯度是指某颜色接近同一主波长的光谱色的程度。色纯度分为兴奋纯度和色度纯度两种。

（1）兴奋纯度（excitation purity，P_e）

兴奋纯度可用 CIE x-y 色品图上白光源色度点到样品色的色度点之间的距离和白光源色度点到光谱色色度点的距离的比来表示。样品色的色度点越靠近光源的色度点，其纯度就越低，反之越高。设样品点的色品坐标为 $(x，y)$，白光源 O 的色品坐标为 $(x_0，y_0)$，则样品的兴奋纯度的计算公式是

$$P_e = \frac{x - x_0}{x_d - x_0} \tag{5-30}$$

或

$$P_e = \frac{y - y_0}{y_d - y_0} \tag{5-31}$$

式中 x_d，y_d——样品色的主波长（或补色波长）点的色品坐标。

理论上，式(5-30)和式(5-31)的计算结果应该一致，但在实际计算中，当样品点与光源点连线与色品图 x 轴趋于平行或平行时，即 y、y_0、y_d 三个值接近或相等时，式(5-31)的计算误差较大或失效，这时应采用式(5-30)计算；反之，当样品点与光源点连线与色品图 y 轴趋于平行或平行时，即 x、x_0、x_d 三个值接近或相等时，应采用式(5-31)计算。

颜色的兴奋纯度表征了主波长的光谱色被白光冲淡的程度，实质上就是主波长光谱色的三刺激值在颜色样品三刺激值中所占的比重。假设参照白光源 O、样品色 M、样品色主波长光谱色 D 的三刺激值之和分别为 S_0、S_1、S_d，三刺激值中的 X 值分别为 X_0、X_1、X_d，对应的色品坐标分别为 x_0、x_1、x_d，则由色度坐标定义和颜色相加混合规律有

$$x_0 = X_0/S_0, x_1 = X_1/S_1, x_d = X_d/S_d, X_1 = X_0 + X_d, S_1 = S_0 + S_d \tag{5-32}$$

由式(5-30)和式(5-32)可得

$$P_e = \frac{x - x_0}{x_d - x_0} = \frac{\frac{X_1}{S_1} - \frac{X_0}{S_0}}{\frac{X_d}{S_d} - \frac{X_0}{S_0}} = \frac{\frac{(X_0 + X_d)}{(S_0 + S_d)} - \frac{X_0}{S_0}}{\frac{X_d}{S_d} - \frac{X_0}{S_0}} = \frac{S_d}{S_0 + S_d} = \frac{S_d}{S_1} \tag{5-33}$$

因此，兴奋纯度就是主波长光谱色的三刺激值之和与样品色三刺激值之和的比值。

计算光源（发光体）的主波长和纯度时通常选用等能白光 E 点作为参照光源，计算表面色时通常选用 CIE 标准光源作为参照光源。样品的主波长和兴奋纯度会因为选用光源的不同而出现不同的结果。用主波长和兴奋纯度标定颜色的方法与用色度坐标标定法相比，前者具体、直接地表述了一个颜色的色相和饱和度的概貌。

（2）**色度纯度**（colormetric purity，P_c）

色度纯度是用样品色主波长光谱色和样品色的亮度比来表示的，用符号 P_c 来表示。设样品色及其主波长光谱色的三刺激值中，Y 值分量分别为 Y_1 和 Y_d，则色度纯度为

$$P_c = \frac{Y_d}{Y_1} \tag{5-34}$$

将 $Y_1 = y_1 S_1$ 和 $Y_d = y_d S_d$ 代入式(5-34)中，可得

$$P_c = \frac{Y_d}{Y_1} = \frac{y_d S_d}{y_1 S_1} = \frac{y_d}{y_1} P_e \tag{5-35}$$

通常将刚好能被识别的色度纯度的差值 ΔP_c 称为恰可察觉差值（也称识别阈，just noticeable difference，JND），图 5-16 是 1982 年 Wyszecki 和 Stiles 对波长为 650nm 的单色光求出的识别阈，对其他波长也可得到相同的结果。

主波长大致表示颜色的知觉属性中的色相，兴奋纯度或色度纯度大致表示颜色知觉属性中的饱和度（但并不是完全相同），用主波长和兴奋纯度或色度纯度表示颜色色品，比用色品坐

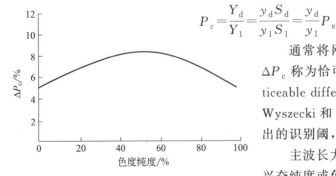

图 5-16 650nm 单色光色度纯度和
识别阈 ΔP_c（白点 4800K）

标表示颜色色品更直观，且易于理解，过去经常用，现在用得较少，因为其在紫色区域内不连续，难以处理。

三、亮度因数

表面色的明暗程度直接用三刺激值中的 Y 来表示，通常称为亮度因数，简称亮度，有的地方也叫相对亮度，用百分数表示。表 5-7 中数据表明，青油墨的亮度因数是 26.24％，品红油墨的亮度因数是 24.69％。

因此，表 5-4 中各色油墨的客观三属性如表 5-7 所示。

表 5-7　黄、品红、青油墨的客观三属性

油墨	主波长/nm	色纯度/%	亮度因数/%
黄	574	60	72.33
品红	−501.05	34	24.69
青	481.7	57	26.24

注：不同厂家、不同品牌的油墨的各个属性的数值有所差异。

从表 5-7 中可以看出，黄色油墨具有较高的亮度和较大的色纯度，同时可以根据主波长判断油墨的颜色。

用颜色的客观三属性来描述颜色差别较小的样品时，其优点更加明显。如品红油墨以实地 100％、80％、50％ 的网点面积率进行印刷时，测得的数据以及计算出的客观三属性的数值如表 5-8 所示。

表 5-8　品红油墨 100％、80％、50％ 的网点面积率的 Y、x、y、主波长、色纯度

品红油墨的网点面积率/%	亮度因数 Y/%	色度坐标		主波长/nm	色纯度/%
		x	y		
100	24.26	0.4020	0.2410	−501.0500	34
80	28.33	0.3801	0.2576	−501.1068	25
50	42.10	0.3503	0.2874	−501.6288	20

从表 5-8 中可以看出，品红油墨在网点面积率发生变化时，其主波长的变化很小，即其颜色没有发生很大的变化，但是其色纯度却随着网点面积率的减小而降低，亮度随着网点面积率的减小而增加。

四、HVC 和 Yxy 的转化

孟塞尔新标系统本身的每一色样都是用 HVC 和 Yxy 两种方法标定的，所以根据"孟塞尔新标系统"，就可以完成 Yxy 与 HVC 两种表色方法之间的转换计算。若已知 Y、x、y，求 HVC 的计算步骤如下。

① 将亮度因数 Y％，用查表 5-9 的方法求出与之对应的孟塞尔明度值 V。

② 依此明度值 V，找出与之对应的 CIE 色度图，见图 5-18(a) ～ (i)。

③ 按已知的色度坐标 x、y 在该明度值的色度图上描点，求 H 和 C 值。

④ 最后综合起来就是所求色样的 Y、x、y 值，从而完成由 Yxy 表色法到 HVC 表色法

的转换。

了解这一转换的步骤之后，下面详细说明这一转换的原理和方法。

1. 亮度因数 Y 与孟塞尔明度值 V（也可用 V_y 表示）的转换原理

在目前国际上采用的"孟塞尔新标系统"中，对于明度的分级是用实验方法求得的。正

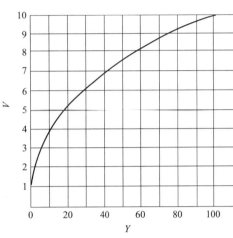

图 5-17 孟塞尔明度 V 与亮度因数
Y 之间的关系曲线

如前面章节中所说的，孟塞尔明度值是按视感觉上的等距离从 0～10 分为 11 级，第 11 级明度值（V＝10）由理想的完全反射漫射体代表，它的反射率等于 1。然而没有一种材料的表面具有完全反射漫射的性质。实用中，这一系统的所有 Y 值都是以氧化镁作为标准的，并规定氧化镁的亮度因数 Y＝100，而氧化镁的实际反射率 ρ_{MgO} 约为 97.5%，因此，孟塞尔第 11 级明度值的亮度因数 $Y_0＝100÷0.975＝102.57$。根据视觉实验所得结果，孟塞尔明度值 V 与亮度因数 Y 之间的关系曲线如图 5-17 所示。图中曲线清楚表明，亮度因数 Y 与明度值 V 之间是非线性关系。它们之间的函数关系可以用五次多项式表示

$$Y=(1.2219V-0.2311V^2+0.23951V^3-0.021009V^4+0.0008404V^5)\times\rho_{MgO} \tag{5-36}$$

式(5-36)的最佳观察条件是以 Y≈20 的中性灰色为背景。

孟塞尔明度值 V 与亮度因数 Y 之间的数值关系如表 5-9 所示。

表 5-9 孟塞尔明度值 V 与亮度因数 Y 之间的数值关系

V	Y/%	V	Y/%	V	Y/%	V	Y/%	V	Y/%
10.00	102.57	9.20	83.07	8.40	66.46	7.60	52.3	6.80	40.23
9.95	101.25	9.15	81.95	8.35	65.51	7.55	51.48	6.75	39.54
9.90	99.95	9.10	80.84	8.30	64.57	7.50	50.68	6.70	38.86
9.85	98.66	9.05	79.75	8.25	63.63	7.45	49.88	6.65	38.18
9.80	97.39	9.00	78.66	8.20	62.71	7.40	49.09	6.60	37.52
9.75	96.13	8.95	77.59	8.15	61.79	7.35	48.31	6.55	36.68
9.70	94.88	8.90	76.53	8.10	60.88	7.30	47.54	6.50	36.2
9.65	93.64	8.85	75.48	8.05	59.99	7.25	46.77	6.45	35.56
9.60	92.42	8.80	74.44	8.00	59.10	7.20	46.02	6.40	34.92
9.55	91.21	8.75	74.4	7.95	58.22	7.15	45.27	6.35	34.28
9.50	90.01	8.70	72.38	7.90	57.35	7.10	44.52	6.30	33.66
9.45	88.82	8.65	71.37	7.85	56.48	7.05	43.79	6.25	33.04
9.40	87.65	8.60	70.37	7.80	55.63	7.00	43.06	6.20	32.43
9.35	86.48	8.55	69.38	7.75	54.78	6.95	42.34	6.15	31.83
9.30	85.33	8.50	68.4	7.70	53.94	6.90	41.63	6.10	31.23
9.25	84.19	8.45	67.43	7.65	53.12	6.85	40.93	6.05	30.64

V	Y/%	V	Y/%	V	Y/%	V	Y/%	V	Y/%
6.00	30.05	4.75	17.6	3.50	9.003	2.25	3.817	1.00	1.21
5.95	29.48	4.70	17.18	3.45	8.734	2.20	3.671	0.95	1.141
5.90	28.9	4.65	16.77	3.40	8.471	2.15	3.529	0.90	1.014
5.85	28.34	4.60	16.37	3.35	8.213	2.10	3.391	0.85	1.008
5.80	27.78	4.55	15.97	3.30	7.96	2.05	3.256	0.80	0.943
5.75	27.23	4.50	15.57	3.25	7.713	2.00	3.126	0.75	0.881
5.70	26.69	4.45	15.18	3.20	7.471	1.95	3.00	0.70	0.819
5.65	26.15	4.40	14.81	3.15	7.234	1.90	2.877	0.65	0.759
5.60	25.62	4.35	14.43	3.10	7.002	1.85	2.758	0.60	0.699
5.55	25.10	4.30	14.07	3.05	6.776	1.80	2.642	0.55	0.64
5.50	24.58	4.25	13.70	3.00	6.555	1.75	2.531	0.50	0.581
5.45	24.07	4.20	13.35	2.95	6.339	1.70	2.422	0.45	0.524
5.40	23.57	4.15	13.00	2.90	6.128	1.65	2.317	0.40	0.467
5.35	23.07	4.10	12.66	2.85	5.921	1.60	2.216	0.35	0.409
5.30	22.58	4.05	12.32	2.80	5.72	1.55	2.116	0.30	0.352
5.25	22.09	4.00	12.00	2.75	5.524	1.50	2.021	0.25	0.295
5.20	21.62	3.95	11.675	2.70	5.332	1.45	1.929	0.20	0.237
5.15	21.14	3.90	11.356	2.65	5.146	1.40	1.838	0.15	0.179
5.10	20.68	3.85	11.042	2.60	4.964	1.35	1.752	0.10	0.12
5.05	20.22	3.80	10.734	2.55	4.787	1.30	1.667	0.05	0.061
5.00	19.77	3.75	10.431	2.50	4.614	1.25	1.585	0.00	0.00
4.95	19.32	3.70	10.134	2.45	4.446	1.20	1.516		
4.90	18.88	3.65	9.843	2.40	4.282	1.15	1.429		
4.85	18.44	3.60	9.557	2.35	4.123	1.10	1.354		
4.80	18.02	3.55	9.277	2.30	3.968	1.05	1.281		

2. 色度坐标 x、 y 与色相 H、彩度 C 的转换

在孟塞尔颜色系统中，对于明度值相同的颜色样品只有色相和彩度两维坐标的变化，这在 CIE XYZ 色度图上，就意味着只有色度坐标 x，y 的不同，在孟塞尔新标系统中，根据从 1～9 的 9 个明度等级和视觉实验，分别在 CIE 色度图上绘制出恒定色相轨迹线和恒定彩度轨迹线。这 9 张恒定色相和恒定彩度轨迹如图 5-18(a) ～ (i) 所示，这就是 CIE 1931 XYZ 系统（混色系统 Yxy 表色法）与孟塞尔系统（显色系统 HVC 表色法）相互转换的依据。

分析这 9 张不同明度的色度图可以看出，在明度值为 4、5、6 时，彩度轨迹圈的数量最多，比明度值为 9 时占色度图更大的面积。这意味着，在中等明度值 4～6 时（亮度因数 $Y=12～30.05$），有产生最大饱和度表面色的可能性，而在明度值为 9 时（亮度因数 $Y=79$），不可能有非常饱和的颜色，特别是在色度图的蓝、紫、红部分更是如此。随着明度的降低，每一恒定彩度轨迹圈急剧增大，以致在明度值为 1 时（亮度因数 $Y=1.210$），彩度 4 的轨迹已经包括明度值 9（亮度因数 $Y=78.06$ 的全部颜色），这表明人眼分辨饱和度的能力随明度的降低而降低，明度值为 1 时，在色度图中，黄、绿部分只剩下很少几个恒定彩度轨迹。这表明在低明度时，黄、绿色只有很低的饱和度。

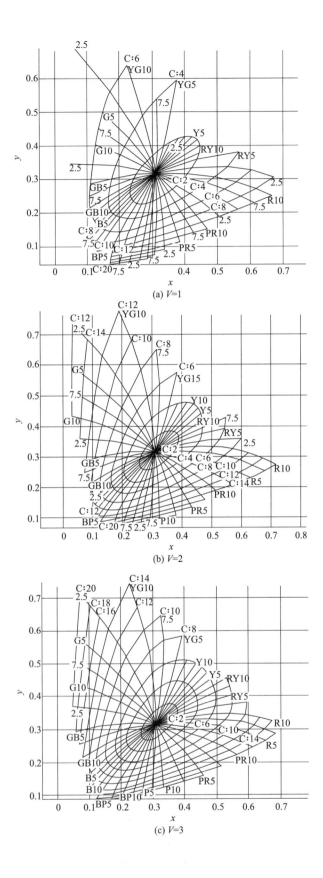

(a) V=1

(b) V=2

(c) V=3

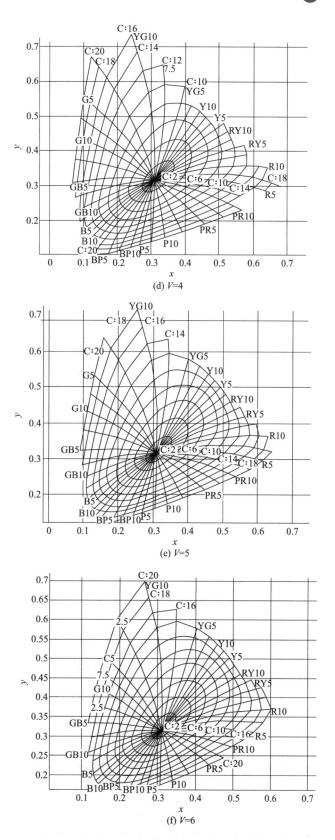

(d) *V*=4

(e) *V*=5

(f) *V*=6

图 5-18

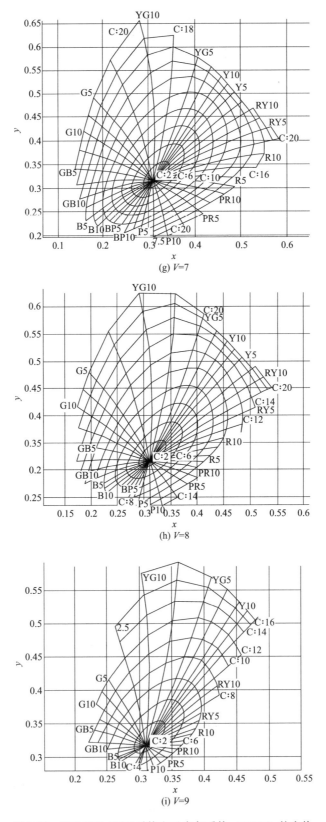

(g) $V=7$

(h) $V=8$

(i) $V=9$

图 5-18 CIE 1931 XYZ 系统和孟塞尔系统（HVC）的变换

3. 品红油墨网点印刷色样的实例计算

求品红 $Y=24.69\%$，$x=0.4020$，$y=0.2410$ 的实地印刷色样（表 5-8）的孟塞尔 HVC 值（即孟塞尔标号）。

① 查表 5-9，$Y=24.69\%$ 位于 24.58% 和 25.10% 之间，两者相应的孟塞尔明度值 V 为 5.50 和 5.55，通过线性内插，可以求出相应于 24.69% 亮度因数的孟塞尔明度值 V 是 5.5101。

② 明度值 $V_y=5.51$ 介于明度值 5 和 6 之间，故可用图 5-18（e）（明度值 5）和图 5-18（f）（明度值 6）两张色度图，用线性内插法求色相和彩度。在图 5-18（e）中，当色度坐标 $x=0.4020$，$y=0.2410$ 时，色度点的位置处于 5RP 与 2.5RP 之间，按图中位置测量，估计大约为 $H=4.50$ 色相级，彩度估计大约为 $C=13.2$。在图 5-18（f）中，当色度坐标 $x=0.4020$，$y=0.2410$ 时，色相约为 $H=4.25$ 色相级，彩度为 14。

③ 因为该印刷色样明度值 $V=5.51$，位于明度 5 到 6 之间 5.1/10 的地方，应该采用线性内插的方法，求取色相和彩度值，也就是用明度值 5 的色相（彩度值），加上 0.51 倍图 5-18（f）与图 5-18（e）的色相（彩度值）之差。已查出图 5-18（e）（明度值 5）的色相为 4.50RP，彩度为 13.2，图 5-18（f）的色相为 4.25RP，彩度为 14。用线性内插方法求出的色相和彩度分别是

$$色相 \ H=4.50+0.51\times(4.25-4.50)=4.3725$$
$$彩度 \ C=13.2+0.51\times(14-13.2)=13.608$$

④ 该品红印刷色样的孟塞尔标号是 4.37RP5.5/13.61（取两位有效数字）。通常划分色相级别时，常以 0.25 色相级作为一个单位，如果色相差别小于 0.25 色相等级，则可忽略不计，因为，4.25RP<4.3725RP<4.5RP，但比较靠近 4.25RP。所以可写成 4.25RP 5.51/13.6。甚至更简单地写为 4.25RP 5.5/13.61。比这种计算方法更为直观的办法是作图法。如图 5-19 所示，可得该颜色标号为

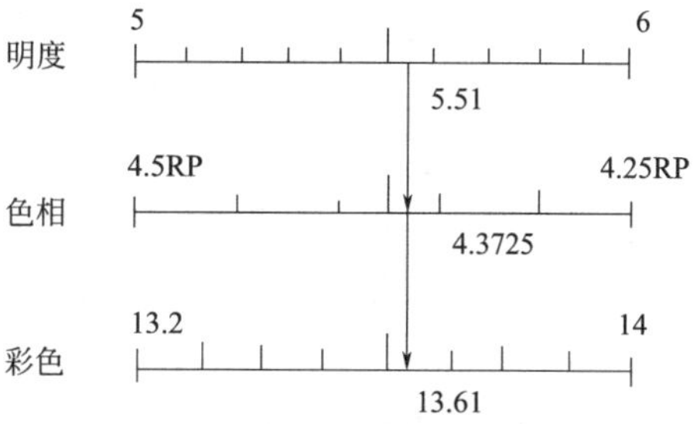

图 5-19　线性插值示意图

4.37RP 5.51/13.61≈4.25RP 5.5/13.6。

按照这种计算方法，我们可以将表 5-8 中品红色样面积率 80% 和 50% 的明度、色相、彩度值计算出来，它们的孟塞尔标号分别为 4.25RP 5.8/12.5，4.25RP 7/8。

至此，我们已完成了 Yxy→HVC 的转换。为了清晰起见，现将 Yxy 表色法，HVC 表色法和 λ_d、P_e、Y 表色法列表，见表 5-10。

表 5-10　50%、80%、100%油墨的 HVC

色别	Yxy 表色法			λ_d、P_e、Y 表色法			HVC 表色法
	$Y\%$	x	y	λ_d	P_e	Y	孟塞尔标号
M100%	24.60	0.4020	0.2410	−501.05	34	24.6	4.25RP5.5/13.6
M80%	28.33	0.3801	0.2567	−501.10	25	28.33	4.25RP5.8/12.5
M50%	42.10	0.3503	0.2814	−501.62	20	42.13	4.25RP7/8

4. Yxy 与 HVC 两种表色方法的讨论

① 恒定主波长不等于恒定色相。图 5-15 表明恒定主波长线是直线，而图 5-18(a) ～ (i) 表明恒定色相线是曲线。也就是说，在明度相同的色度图中，对于恒定色相轨迹上的颜色来说，当其彩度改变时，它的主波长也不相同。如品红实地，80％，50％面积率的色样，尽管它们有相同的色相，但它们的主波长各异。这说明虽然主波长与色相是紧密联系的，但恒定主波长不等于恒定色相，所以主波长并不能准确地代表人的色相视知觉。

② 纯度（兴奋纯度）并不对应于相等的饱和度。纯度的概念是把整个光谱颜色的纯度人为地规定为100。孟塞尔新标系统表明，图 5-18(a) ～ (i) 中各恒定彩度轨迹圈随明度值的增大而趋于缩小。也就是说，一个在视觉上彩度固定的颜色，它在明度值高的色度图上的位置，更接近中性色度点（白光），因而具有较低的纯度，而同一颜色在明度值低的色度图上就有较高的纯度。

用品红面积率为50％的色样 4.25RP/8 可以说明这一关系。按不同明度值查找对应的色度图，可以算出它对应的色纯度，如表 5-11 所示。

表 5-11 色纯度和明度的关系

明度值 V	2	3	4	5	6	7
色纯度 P_e	0.27	0.26	0.25	0.23	0.21	0.20

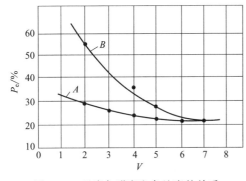

图 5-20 孟塞尔明度和色纯度的关系

这一结果可以用图 5-20 中所绘制的曲线 A 表示。所以，颜色的色纯度不能准确地（绝对相等的）表示颜色饱和度的视觉特性。

由此可以得出结论：孟塞尔新标系统的色相 H、明度值 V 和彩度 C 反映了物体颜色的心理规律。它们分别代表人的颜色视觉对色彩判断的主观感觉特性，而主波长、纯度和亮度因数所反映的是颜色的客观物理性质，是外部刺激的特征。两者之间是紧密联系的，但并不能准确相等。

③ Yxy 与 HVC 表色法在使用上的区别。

自然界的颜色可以分为

$$自然颜色\begin{cases}光源色\\物体色\begin{cases}透射色（光透过物体呈色）\\表面色（光从物体表面反射呈色）\end{cases}\end{cases}$$

HVC 只能够用于表面色，其余都要用 Yxy 表色法，见表 5-12。

表 5-12 颜色的种类及其表示方法

颜色的种类		表示方法	
		Yxy	HVC
光源色		可用	不可用
物体色	透射色	可用	不可用
	表面色	可用	可用

复习思考题

1. 什么是颜色的三刺激值，为什么会产生负刺激值？

2. CIE 1931 RGB 真实表色系统的光谱三刺激值的符号是什么，它的意义是什么？

3. 试说明三原色单位量的亮度比为 1.0000∶4.5907∶0.0601，为什么它们的辐射能之比为 72.0962∶1.3971∶1.0000？

4. 当 $\lambda=460$nm 时，试由表查出 $\bar{r}(\lambda)$、$\bar{g}(\lambda)$、$\bar{b}(\lambda)$，并计算色度坐标 $r(\lambda)$、$g(\lambda)$、$b(\lambda)$。

5. 当 $\lambda=500$nm 时，试计算它们的：①三刺激值 $\bar{r}(\lambda)∶\bar{g}(\lambda)∶\bar{b}(\lambda)$ 之比；②三原色光亮度之比；③三原色光所需辐射能之比。

6. 什么是"CIE 1931 标准色度观察者光谱三刺激值"？

7. 在 CIE 1931 XYZ 系统中，$\bar{x}(\lambda)$、$\bar{y}(\lambda)$、$\bar{z}(\lambda)$、$x(\lambda)$、$y(\lambda)$、$z(\lambda)$、X、Y、Z、x、y、z 符号分别表示什么意思？

8. 什么是物体色的三刺激值和色度坐标？如何计算？写出计算式，说明其意义。

9. 2° 视场和 10° 视场有何区别？

10. 若某物体色的光谱反射率（400～700nm，间隔 20nm）如表 5-13 所示，CIE 1931 XYZ 和 CIE 1964 XYZ 光谱三刺激值如表 5-3 和表 5-5 所示，光源的相对光谱功率分布如表 2-3 所示，计算该颜色分别在 A、C、D50、D65 光源和 2° 视场、10° 视场下的三刺激值。

表 5-13　某物体色的光谱反射率与波长的关系

波长/nm	400	420	440	460	480	500	520	540
$\rho(\lambda)$	0.018	0.018	0.018	0.018	0.018	0.019	0.021	0.052
波长/nm	560	580	600	620	640	660	680	700
$\rho(\lambda)$	0.062	0.052	0.04	0.047	0.342	0.628	0.7	0.731

第六章　均匀颜色空间及应用

CIE 1931 XYZ 表色系统在给人们进行定量化研究色彩的同时，却不能够满足人们对颜色的差别量的表示。在研究中发现，用 CIE 1931 XYZ 系统来表示颜色的差别时和人眼的视觉结果差别比较大，也就是说，由于 CIE 1931 XYZ 系统本身的缺陷，不能够用来计算色差。因此，研究人员在此基础上进行了大量的研究。

第一节　颜色空间的均匀性

由于人眼分辨颜色变化的能力是有限的，故对色彩差别很小的两种颜色，人眼分辨不出它们的差异。只有当色度差增大到一定数值时，人眼才能觉察出它们的差异，我们把人眼感觉不出来的色彩的差别量（变化范围）叫作颜色的宽容量（color tolerance），有时我们也把人眼刚刚能觉察出来的颜色差别所对应的色差称为恰可分辨差 JND(just noticeable difference)。两种颜色色彩的差别量反映在色度图上就是指两者色度坐标之间的距离。由于每一种颜色在色度图上就是一个点，当这个点的坐标发生较小的变化时，由于眼睛的视觉特性，人眼并不能够感觉出其中的变化，认为仍然是一个颜色。所以，对于视觉效果来说，这个变化范围以内的所有颜色在视觉上都是等效的。莱特、彼特和麦克亚当对颜色的宽容量进行了细致的研究。

莱特和彼特选取波长不同的颜色来研究视觉对不同波长的颜色的辨别能力。实验时，他们把视场分为两半，但是亮度保持相等。首先，视场的两部分呈现相同的波长的光谱色，然后，一半视场的光谱色的波长保持不变，改变另一半的波长，直到观察者感觉到这两半的颜色不同，由此得出人眼的辨色能力和波长的曲线关系，如图 6-1 所示。曲线表明人眼的视觉对光谱色的不同波长的颜色的差别的感受性，在波长为 490nm 和 600nm 附近视觉的辨色能力最高，只要波长改变 1nm，人眼便能够感觉出来，而在 430nm 和 650nm 附近的辨色能力很低，波长要改变 5～6nm 时才能够感觉其颜色的差别。反映在 CIE 1931 XYZ 系统色度图上，如图 6-2 所示，图中不同长度的线段表示人的视觉对颜色的感觉差别，其长度表示人眼对光谱色的视觉宽容量，在每一段线段内波长虽然有变化，但是，人眼的视觉不能够辨别其差异，只有当波长的变化超出其范围时，才能够感觉到其颜色的差异。从图中还可以看出，光谱色红端和蓝端的线段很短，而绿色部分的线段很长，说明人眼对红色和蓝色宽容量较小，而对绿色的宽容量较大。应该注意的是，色度图上的光谱轨迹的波长不是等距的，因而各线段的长度也只有相对意义，并不能够代表波长变化的绝对值的大小。莱特又用混合色做了实验，获得在色度图内部区域内的不同长度的线段。

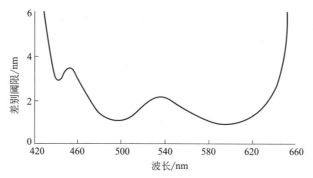

图 6-1 人眼对光谱颜色的差别感受性

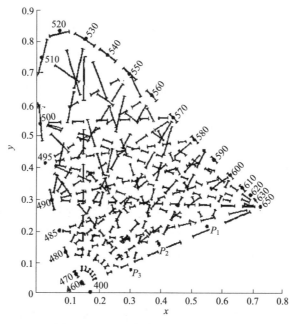

图 6-2 人眼对颜色的恰可分辨范围

波长单位：nm

1942 年，美国柯达研究所的研究人员麦克亚当对 25 种颜色进行宽容量实验，在每个色光点大约沿 5～9 个对称方向上测量颜色的匹配范围，得到的是一些面积大小各异、长短轴不等的椭圆，称为麦克亚当椭圆，如彩色插页图 6-3 所示，不同位置的麦克亚当椭圆面积相差很大，靠近 520nm 处的椭圆面积大约是 400nm 处椭圆面积的 20 倍，这表明人眼对蓝色区域颜色变化相当敏感，而对饱和度较高的黄、绿、青部分的颜色变化不太敏感。对于面积大小相同的区间，在蓝色部分比绿色部分，人眼能分辨出更多的颜色。就视觉恰可分辨的颜色的数量来说，色度图光谱轨迹蓝色端的颜色密度是绿色顶部密度的 300～400 倍。麦克亚当的实验结果说明在 x、y 色度图上各种颜色区域的宽容量的不一致性，蓝色区域量小，绿色区域量大。

孟塞尔系统在视觉上是均匀的颜色系统，如果 CIE XYZ 也是均匀的颜色空间，那么相同明度、不同色相、相同彩度的孟塞尔颜色的色度点在 xy 平面上的连线应该是圆形，不同彩度的圆都具有相同的圆心，在彩度差相同的情况下，圆的半径差也应该相同；同理，相同明度、相同色相、不同彩度的孟塞尔颜色的色度点在 xy 平面上的连线应该是射线，不同色相的射线的起始点是相同的，且色相差相同时，射线的夹角也相同。但是，从图 5-18(a)～(i) 可以看出，CIE XYZ 均匀性很差，不是一个均匀颜色空间。

在 XYZ 坐标系中，宽容量的不均匀性给颜色的计量与复现工作造成麻烦。人们曾经做过试验，将 CIE XYZ 色坐标系经过一定的线性变换（或投影变换），企图使整个色域内各点的恰可分辨差相等，麦克亚当椭圆都变成半径相等的圆。试验结果表明，上述设想是无法实现的。但是经过某种投影变换，能使各点的刚辨差的均匀性比 XYZ 计色坐标系要好得多，这就是均匀色标系统（制）。

第二节　均匀颜色空间

在研究 CIE 1931 XYZ 系统时，没有考虑到颜色宽容量和分辨率的问题，没能够制定出均匀的颜色空间来。出于对工业上确定产品所存在的色差和用仪器鉴定色差的迫切需要，必须创建一种新的色度图或颜色空间，且这种新的颜色空间必须"均匀化"，即在此空间中的距离与视觉上的色彩感觉差别成正比；另外，新的颜色空间的三坐标一定要由原来的 XYZ 三刺激值换算得出。并且在新的色度图上，每个颜色的宽容量最好都近似圆形，而且大小相同，即此空间中的距离与视觉上的色彩感觉差别成正比。人们一直努力朝着这个方向发展。

1960 年，CIE 根据麦克亚当的工作制定了 CIE 1960 均匀色度标尺图（CIE 1960 uniform chromaticity-Scale diagram），简称 CIE 1960 UCS 图。该颜色空间和 CIE 1931 XYZ 系统相比具有较好的均匀性，能够正确地反映颜色的视觉效果，便于调整和预测人眼看到的颜色的变化；该系统对色彩的判别是以色度学颜色匹配理论为基础，与颜色出现在什么介质无关，因而具有等效性；在由 X、Y、Z 向 CIE 1960 UCS 系统转换时保持了原来的亮度因数 Y 不变，使得颜色的亮度信号与色度信号分开调节，互不影响；转换方法简单、方便。

但是，CIE 1960 UCS 系统为了表示颜色的均匀性，将表示颜色明度变化的 Y 值独立出来保持不变，只是将 CIE 1931 XYZ 色度图均匀化了，实际上亮度因数 Y 的差别并不与视觉上的差异成正比。因此有必要把 CIE 1960 UCS 图的二维空间扩充为三维均匀颜色空间。

1935 年以来，所谓 UCS 系统空间有 20 多个被提出，提出这些 UCS 空间的主要目的都是为了更好地寻找均匀颜色空间的距离和色彩感觉差别的相关性，将两个空间色度点之间的距离作为色彩感觉差别的一个度量值。但是麦克亚当后来证明，不可能从 x、y 色度系统中由线性变换得到新均匀色度系统，这就是"线性匀色制的不可能性"。

1964 年，CIE 推荐了"CIE 1964 均匀颜色空间"，该颜色空间是一个三维的颜色空间，它是由 XYZ 系统经过非线性变换转换而来，具有较好的均匀性，同时还给出了色差公式，在工业上得到了广泛的应用。

但是，随着均匀性更好的颜色空间的推出，CIE 1960 UCS 系统和 CIE 1964 均匀颜色空间已经退出了历史舞台。

为了进一步改进和统一评价颜色的方法，1976 年 CIE 又推荐了两个最新的颜色空间及其相关的色差公式，它们分别称为 CIE LAB 色空间和 CIE LUV 色空间，现已为世界各国采纳，作为国际通用的测色标准。我国国家标准 GB/T 7921—2008《均匀色空间和色差公式》规定 CIE 1976 $L^*a^*b^*$ 和 $L^*u^*v^*$ 表色系统与色差公式适用于一切光源色和物体色的表示以及色差的表示与计算，同时表明，CIE LAB 色空间和 CIE LUV 色空间与色差公式是与国际照明委员会 1976 年推荐的在视觉上近似均匀的色空间和色差公式一致的。

一、 CIE 1960 UCS

CIE 1960 UCS 是 1960 年麦克亚当研究制定的均匀颜色标尺（uniform color scale），它以 u、v 为色度坐标，转换公式如下。

$$\begin{cases} u = \dfrac{4x}{-2x + 12y + 3} \\ v = \dfrac{6y}{-2x + 12y + 3} \end{cases} \tag{6-1}$$

用三刺激值表示为

$$\begin{cases} u = \dfrac{4X}{X + 15Y + 3Z} \\ v = \dfrac{6Y}{X + 15Y + 3Z} \end{cases} \tag{6-2}$$

CIE 1960 UCS 系统和 CIE 1931 XYZ 系统光谱三刺激值之间的关系为

$$\begin{cases} \overline{u}(\lambda) = \dfrac{2}{3}\overline{x}(\lambda) \\ \overline{v}(\lambda) = \overline{y}(\lambda) \\ \overline{w}(\lambda) = \dfrac{1}{2}\left[-\overline{x}(\lambda) + 3\overline{y}(\lambda) + \overline{z}(\lambda)\right] \end{cases} \tag{6-3}$$

根据上述公式，CIE 1960 UCS 色度图如彩色插页图 6-4 所示。CIE 1960 UCS 中的麦克亚当椭圆如彩色插页图 6-5 所示。从图上可以看出，它们虽然不是相等的圆，但已是在一个平面上所能做到的最均匀的转换。人眼视觉差异相同的不同颜色，在 CIE 1960 UCS 色度图上大致是等距的。因此，从图上两个颜色点的相对距离可以直观地看出两个颜色的色度差的大小。

CIE 1960 UCS 系统曾得到广泛的应用，后被 CIE LUV 替代，但在相关色温的计算中，仍然在用。

二、 CIE 1964 UVW

CIE 1964 UVW 空间也称为 CIE 1964（U^*、V^*、W^*），或简写为 CIE UVW，它是基于 CIE 1960 UCS 建立的，其表达式为

$$\begin{cases} W^* = 25Y^{1/3} - 17 \\ U^* = 13W^*(u - u_0) \\ V^* = 13W^*(v - v_0) \end{cases} \tag{6-4}$$

式中，Y 为物体色三刺激值；u、v 用式（6-1）或式（6-2）计算得到；u_0、v_0 为光源色的 u、v 值，同样用式（6-1）或式（6-2）计算。

两个颜色的色差用下式计算

$$\Delta E=\sqrt{(U_1^*-U_2^*)^2+(V_1^*-V_2^*)^2+(W_1^*-W_2^*)^2} \tag{6-5}$$

Wyszecki 发明了 UVW 颜色空间，以便能够在不需要保持亮度常数的情况下计算颜色差异。他定义了亮度指数 W^*，定义的色度分量 U^* 和 V^* 可以进行白点映射。其优点是能够简单地用 $(U^*)^2+(V^*)^2=C$（C 为常数）表示恒定饱和度的颜色的位置。此外，色度轴根据亮度缩放，就可以说明当亮度指数增加或减少时，饱和度明显增加或减少，而色度 (u,v) 保持不变。

GB/T 26180—2010《光源显色性的表示和测量方法》中光源显色性计算时，使用的是 CIE 1964 UVW 空间。

第三节　CIE LAB 均匀颜色空间

CIE 1976 年推荐了主要用于表面色工业颜色评价的 CIE 1976 $L^*a^*b^*$ 均匀颜色空间（简写为 CIE LAB），其优点是，当颜色的色差大于视觉的识别阈值而又小于孟塞尔系统中相邻两级色差时，可以较好地反映物体色的心理感受效果。

一、CIE LAB 模型

CIE 1976 $L^*a^*b^*$ 均匀颜色空间及其色差公式可以按下面的方程计算

$$\begin{cases} L^*=116f(Y/Y_0)-16 \\ a^*=500\times[f(X/X_0)-f(Y/Y_0)] \\ b^*=200\times[f(Y/Y_0)-f(Z/Z_0)] \end{cases} \tag{6-6}$$

式中

$$f(I)=\begin{cases} (I)^{1/3} & I>(6/29)^3 \\ (841/108)I+4/29 & I\leqslant(6/29)^3 \end{cases} \tag{6-7}$$

或者简写为

$$L^*=116(Y/Y_0)^{1/3}-16$$
$$a^*=500\times[(X/X_0)^{1/3}-(Y/Y_0)^{1/3}]$$
$$b^*=200\times[(Y/Y_0)^{1/3}-(Z/Z_0)^{1/3}] \tag{6-8}$$

式中　X,Y,Z——颜色样品的三刺激值；

　　　X_0,Y_0,Z_0——CIE 标准照明体的三刺激值；

　　　L^*——心理计量明度，简称心理明度或明度指数；

　　　a^*,b^*——心理计量色度，是神经节细胞的红-绿、黄-蓝的反应。

从上述公式中可以看出，由 X、Y、Z 向 L^*、a^*、b^* 变换时，包含有立方根的项，这是一种非线性变换。经过非线性变换后，原来 CIE 1931 XYZ 色度图的马蹄形光谱轨迹不复存在。对于这种非线性变换，通常用"心理颜色空间"来表示，它是基于赫林的四色对立颜色视觉理论，所以，这种坐标系统又称为对立色坐标，或心理颜色空间，如彩色插页图 6-6 所示，在式(6-8)中，心理色度 a^*、b^* 包含有 $(X-Y)$ 和 $(Y-Z)$ 项目，在这里 a^* 可以理解为神经节细胞的红-绿反应，b^* 是神经节细胞的黄-蓝反应，L^* 是神经节细胞的黑-白反应。在这一系统中，$+a^*$ 表示红色，$-a^*$ 表示绿色，$+b^*$ 表示黄色，$-b^*$ 表示蓝色，

颜色的明度用 L^* 的表示。

经过对颜色三刺激值 X、Y、Z 的非线性变换，马蹄形的二维平面色度图演变成为彩色插页图 6-7 所示的形状，三维立体图如图 6-8 所示。

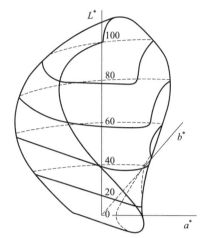

图 6-8 CIE LAB 颜色空间立体的实际形状

此外，CIE 还定义了彩度和色相角。

彩度 C_{ab}^*

$$C_{ab}^* = \left[(a^*)^2 + (b^*)^2 \right]^{1/2} \tag{6-9}$$

色相角 h_{ab}^*

$$h_{ab}^* = \arctan(b^*/a^*)(弧度) = \frac{180}{\pi}\arctan(b^*/a^*)(度) \tag{6-10}$$

根据数学定义，反正切函数 arctan 的值域为 $\left(-\frac{\pi}{2}, \frac{\pi}{2}\right)$，而色相角的范围是 $[0°, 360°)$，因此，式(6-10) 修正为

$$h_{ab}^* = \begin{cases} \dfrac{180}{\pi}\arctan(b^*/a^*) & a^*>0 \text{ 且 } b^*\geqslant 0 \\[2mm] \dfrac{180}{\pi}\arctan(b^*/a^*)+360 & a^*>0 \text{ 且 } b^*<0 \\[2mm] \dfrac{180}{\pi}\arctan(b^*/a^*)+180 & a^*<0 \\[2mm] 90 & a^*=0 \text{ 且 } b^*>0 \\[2mm] 270 & a^*=0 \text{ 且 } b^*<0 \\[2mm] 0 & a^*=0 \text{ 且 } b^*=0 \end{cases} \tag{6-11}$$

有人把 L^*、C_{ab}^*、h_{ab}^* 三者确定的三维立体称为 LCH 颜色空间，如图 6-9 所示。

二、色差及其计算公式

色差就是指用数值的方式表示两种颜色给人的色差感觉上的差别。若两个颜色都按照 CIE LAB 标定颜色，则两者的总色差及单项色差可用下列公式计算。

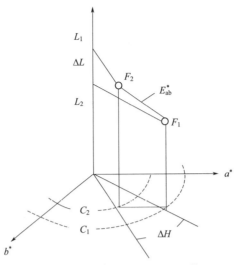

图 6-9　CIE 1976 LCH 空间立体

明度差：

$$\Delta L^* = L_1^* - L_2^* \tag{6-12}$$

色度差：

$$\Delta a^* = a_1^* - a_2^* \tag{6-13}$$

$$\Delta b^* = b_1^* - b_2^* \tag{6-14}$$

总色差：它表示在三维空间中两个颜色的点的空间距离

$$\Delta E_{ab}^* = \sqrt{(L_1^* - L_2^*)^2 + (a_1^* - a_2^*)^2 + (b_1^* - b_2^*)^2} \tag{6-15}$$

彩度差：它表示在三维空间中，两个颜色的点分别与 L^* 轴的距离的差

$$\Delta C_{ab}^* = C_{ab,1}^* - C_{ab,2}^* \tag{6-16}$$

色度差：它表示在三维空间中，两个颜色的点在 $a^* - b^*$ 平面投影点的距离的差

$$\Delta C = \sqrt{(a_1^* - a_2^*)^2 + (b_1^* - b_2^*)^2} \tag{6-17}$$

色相角差：

$$\Delta h_{ab}^* = h_{ab,1}^* - h_{ab,2}^* \tag{6-18}$$

色相差：

$$\Delta H_{ab}^* = \sqrt{(\Delta E_{ab}^*)^2 - (\Delta L_{ab}^*)^2 - (\Delta C_{ab}^*)^2} \tag{6-19}$$

推导式(6-19) 可以得到下式

$$\Delta H_{ab}^* = 2(C_{ab1}^* C_{ab2}^*)^{1/2} \sin\left(\frac{\Delta h_{ab}^*}{2}\right) \tag{6-20}$$

在国家标准 GB/T 7921—2008《均匀色空间和色差公式》中，把色相角、色相角差、色相差分别称为色调角、色调角差、色调差。

计算色差时，可以把其中的任意一个作为标准色，则另一个就是样品色。当计算结果出现正负值时，其意义如下（假设 1 为样品色，2 为标准色）。

① $\Delta L^* = L_1^* - L_2^* > 0$，表示样品色比标准色浅，明度高；若 $\Delta L^* < 0$，表示样品色比标准色深，明度低。

② $\Delta a^* = a_1^* - a_2^* > 0$，表示样品色比标准色偏红；若 $\Delta a^* < 0$，表示样品色比标准色偏绿。

③ $\Delta b^* = b_1^* - b_2^* > 0$，表示样品色比标准色偏黄；若 $\Delta b^* < 0$，表示样品色比标准色偏蓝。

④ $\Delta C_{ab}^* = C_{ab,1}^* - C_{ab,2}^* > 0$，表示样品色比标准色彩度高，含"白光"或"灰分"较少；若 $\Delta C_{ab}^* < 0$，表示样品色比标准色彩度低，含"白光"或"灰分"较多。

⑤ $\Delta h_{ab}^* = h_{ab,1}^* - h_{ab,2}^* > 0$，表示样品色位于标准色的逆时针方向上；若 $\Delta h_{ab}^* < 0$，表示样品色位于标准色的顺时针方向上。根据标准色所处的位置，就可以判断样品色是偏绿还是偏黄。

三、色差单位的提出与意义

1939 年，美国国家标准局采纳了贾德等的建议而推行 $Y^{1/2}$、a^*、b^* 色差计算公式，并按此公式计算颜色差别的大小，以绝对值 1 作为一个单位，称为"NBS 色差单位"。一个 NBS 单位大约相当于视觉色差识别阈值的 5 倍。如果与孟塞尔系统中相邻两级的色差值比较，则 1 个 NBS 单位约等于 0.1 孟塞尔明度值、0.15 孟塞尔彩度值、2.5 孟塞尔色相值（彩度为 1）；孟塞尔系统相邻两个色彩的差别约为 10 个 NBS 单位。NBS 的单位色差值与人的感觉色差程度用表 6-1 来描述，说明 NBS 单位在工业应用上是有价值的。后来开发的新色差公式，往往有意识地把单位调整到与 NBS 单位相接近，例如 ANLAB40，Hunter Lab 以及 CIE LAB、CIE LUV 等色差公式的单位都与 NBS 单位大略相同（不是相等）。因此，不要误认为任何色差公式计算出的色差单位都是 NBS。

表 6-1　NBS 的单位色差值与人的感觉色差程度

NBS 的单位色差值	人的感觉色差程度	NBS 的单位色差值	人的感觉色差程度
0～0.5	（微小色差）感觉极微（trave）	3～6	（较大色差）感觉很明显（appreciable）
0.5～1.5	（小色差）感觉轻微（slight）	6 以上	（大色差）感觉强烈（much）
1.5～3	（较小色差）感觉明显（noticeable）		

四、 CIE LAB 颜色空间的均匀性

从图 6-3 可知，CIE XYZ 系统是均匀性很差的系统，将图 6-3 中的 25 个麦克亚当宽容量椭圆绘制在 CIE LAB 的 a^*b^* 平面上，如图 6-10 所示，可以看出无论是椭圆的大小还是形状都要一致得多，这也就说明 CIE LAB 颜色空间的均匀性已经明显优于 CIE XYZ 空间，但是还不是理想的均匀颜色空间。如果 CIE LAB 是理想的均匀颜色空间，所有宽容量椭圆都应该是等大的圆。

1986 年，Luo 和 Rigg 收集了大量表面色的中小色差实验数据，绘制了 CIE LAB a^*b^* 图宽容量椭圆，如图 6-11 所示。该图也清楚地说明了 CIE LAB 不是理想的颜色空间，它至少和小色差有关。如果实验数据和 CIE LAB 空间完美地匹配，则所有椭圆都是同等大的圆。从图 6-11 可以发现一些趋势：接近中性色的椭圆最小；随着彩度的增加，椭圆将变大、变长；除蓝色区域外，大多数椭圆的长轴都指向原点（非彩色点）。这也说明 CIE LAB 不是理想的均匀颜色空间。

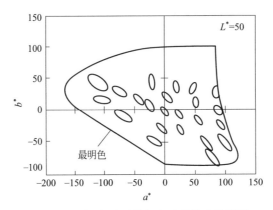

图 6-10 a^*b^* 平面的麦克亚当宽容量椭圆

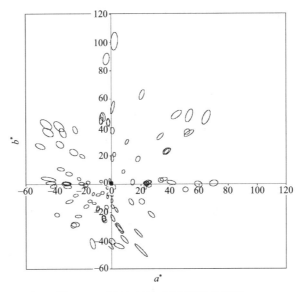

图 6-11 CIE LAB a^*b^* 宽容量椭圆

孟塞尔新标系统是通过目视评价方法建立的视觉均匀颜色系统，其色相、明度和彩度反映了物体表面色的心理规律，它们可以分别代表颜色的色调、明度、饱和度等颜色知觉特性；而 CIE 色度系统是基于混色试验确立的，其主波长、亮度因数、兴奋纯度则更多地反映颜色物体的物理特性，不能准确地代表视觉感知属性。

作为大量目视比较判断试验的结果，孟塞尔颜色系统的色卡在视觉上的差异是均匀的，所以可利用孟塞尔颜色系统的标准色卡来检验和评价颜色空间的均匀性。检验时，将具有相同明度值而色调和彩度不同的孟塞尔色卡，根据其各自的（Y、x、y）色度值求出它们在被检表色系统中的颜色参数，然后将其描绘于被检表色系统的色度图上，从而考察其轨迹曲线的形状，便可以评价该颜色空间的视觉均匀性。

为了利用孟塞尔色卡来检验前面介绍的 CIE LAB 颜色空间的均匀性，将孟塞尔新标系统明度值为 5 的恒定色调轨迹和恒定彩度轨迹同时绘于 a^*b^* 色度平面图上，如图 6-12 所示。如果颜色空间在视觉上是完全均匀的，那么恒定色调轨迹应该是射线，而且各主要恒定色调轨迹之间还应该是相等角度的射线；而各恒定彩度轨迹应该是其半径按等距离增大的同心圆。由此可见，CIE LAB 还不是理想的视觉均匀颜色空间。

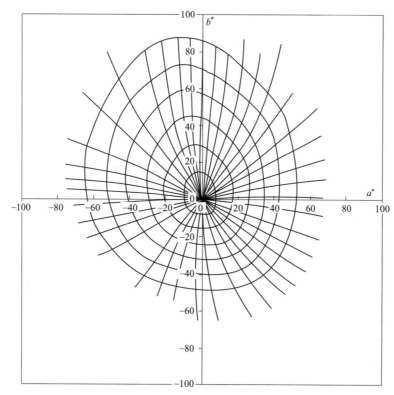

图 6-12　孟塞尔系统明度值为 5 的颜色在 a^*-b^* 平面的分布

第四节　CIE LUV 均匀颜色空间

一、CIE LUV 模型

　　CIE 1976 $L^*u^*v^*$ 均匀颜色空间是由 CIE 1931 XYZ 颜色空间和 CIE 1964 均匀颜色空间改进而产生的。主要是用数学方法对 Y 值做非线性变换，使其与代表视觉等间距的孟塞尔系统靠拢。然后，将转换后的 Y 值与 u、v 结合而扩展成三维均匀颜色空间，其定义公式如下

$$\begin{cases} L^*=\begin{cases} 116(Y/Y_0)^{1/3}-16 & Y/Y_0>(6/29)^3 \\ (29/6)^3 g(Y/Y_0) & Y/Y_0\leqslant(6/29)^3 \end{cases} \\ u^*=13L^*(u'-u_0') \\ v^*=13L^*(v'-v_0') \end{cases} \tag{6-21}$$

　　其中

$$\begin{cases} u'=u=\dfrac{4x}{-2x+12y+3}=\dfrac{4X}{X+15Y+3Z} \\ v'=1.5v=\dfrac{9y}{-2x+12y+3}=\dfrac{9Y}{X+15Y+3Z} \end{cases} \tag{6-22}$$

式中 L^*——明度指数；

u^*，v^*——色度指数；

u'，v'——CIE 1964 系统的色度坐标；

x，y——CIE 1931 系统的色度坐标；

u_0'，v_0'——测色所用光源的色度坐标；

X，Y，Z——样品色的三刺激值；

Y_0——光源的三刺激值。

用色度坐标 u'、v' 绘制的色度图（如彩色插页图 6-13）仍然保持了马蹄形的光谱轨迹。$u'v'$ 色度图和 xy 色度图相比，视觉上的均匀性有了很大的改善。

CIE LUV 是在 CIE 1964 UVW 基础上发展而来的，CIE 1964 UVW 中的明度 W^* 计算式中没有包含完全漫反射体的亮度因数 Y_0，但是 $Y_0=100$，因此，这种修正不影响色差的计算。CIE LUV 空间的明度 L^* 计算式将 CIE 1964 UVW 中 W^* 的常数由 17 改为 16，从而使得 $Y=100$ 时对应的 $L^*=100$，而在 CIE 1964 UVW 的明度 W^* 式中 $Y=102$ 时才对应于 $W^*=100$。CIE LUV 采用了 CIE 1964 UVW 中的 u' 和 v'，其中 $u'=u$，与 CIE 1960 UCS 中的一致，而 $v'=1.5v$，修改色度坐标 v 的目的是进一步改善颜色空间的视觉均匀性。

与 CIE LAB 相似，L^*、u^*、v^* 是 X、Y、Z 的非线性变换。因为它们都和 Y 的立方根函数有关，因此，经过非线性变换之后，原来的马蹄形轨迹就不存在了，其色空间如图 6-14 所示。L^*、u^*、v^* 也是直角坐标系，可用色度指数 u^*、v^* 画出 "CIE $L^*u^*v^*$图"，如图 6-15 所示。

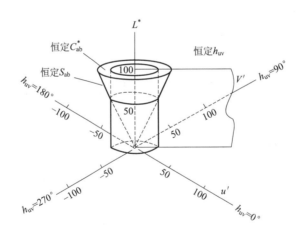

图 6-14 CIE LUV 色空间

此外，CIE 还定义了饱和度、彩度、色相角。

饱和度 S_{uv}：

$$S_{uv}=13[(u'-u_0')^2+(v'-v_0')^2]^{1/2} \tag{6-23}$$

彩度 C_{uv}^*：

$$C_{uv}^*=[(u^*)^2+(v^*)^2]^{1/2}=L^*S_{uv} \tag{6-24}$$

色相角 h_{uv}^*：

$$h_{uv}^*=\arctan(v^*/u^*) \tag{6-25}$$

同理，由于反正切函数的值域和色相角的范围不同，可参考式(6-11) 进行计算。

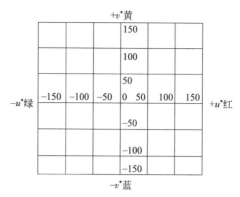

图 6-15　CIE 1976 $u^* v^*$ 图

二、色差及其计算公式

若两个颜色都按照 $L^* a^* b^*$ 标定颜色，则两者的总色差及单项色差可用下列公式计算。
明度差：

$$\Delta L^* = L_1^* - L_2^* \tag{6-26}$$

色度差：

$$\Delta u^* = u_1^* - u_2^* \tag{6-27}$$

$$\Delta v^* = v_1^* - v_2^* \tag{6-28}$$

总色差：

$$\Delta E_{uv}^* = \sqrt{(\Delta L^*)^2 + (\Delta u^*)^2 + (\Delta v^*)^2} \tag{6-29}$$

彩度差：

$$\Delta C_{uv}^* = C_{uv,1}^* - C_{uv,2}^* \tag{6-30}$$

色相角差：

$$\Delta h_{uv}^* = h_{uv,1}^* - h_{uv,2}^* \tag{6-31}$$

色相差：

$$\Delta H_{uv}^* = \sqrt{(\Delta E_{uv}^*)^2 - (\Delta L_{uv}^*)^2 - (\Delta C_{uv}^*)^2}$$
$$= 2\sqrt{C_{uv,1}^* C_{uv,2}^*} \sin(\Delta h_{uv}^*/2) \tag{6-32}$$

上面各项计算结果出现正负值时，其内涵的物理意义与 CIE LAB 公式相同。

三、CIE LAB 与 CIE LUV 均匀颜色空间的选择和使用

1976 年 CIE 推荐以及我国国家标准 GB/T 7921—2008《均匀色空间和色差公式》中规定：可使用 CIE LAB 和 CIE LUV 两个均匀颜色空间来表示光源色或物体色及其色差。但 CIE 与 GB/T 7921—2008《均匀色空间和色差公式》均未曾对它们的适用领域加以规定，因此对具体使用者来说，往往不知采用哪一个好，其主要原因是：第一，它们都是在视觉上近似均匀的色空间和色差公式。第二，根据研究与使用调查表明，这两个颜色空间对视觉上的均匀程度基本上相同。例如，莫莱用 555 对色样求各颜色空间的色差值与目测结果的相互关系，发现 CIE LAB 为 0.72，CIE LUV 为 0.71，还有用孟塞尔卡中恒定色相轨迹和恒定彩

度轨迹在 a^*b^* 图和 u^*v^* 图的改善程度也很接近，只是 a^*b^* 图略优于 u^*v^* 图。

总之，根据目前的有关资料，两个系统在视觉均匀性上很接近，实用中可以选取 CIE LAB 或 $L^*u^*v^*$ 来表示颜色或色差，这都是符合国际标准和国家标准的。但是，实际上做出决定时，可依据各学科和工业部门的经验、习惯、方便以及熟悉性来选择用哪一种颜色空间更有利。鉴于染料、颜料以及油墨等特性，颜色工业部门最先选用了 CIE LAB 均匀款色空间；美国印刷技术协会（TAGA）在 1976 年的论文集上，发表了 R. H. Gray 和 R. P. Held 关于"研究色彩新方法"的文章，赞成采用 CIE LAB 均匀颜色空间系统作为印刷色彩的颜色匹配和评价的方法；二十多年来，在 TAGA 发表的许多文章和在国际印刷研究所协会（IARIGAI）的论文集，以及我国的一些印刷刊物发表的关于印刷色彩研究的文章和资料中，大多数采用 CIE LAB 系统。至于 CIE LUV 系统，它本身具有特殊的优点，如 u^*v^* 色度图仍然保留了马蹄形的光谱轨迹，比较适合于光源、彩色电视等工业部门的应用。

第五节　色差及色差公式

理想的色差公式应该基于真正视觉感知均匀的颜色空间，其预测的色差应该与目视判别有良好的一致性，而且可以采用统一的色差宽容度来进行颜色质量的控制，即对所有的颜色产品能够用相同的色差容限来判定其合格与否，而与标准色样在颜色空间中所处的位置或所属的色区无关。

纵观色差公式的发展，以 1976 年为界，大致分为两个阶段。1976 年以前，因无统一的标准和约定，颜色工作者纷纷以所涉及的数据、产品和领域为基础，提出了各自的色差公式。但效果都不能令人十分满意，而且给普及应用带来了很大的麻烦。因为不同的色差公式之间数据很难或无法相互转换，又没有一个具有权威性的色差公式可使大多数人接受并使用。当时有较大影响力的有瑞利立方根（Reilly cube root）色差公式、FMC-I（Friele-Mac-Adam-Chickering-I）色差公式、FMC-II（Friele-MacAdam-Chickering-II）色差公式、AN-LAB（Adams-Nickerson LAB）色差公式和亨特 LAB（Hunter LAB）色差公式等。为了克服这种混乱，进一步统一色差评定的方法，国际照明协会在广泛讨论和试验的基础上，于 1976 年正式推荐两个色空间及相应的色差公式，即 CIE LUV 色差公式和 CIE LAB 色差公式，前者主要用于彩色摄影和彩色电视等领域，后者则广泛用于纺织印染、染料、颜料等绝大多数与着色有关的行业。

由于 CIE LAB 色差公式在当时是使用效果最好的色差公式，许多国家包括国际标准化组织（ISO）都采用它作为自己的标准，因此 CIE LAB 色差公式是自 1976 年起使用较广泛、较通用的色差公式。但是这并不排除 CIE LAB 色差公式本身存在的不足之处，其中最主要的便是计算结果与目测感觉并不总能保持一致。例如，与对深度变化相比，人眼对色相的变化更为敏感；另外人眼在低饱和度的色区的辨色能力远比在明亮鲜艳色区高。这就意味着在不同的色区，即使用 CIE LAB 色差公式得出一样的 ΔE_{ab}^* 数值，也不能肯定地说目视评定感觉也一样。例如有一对嫩黄样品和一对深灰样品，两者 ΔE_{ab}^* 均等于 1，但目测会感觉到深灰样品间的差别比嫩黄样品间的要大几倍。

近二十年来，颜色科技工作者寻求更理想的色差公式的探索和努力一直没有停止。曾经使用过的色差公式主要有 FCM(Fine Color Metric) 色差公式、LABHNU 色差公式、JPC79 色差公式、CMC($1:c$) 色差公式、ATDN 色差公式、住友方法、CIE LAB 色差公式的改良式、SVF 色差公式、BFD($l:c$) 色差公式、CIE 94 色差公式、CMC($l:c$) 色差公式的简化式、CIE DE 2000 色差公式。下面主要介绍 CMC($l:c$) 色差公式、CIE 94 色差公式和 CIE DE 2000 色差公式。

一、CMC（$1:c$）色差公式

1984 年，英国染色家协会（the society of dyers and colourist，SDC）的颜色测量委员会（the society's color measurement committee，CMC）推荐了 CMC($l:c$) 色差公式，该公式是由 F. J. J. Clarke、R. McDonald 和 B. Rigg 在对 JPC79 色差公式进行修改的基础上提出的，它克服了 JPC79 色差公式在深色及中性色区域的计算值与目测评价结果偏差较大的缺陷，并进一步引入了明度权重因子 l 和彩度权重因子 c，以适应不同应用的需求。

在 CIE LAB 颜色空间中，CMC($l:c$) 公式把标准色周围的视觉宽容量定义为椭圆。椭圆内部的颜色在视觉上和标准色是一样的，而在椭圆外部的颜色和标准色就不一样了。在整个 CIE LAB 颜色空间中，椭圆的大小和离心率是不一样的。以一个给定的标准色为中心的椭圆的特征，是由相对于标准色在 ΔL^*、ΔC_{ab}^*、ΔH_{ab}^* 方向上的两半轴的长度决定的。用椭圆方程定义的色差公式 $\Delta E_{CMC(l:c)}$ 如下

$$\Delta E_{CMC(l:c)} = \sqrt{\left(\frac{\Delta L^*}{lS_L}\right)^2 + \left(\frac{\Delta C_{ab}^*}{cS_C}\right)^2 + \left(\frac{\Delta H_{ab}^*}{S_H}\right)^2} \tag{6-33}$$

$$S_L = \begin{cases} 0.040975L_s^*/(1+0.01765L_s^*) & ,L_s^* \geqslant 16 \\ 0.511 & ,L_s^* < 16 \end{cases} \tag{6-34}$$

$$S_C = 0.0638C_{ab,s}^*/(1+0.0131C_{ab,s}^*)+0.638 \tag{6-35}$$

$$S_H = S_C(FT+1-F) \tag{6-36}$$

$$F = \sqrt{\frac{(C_{ab,s}^*)^4}{(C_{ab,s}^*)^4+1900}} \tag{6-37}$$

$$T = \begin{cases} 0.36+|0.4\cos(h_{ab,s}^*+35)| & h_{ab,s}^* > 345°或 h_{ab,s}^* < 164° \\ 0.56+|0.5\cos(h_{ab,s}^*+168)| & 164° \leqslant h_{ab,s}^* \leqslant 345° \end{cases} \tag{6-38}$$

式中，L_s^*，$C_{ab,s}^*$，$h_{ab,s}^*$ 分别为标准色的心理明度、彩度和色相角，分别用式(6-6)、式(6-9)、式(6-10) 计算得到；ΔL^*，ΔC_{ab}^*，ΔH_{ab}^* 分别为计算色差的两个颜色的明度差、彩度差、色相差，分别用式(6-12)、式(6-16)、式(6-19) 或式(6-20) 计算得到；S_L、S_C 和 S_H 为椭圆的半轴（图 6-16），l、c 为权重因子，通过不同的 l、c 取值可以改变相对半轴的长度，进而改变 ΔL^*、ΔC_{ab}^*、ΔH_{ab}^* 的相对容忍度。例如，在纺织业中，l 通常设为 2，允许在 ΔL^* 上有相对较大的容忍度，这也就是 CMC(2:1) 公式。

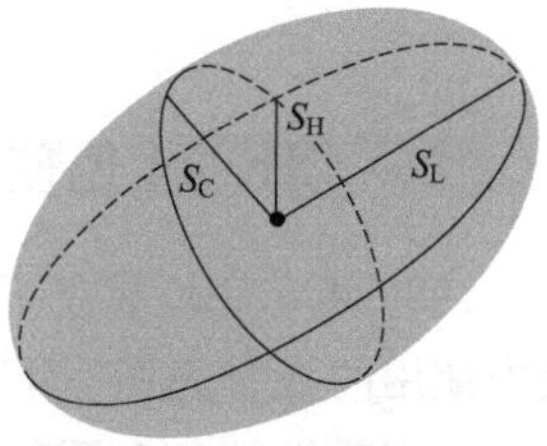

很明显，用标准色的 CIE LAB 坐标 L_s^*、$C_{ab,s}^*$、$h_{ab,s}^*$ 来对校正值 S_L，S_C 和 S_H 进行计算是极为重要的。这些参数用非线

图 6-16 CMC 容差椭圆

性方程定义，也表明 ΔL^* 的宽容量随着 L_s^* 的增大而增大，ΔC_{ab}^* 的宽容量随着 $C_{ab,s}^*$ 的增大而增大，ΔH_{ab}^* 的宽容量随着 $C_{ab,s}^*$ 的增大而增大，并且与 $h_{ab,s}^*$ 的变化同步。

由于 CMC 色差公式比 CIE LAB 公式具有更好的视觉一致性，所以对于不同颜色产品的质量控制都可以使用与颜色区域无关的"单一阈值（single number tolerance）"，从而给颜色测量和色差的仪器评价带来了很大的方便。因此，CMC 公式推出以后得到了广泛的应用，许多国家和组织纷纷采用该公式来替代 CIE LAB 公式。1988 年，英国采纳其为国家标准 BS6923（小色差的计算方法），1989 年被美国纺织品染化师协会（American Association of Textile Chemist and Colorist）采纳为 AATCC 检测方法 173-1989，后来经过修改改为 AATCC 检测方法 173-1992，1995 年被并入国际标准 ISO 105（纺织品-颜色的牢度测量），成为 J03 部分（小色差计算）。在我国，GB/T 8424.3—2001（纺织品　色牢度试验　色差计算）和 GB/T 3810.16—2006（陶瓷砖实验方法第十六部分：小色差的测定）中也采纳了 CMC 色差公式。在印刷行业中，现行国家标准和行业标准依然采用 CIE LAB 色差公式，部分企业在实际生产中发现了该色差公式的不足之处，在企业标准中开始采用 CMC 色差公式。

CMC 色差公式在 a^*b^* 平面的宽容量椭圆如图 6-17 所示，它和 CIE LAB a^*b^* 宽容量椭圆（图 6-11）相比，均匀性有了明显的提升。

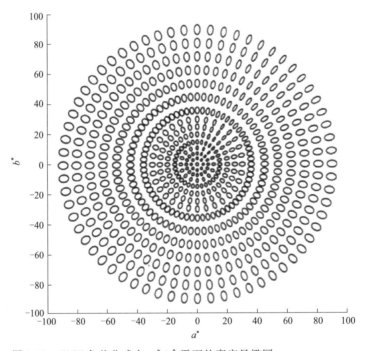

图 6-17　CMC 色差公式在 a^*b^* 平面的宽容量椭圆

二、CIE 94 色差公式

1989 年，CIE 成立了技术委员会 TC1-29（工业色差评估），主要任务是考察目前在工业中使用的在日光照明下进行物体色色差评价的标准，并给出建议。1992 年，TC1-29 给出了一个实验性的包含两部分的提案：第一部分详述了经过修改 CMC(l∶c）公式而得出的一个新的色差公式；第二部分则阐述了在新的资料或基本建模思想改变的情况下，新公式的修正方法。

这个最终的提案在 1995 年作为 CIE 的技术报告被公布出来。该报告详细说明了为了新的色差公式在色差方面以前所做的工作。新公式的完整名称是"CIE 1994（ΔL^*、ΔC_{ab}^*、ΔH_{ab}^*）色差模型"，缩写为"CIE 94"，或色差符号 ΔE_{94}。

另外，很多因素都对视觉评价有影响，例如，样品的特性和观测条件。联合 CIE 的另外一个技术委员会 TC1-28（影响色差评价的因素），TC1-29 充分认识到这些因素的影响，并对它们进行了详细的考察；在 CIE 94 公式中还考虑到一些因素的影响。现在不可能考虑所有因素的影响，两个技术委员会联合规定了一些参考条件，在这些参考条件下，参数给定了默认值，CIE 94 公式的性能很好。在其他条件下，参数值的确定被认为是公式改进工作的一部分。参考条件适合于工业色差的评价，这些参考条件如下。

照明	CIE 标准照明体 D65
照度	1000lx
背景	均匀的中性色，$L^* = 50$
观察模式	物体色
样品尺寸	视场大于 $4°$
样品放置	直接边缘接触
样品色差幅度	0～5 CIE LAB 色差单位
观察者	视觉正常
样品结构	在颜色上是均匀的

新的色差公式基于 CIE LAB 颜色空间。TC1-29 认为在染色工业中该色差公式被广泛地接受和明度、彩度、色相的差别以及人的感觉的统一是极为重要的。在计算有色材料的中小色差时，这个色差公式替代了以前推荐的色差公式，但是它没有作为颜色空间替代 CIE LAB 和 CIE LUV。

CIE 94 公式引入一个新的项（ΔV），即色差的视觉量化值

$$\Delta V = K_E^{-1} \Delta E_{94}^* \tag{6-39}$$

K_E 并不是作为商业色差测量来用，而是一个总的视觉因素，在工业评定的条件下，设为一个单位，即 $\Delta V = \Delta E_{94}^*$。

CIE 94 公式如下

$$\Delta E_{94}^* = \sqrt{\left(\frac{\Delta L^*}{K_L S_L}\right)^2 + \left(\frac{\Delta C_{ab}^*}{K_C S_C}\right)^2 + \left(\frac{\Delta H_{ab}^*}{K_H S_H}\right)^2} \tag{6-40}$$

变量 K_L、K_C 和 K_H 和 CMC($l:c$) 公式中的 l、c、h 一样 [在 CMC($l:c$) 公式中，可以认为在 ΔH_{ab}^* 项的除数中有一个因子 h，因为 $h=1$，所以忽略了]。然而，它们在这里称为"参数因子"（parametric factors），因而就可以避免和 CIE 94 中称为"相对容差"（relative tolerance）的 l、c 相混淆。在参考条件下，$K_L = K_C = K_H = 1$，使用条件和参考条件发生偏差时，会导致在视觉上每一个分量（亮度、彩度、色相）的改变，因而可以单独地调整色差公式中的各个色差分量以适应这种改变。例如，评价纺织品时，亮度感觉降低，当 $K_L = 2$，$K_C = K_H = 1$ 时，纺织品的视觉评价和 CIE 94 公式的计算结果就比较接近，根据经验，印刷行业推荐使用 $K_L = 1.4$，$K_C = K_H = 1$。

就像在 CMC(l：c）公式中所做的一样，在 CIE 94 中称为"权重函数"的椭圆半轴（S_L、S_C 和 S_H）的长度允许在 CIE LAB 颜色空间中根据区域的不同进行各自的调整，但是，和 CMC(l：c）不同，它们用线性方程进行了不同的定义

$$\begin{cases} S_L = 1 \\ S_C = 1 + 0.045 C_{ab,X}^* \\ S_H = 1 + 0.015 C_{ab,X}^* \end{cases} \tag{6-41}$$

当一对颜色中的标准色和被比较色明显不同时，$C_{ab,X}^* = C_{ab,s}^*$。这种经过优化的方程的不对称性，导致了一对样本色之间的色差，即颜色样本 A 和 B，以 A 为标准和以 B 为标准计算的结果就不一样。在逻辑上如果没有样本作为标准色，$C_{ab,X}^*$ 可以用两个颜色的 CIE LAB 的彩度的几何平均值表示。

$$C_{ab,X}^* = (C_{ab,A}^* C_{ab,B}^*)^{1/2} \tag{6-42}$$

图 6-18 给出了 CIE 94 色差公式的宽容量椭圆，表明其均匀性比 CIE LAB 的色差公式有了很大的改进。

TC1-29 的很多成员都希望制定一个 CIE 94 推荐标准，但是同时另外一部分人又不同意。TC1-29 的技术报告也存在矛盾之处，它的题目中并没有包含"推荐"一词，但是它的内容明显地表明在色差计算方面用 CIE 94 色差公式代替 CIE LAB 公式。

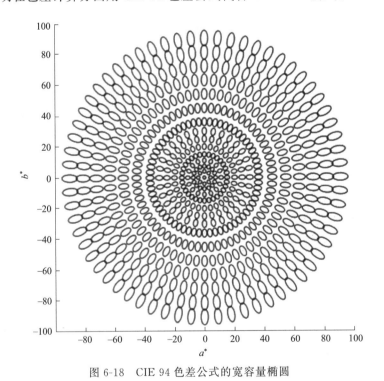

图 6-18　CIE 94 色差公式的宽容量椭圆

三、 CIE DE2000 色差公式

为了进一步改善工业色差评价的视觉一致性，CIE 专门成立了工业色差评价的色相和明度相关修正技术委员会 TC1-47(hue and lightness dependent correction to industrial colour difference evaluation），经过该技术委员会对现有色差公式和视觉评价数据的分析与测试，在 2000 年提出了一个新的色彩评价公式，并于 2001 年得到了国际照明委员会的推荐，称为 CIE 2000 色差公式，简称 CIE DE 2000，色差符号为 ΔE_{00}。CIE DE 2000 是到目前为止最新的色差公式，与 CIE 94 相比要复杂得多，同时也大大提高了精度。

CIE DE 2000 色差公式主要对 CIE 94 公式做了如下几项修正。

① 重新标定近中性区域的 a^* 轴，以改善中性色的预测性能。

② 将 CIE 94 公式中的明度权重函数修改为近似 V 形函数。

③ 在色相权重函数中考虑了色相角，以体现色相容限随颜色的色相而变化的事实。

④ 包含与 BFD 和 Leeds 色差公式中类似的椭圆选择选项，以反映在蓝色区域的色差容限椭圆不指向中心点的现象。

CIE DE 2000 色差公式为

$$\Delta E_{00}=\sqrt{\left(\frac{\Delta L^{'}}{K_{\mathrm{L}}S_{\mathrm{L}}}\right)^2+\left(\frac{\Delta C^{'}}{K_{\mathrm{C}}S_{\mathrm{C}}}\right)^2+\left(\frac{\Delta H^{'}}{K_{\mathrm{H}}S_{\mathrm{H}}}\right)^2+R_{\mathrm{T}}\left(\frac{\Delta C^{'}}{K_{\mathrm{C}}S_{\mathrm{C}}}\right)\left(\frac{\Delta H^{'}}{K_{\mathrm{H}}S_{\mathrm{H}}}\right)} \tag{6-43}$$

其计算过程如下。

首先由式(6-6) 和式(6-9) 计算 L^*、a^*、b^*、C_{ab}^*

然后令

$$L^{'}=L^* \tag{6-44}$$
$$a^{'}=(1+G)a^* \tag{6-45}$$

式中

$$G=0.5\left(1-\sqrt{\frac{\overline{C_{\mathrm{ab}}^{*7}}}{\overline{C_{\mathrm{ab}}^{*7}}+25^7}}\right) \tag{6-46}$$

式中 $\overline{C_{\mathrm{ab}}^*}$——一对样品色 C_{ab}^* 的算术平均值。

$$b^{'}=b^* \tag{6-47}$$
$$C^{'}=\sqrt{a^{'2}+b^{'2}} \tag{6-48}$$
$$h^{'}=\tan^{-1}(b^{'}/a^{'}) \tag{6-49}$$
$$\Delta L^{'}=L_{\mathrm{b}}^{'}-L_{\mathrm{s}}^{'} \tag{6-50}$$
$$\Delta C^{'}=C_{\mathrm{b}}^{'}-C_{\mathrm{s}}^{'} \tag{6-51}$$
$$\Delta H^{'}=2\sqrt{C_{\mathrm{b}}^{'}C_{\mathrm{s}}^{'}}\sin\left(\frac{\Delta h^{'}}{2}\right) \tag{6-52}$$

这里令

$$\Delta h^{'}=h_{\mathrm{b}}^{'}-h_{\mathrm{s}}^{'}$$

式中 下标"s"——颜色对中的标准色；

下标"b"——样品色。

$$S_{\mathrm{H}}=1+0.015\overline{C^{'}}T \tag{6-53}$$
$$T=1-0.17\cos(\overline{h^{'}}-30°)+0.24\cos(2\overline{h^{'}})+0.32\cos(3\overline{h^{'}}+6°)-0.20\cos(4\overline{h^{'}}-63°) \tag{6-54}$$
$$S_{\mathrm{L}}=1+\frac{0.015\times(\overline{L^{'}}-50)^2}{\sqrt{20+(\overline{L^{'}}-50)^2}} \tag{6-55}$$

$$S_C = 1 + 0.045\overline{C'} \tag{6-56}$$

式中　$\overline{L'}$、$\overline{C'}$、$\overline{h'}$——一对色样 L'、C'、h' 的算术平均值。

$$R_T = -\sin(2\Delta\theta)R_C \tag{6-57}$$

$$\Delta\theta = 30\exp\left[-\left(\frac{\overline{h'}-275°}{25}\right)^2\right] \tag{6-58}$$

$$R_C = 2\sqrt{\frac{\overline{C'^7}}{\overline{C'^7}+25^7}} \tag{6-59}$$

最后，由式(6-43)计算色差值。

在计算 $\overline{h'}$ 时，如果两个颜色的色相处于不同的象限，就需要特别注意，以免出错。如某颜色样品对中标准色和样品色的色相角分别为 90°和 300°，则直接计算出的算术平均值为 195°，但是正确的应该是 15°。实际计算时，可以从两个色相角之间的绝对差值来检查，如果该差值小于 180°，那么应该直接采用算术平均值，否则（差值大于 180°），需要先从较大的色相角中减去 360°，然后再计算算术平均值。因此，在上述示例中，对于样品色先计算 300°−360°＝−60°，然后计算平均值为 15°。

CIE DE 2000 色差公式的宽容量椭圆如图 6-19 所示。

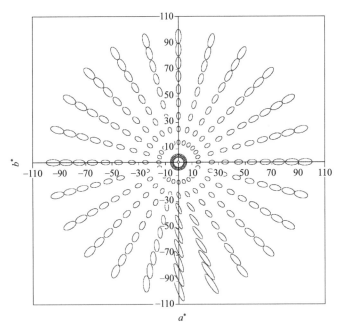

图 6-19　CIE DE 2000 色差公式的宽容量椭圆

以上基于对 CIE LAB 公式改良的近期色差公式在数学上均采用椭球方程或其变形，并于椭球的边界来表示颜色的宽容量范围，再引入不同的参数来调节 3 个色差 ΔL、ΔC、ΔH 在总色差 ΔE 中的权重，以提高色差计算结果与目视评判的一致性。同时，所有这些公式都无一例外地建立在目视比较经验评色数据的基础之上。尽管有不少科学家提议从颜色的视觉机理出发，建立符合人眼视觉特征的真正的均匀颜色空间及其色彩评价模型，然而，迄今没有这样的颜色系统被提出。

复习思考题

1. 推导公式 $\Delta H_{ab}^* = 2\ (C_{ab1}^* C_{ab2}^*)^{1/2} \sin\dfrac{\Delta h_{ab}^*}{2}$。

2. 推导公式 $\Delta H_{uv}^* = 2\sqrt{C_{uv,1}^* C_{uv,2}^*}\ \sin\dfrac{\Delta h_{uv}^*}{2}$。

3. 已知两颜色样品的色度值为：$Y_1 = 76.79$，$x_1 = 0.4480$，$y_1 = 0.3478$；$Y_2 = 75.67$，$x_2 = 0.4621$，$y_2 = 0.4090$，试按照 2° 视场和 D50 光源计算两颜色的总色差 ΔE_{ab}^* 和 ΔE_{uv}^*，色相差 ΔH_{ab}^* 和彩度差 ΔC_{ab}^*，并说明两颜色的外貌差异。

4. 4 个孟塞尔新色样的数据如表 6-2 所示，其中 Y、x、y 是在 C 光源下测量的结果。

① 颜色 1 和颜色 2 的差别量与颜色 3 和颜色 4 的差别量在视觉上是否相同，为什么？

② 分别计算颜色 1 和颜色 2 的色差 $\Delta E_{ab,12}^*$、颜色 3 和颜色 4 的色差 $\Delta E_{ab,34}^*$，$\Delta E_{ab,12}^*$ 和 $\Delta E_{ab,34}^*$ 是否相同，说明什么问题？

③ 用计算工具分别根据表 6-2 中的数据计算 $\Delta E_{00,12}$、$\Delta E_{00,34}$、$\Delta E_{CMC,12}$、$\Delta E_{CMC,34}$、$\Delta E_{94,12}$、$\Delta E_{94,34}$，结果是否相同，为什么？

表 6-2　4 个孟塞尔新色样的数据

颜色序号	色相	明度	彩度	Y	x	y
1	5Y	5	6	19.77	0.4302	0.4435
2	7.5Y	5	6	19.77	0.4199	0.4551
3	7.5YG	5	10	19.77	0.3451	0.5490
4	10YG	5	10	19.77	0.3028	0.5237

第七章　计算机的色彩

计算机的色彩也叫数字色彩，是色彩学的一种新的体系和形式，当人类进入信息社会以后，艺术色彩学也不可避免地被卷入数字化的潮流。计算机的色彩是理论基础和传统的色彩基础一致，同时结合技术二值化、信息传输等特点出现新的特征。

第一节　显色设备

一、CRT 显示器

CRT 显示器是最早使用的显示器，技术成熟，价格便宜，寿命长，可靠性高。CRT（cathode ray tube，阴极射线显像管）的核心部件是 CRT 显像管（即阴极射线管），主要有电子枪（electron gun）、偏转线圈（deflection coils）、荫罩（shadow mask）、高压石墨电极和荧光粉层（phosphor）及玻璃外壳五部分组成，其中电子枪是显像管的核心部件，如图 7-1 所示。它是应用最广泛的显示器之一，CRT 纯平显示器具有可视角度大、无坏点、色彩还原度高、色度均匀、可调节的多分辨率模式、响应时间极短等优点，但目前已逐步被 LCD、LED 显示器替代。

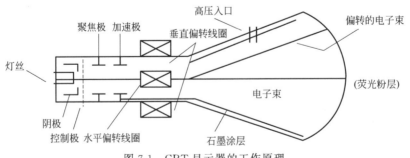

图 7-1　CRT 显示器的工作原理

CRT 显示器是靠电子束激发屏幕内表面的荧光粉来显示图像的，由于荧光粉被点亮后很快会熄灭，所以电子枪必须循环地不断激发这些点。

CRT 显示器是典型的基于三色学说的原理，首先，在荧光屏上涂满了按一定方式紧密排列的红、绿、蓝三种颜色的荧光粉点或荧光粉条，称为荧光粉单元，相邻的红、绿、蓝荧光粉单元各一个为一组，学名称为像素。每个像素中都拥有红、绿、蓝（R、G、B）三基色，如彩色插页图 7-2 所示。

CRT 显示器用电子束来进行控制和表现三原色原理。电子枪工作原理是由灯丝加热阴极，阴极发射电子，然后在加速极电场的作用下，经聚焦极聚成很细的电子束，在阳极高压作用下，获得巨大的能量，以极高的速度去轰击荧光粉层。这些电子束轰击的目标就是荧光屏上的三基色。因此，电子枪发射的电子束不是一束，而是三束，它们分别受电脑显卡 R、G、B 三个基色视频信号电压的控制，去轰击各自的荧光粉单元。受到高速电子束的激发，这些荧光粉单元分别发出强弱不同的红、绿、蓝三种光。根据加色法原理，就可以得到各种不同的颜色。通常实现扫描的方式很多，如直线式扫描、圆形扫描、螺旋扫描等。其中，直线式扫描又可分为逐行扫描和隔行扫描两种。事实上，在 CRT 显示系统中两种都有采用。逐行扫描是电子束在屏幕上一行紧接一行从左到右的扫描方式，是比较先进的一种方式。而隔行扫描中，一张图像的扫描不是在一个场周期中完成的，而是由两个场周期完成的，如图 7-3 所示。无论是逐行扫描还是隔行扫描，为了完成对整个屏幕的扫描，扫描线并不是完全水平的，而是稍微倾斜的。因此电子束既要做水平方向的运动，又要做垂直方向的运动。前者形成一行的扫描，称为行扫描；后者形成一幅画面的扫描，称为场扫描。

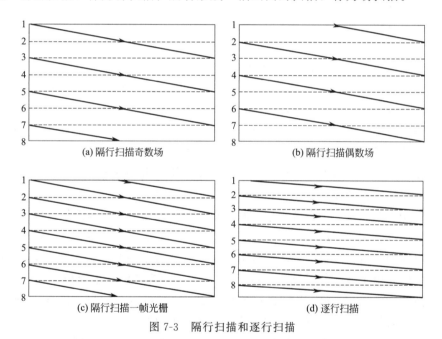

图 7-3　隔行扫描和逐行扫描

至于画面的连续感，则是由场扫描的速度决定的，场扫描越快，形成的单一图像越多，画面就越流畅。而每秒可以进行多少次场扫描通常是衡量画面质量的标准，通常用帧频或场频（单位为 Hz，赫兹）表示，帧频越大，图像越有连续感。24Hz 场频是保证对图像活动内容的连续感觉，48Hz 场频是保证图像显示没有闪烁的感觉，这两个条件同时满足，才能显示出效果良好的图像。

二、LCD 显示器

LCD 是 liquid crystal display 的缩写，它是液晶显示器的英文名称，LCD 具有节能、辐射低、无几何失真与线性失真、可视面积大、画质精细、体积小、重量轻、占用地方小、不会因供电不足导致画面色彩失真等优点。目前，其原来存在的可视偏转角度小、影像拖尾现象、视角小等问题已经得到了解决，因此 LCD 得到了普及。LCD 的分类标准比较多，按驱动方式可以分为被动矩阵式和主动矩阵式两种。被动矩阵式 LCD 又可分为 TN-LCD(twisted nematic-LCD，扭曲向列 LCD，彩色插页图 7-4)，STN-LCD(super TN-LCD，超扭曲向列 LCD) 和 DSTN-LCD(double layer STN-LCD，双层超扭曲向列 LCD)。目前应用比较广泛的主动矩阵式 LCD，也称 TFT-LCD(thin-filmtransistor liquid-crystal display，薄膜晶体液晶显示器)。由于 TFT-LCD 具有体积小、重量轻、低辐射、低耗电量、全彩化等优点，因此在各类显示器材上得到了广泛的应用。

1. 液晶的光电特性

由于液晶分子的结构为异方性（anisotropic），所以其引起的光电效应会因为方向不同而有所差异，简单地说，就是液晶分子的介电系数和折射系数等光电特性都具有异方性，因而可以利用这些性质来改变入射光的强度，以便形成灰阶，并应用于显示器组件上。液晶特性中最重要的参数就是液晶的介电系数与折射系数。介电系数是液晶受电场的影响决定液晶分子转向的特性，而折射系数则是光线穿透液晶时影响光线行进路线的重要参数。液晶显示器就是利用液晶本身的这些特性，适当利用电压控制液晶分子的转动，进而影响光线的行进方向，形成不同的灰阶，作为显示影像的工具。

在液晶显示中，偏光板（polarizer）也起着重要的作用。光也是一种波动，而光波的行进方向与电场及磁场是互相垂直的。同时光波本身的电场与磁场分量，彼此也是互相垂直的。也就是说行进方向与电场及磁场分量，彼此是两两互相平行的。而偏光板的作用就像是栅栏，它会阻隔掉与栅栏垂直的分量，只准许与栅栏平行的分量通过。所以将一片偏光板对着光源看，会感觉像是戴了太阳眼镜，光线变得较暗。但是如果把两片偏光板叠在一起，那就不一样了。当旋转两片偏光板的相对角度，会发现随着相对角度的不同，光线的亮度会越来越暗。当两片偏光板的栅栏角度互相垂直时，光线就完全无法通过了，而液晶显示器就是利用这个特性制作的。先在上下两片栅栏互相垂直的偏光板之间充满液晶，再利用电场控制液晶转动，从而改变光的行进方向，如此一来，不同的电场大小就会形成不同灰阶亮度。

当不加电极的时候，入射的光线经过下层偏光板（起偏器）时，会剩下单方向的光波，通过液晶分子时，由于液晶分子总共旋转了 90°，所以当光波到达上层偏光板时，光波的极化方向恰好转了 90°。下层偏光板与上层偏光板之间的角度也是恰好相差 90°。所以光线可以顺利通过。这时如果光打在红色的滤光片上，就显示为红色。

当加上电极后（最大电极），液晶分子受到电场的影响，都站立着，光路没有改变，光就无法通过上层偏光板，也就无法显示。

2. TFT-LCD 的原理

诞生于 20 世纪 60 年代的 TFT-LCD 技术经过近 30 年的不断发展和改良，于 1991 年由日本企业率先正式应用于商业化笔记本电脑，逐步取代传统的 CRT 显示产品，开创了平板显示的新时代。TFT-LCD 具有色彩逼真、画质清晰、轻薄节能等优点，在许多领域都有着广泛的应用。

TFT-LCD 的结构如彩色插页图 7-5 所示。背光板模组提供光的来源；前后偏光片，薄膜、玻璃基板和液晶则形成偏振光，控制光线是否通过；彩色滤色片提供 TFT-LCD 红、绿、蓝（光的三原色）的来源。

3. 彩色滤光片的原理

用放大镜在显示器上观察，就能看得到很多规则排列的红、绿、蓝方格，如彩色插页图 7-6 所示。

彩色滤光片像素矩阵的常见排列方式有四种，分别是马赛克、直条式、三角形式、正方形式，如彩色插页图 7-7 所示。

通过控制对应像素的控制电极就可以控制在该像素位置是否显示颜色，根据色光三原色的原理，就可以在显示器上再现各种各样的颜色。

4. LCD 的技术指标

（1）尺寸

LCD 显示器（即 LCD 屏）的对角线尺寸一般有以下几种：14″、15″、15.1″、17″、17.1″。

（2）点距

水平点矩是指每个完整像素（含 R、G、B）的水平尺寸，垂直点距是指每个完整像素的垂直尺寸。例如采用 1024×768 个像素的 LCD 屏，尺寸为 15″（304.1mm×228.1mm），则水平点距＝304.1÷1024＝0.297(mm)，垂直点距＝228.1÷768＝0.297(mm)。

（3）分辨率、刷新率（场频）、行频、信号模式

LCD 屏的分辨率是指液晶屏制造所固有的像素的列数和行数，如 1024×768（多为 15″，能满足 XGA 信号模式要求）和 800×600（多为 14″，能满足 SVGA 信号模式要求）。分辨率越高，清晰度越好。

刷新率是指显示器的场频。刷新率越高，显示图像的闪动就越小。

LCD 显示器的最高场频和最高行频主要由液晶屏的技术参数决定。例如，有的 LCD 屏允许的最高行频为 80kHz、最高场频为 75Hz。

在 LCD 显示的分辨率、行频和刷新率确定后，其接收的最高信号模式就明确了，LCD 显示器一般有以下 2 种产品。

15″XGA　　　1024×768　　　75Hz　　　60kHz　（行频 60kHz、场频 75Hz）
17″SXGA　　　1280×1024　　　75Hz　　　80kHz　（行频 80kHz、场频 75Hz）

（4）对比度

对比度是表现图像灰度层次的色彩表现力的重要指标，一般为 200：1～400：1，越大越好。

（5）亮度

亮度是表现 LCD 显示器屏幕发光程度的重要指标，亮度越高，对周围环境的适应能力就越强。一般为 $150 \sim 350 \mathrm{cd/m^2}$，越大越好。

（6）显示色彩

LCD 显示器的色彩显示数目越高，对色彩的分辨力和表现力就越强，这是由 LCD 显示器内部的彩色数字信号的位数（bit）决定的。本显示器内采用 R(8bit)、G(8bit)、B(8bit) 的数字信号，则显示色彩数目为 $2^8 \times 2^8 \times 2^8 = 2^{24} \approx 16.7M$。

（7）响应时间

由于液晶材料具有黏滞性，对显示有延迟，响应时间就反映了液晶显示器各像素点的发光对输入信号的反应速度。它由两个部分构成：一个是像素点由亮转暗时对信号的延迟时间

t_r（又称为上升时间）；另一个是像素点由暗转亮时对信号的延迟时间 t_f（又称为下降时间），而响应时间为两者之和，一般要求小于 50ms。

（8）可视角度

可视角度是指站在距 LCD 屏表面垂线的一定角度内仍可清晰看见图像的最大角度，越大越好。

三、投影仪

投影仪又称投影机，是一种可以将图像或视频投射到幕布上的设备。投影仪目前广泛应用于家庭、办公室、学校和娱乐场所，根据工作方式不同，它有 CRT、LCD、DLP 等不同类型。

1. CRT 投影仪

CRT(cathode ray tube，阴极射线显像管）是实现最早、应用最为广泛的一种显示技术，CRT 投影仪也叫三枪投影仪，其工作原理与 CRT 显示器相同，它通过把输入的信号源分解到 R（红）、G（绿）、B（蓝）三个 CRT 管的荧光屏上，在高压作用下，发光信号放大、会聚在大屏幕上显示出彩色图像。CRT 投影的优点是分辨率高、对比度好、色彩饱和度佳、对信号的兼容性强，技术十分成熟。缺点同样很明显，就是亮度较低，操作复杂，体积庞大，对安装环境要求较高。目前市面上已经很少能够看到 CRT 投影仪了。

2. LCD 投影仪

LCD 液晶投影仪是液晶显示技术和投影技术相结合的产物，它利用了液晶的电光效应，通过电路控制液晶单元的透射率及反射率，从而产生不同灰度层次及多达 1670 万种色彩的靓丽图像。

LCD 投影仪的主要成像器件是液晶板，液晶板的大小也决定了投影仪体积的大小，液晶板越小，投影仪的体积也就越小。液晶板使用的是活性液晶，通过相关控制系统来控制液晶板的亮度和颜色。而 LCD 投影仪的像素单元是液晶板上的液晶单元，液晶板一旦选定，分辨率就基本确定了，后期很难进行调整。

LCD 投影仪按内部液晶板的片数可分为单片式和三片式两种，现代液晶投影仪大多采用 3 片式 LCD 板（也就是常见的 3LCD）。3LCD 投影仪最大的特点就是色彩好，3LCD 技术通过将灯泡发出的光分解成 R（红）、G（绿）、B（蓝）三种颜色的光，并使其分别透过各自的液晶面板（HTPS 方式）赋予形状和动作，最后形成图像，如图 7-8 所示。从用户实际感受的角度来看，3LCD 投影仪的图像看上去更清晰，噪点更少，色彩还原也更精准。

3. DLP 投影仪

DLP(digital light processor，数字光处理器）投影仪是一种光学数字化反射式投射设备。DLP 投影仪的关键成像器件是 DMD(digital micromirror device，数字微透镜装置)，它是通过二位元脉冲控制的半导体元件，该元件具有快速反射式数字开关功能，能够准确地控制光源。

采用 DLP 技术的投影仪实际上是一种基于 DMD 技术的全数字反射式投影设备。一片 DMD 是由许多个微小的正方形反射镜片（简称微镜）按行列紧密排列在一起并贴在一块硅晶片的电子节点上形成的，每一个微镜对应着一个像素点，也就是说 DMD 装置的微镜数目越

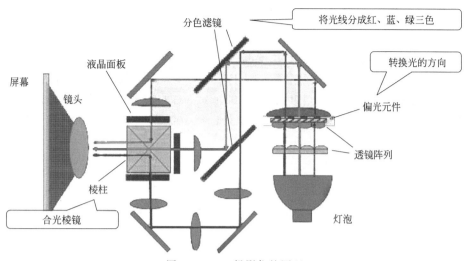

图 7-8　LCD 投影仪的原理

多，这台投影仪的物理分辨率就越高，如图 7-9 所示。例如，DLP 投影仪的分辨率为 600×800，那么 DMD 装置上的微镜数目就有 600×800＝480000 个，数量还是十分庞大的。

DLP 投影仪采用微镜滤光技术，在形成图像时，光束没经过过滤，能量没有减少，投影图像信息基本没有损失。同时配合独特的光学架构与高品质的光学镜头设计，DLP 投影仪在清晰度、色彩还原性以及亮度等方面优势明显。由于 DLP 的光学路径简单、体积小，深受微型投影仪市场的青睐，这正是微型投影仪体积越做越小的关键。

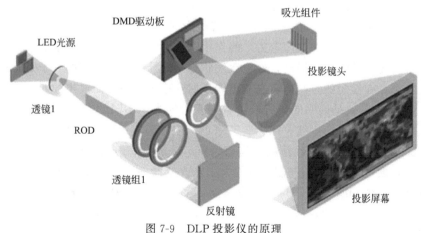

图 7-9　DLP 投影仪的原理

4. 投影仪的主要技术指标

（1）流明（亮度）

流明（Lumens）是投影仪的主要技术指标之一，通常以光通量表示。流明值越高，表示越亮，明亮度越高，则在投影时就不需要关灯。

（2）分辨率

投影分辨率的选择，可按实际投影内容决定购买何种档次的投影仪，若所演示的内容以一般教学及文字处理为主，则选择 SVGA（800×600），若演示精细图像（如图形设计），则要选购 XGA（1024×768）。由于现在笔记本和台式机的主流分辨率都已达到 XGA（1024×

768）的标准，建议在预算允许的情况下尽量选购 XGA（1024×768）分辨率的投影仪。

（3）对比度

大多数 LCD 投影仪产品的标称对比度都在 400∶1（ANSI）左右，而大多数 DLP 投影仪的标称对比度都在 1500∶1（全白/全黑）以上。对比度越高，投影仪价格越高。如果仅仅用投影仪演示文字和黑白图片，则对比度在 400∶1 左右的投影仪就可以满足需要。如果用来演示色彩丰富的照片和播放视频动画，则最好选择 1000∶1 以上的高对比度投影仪。

四、其他平板显示技术

除 TFT-LCD 外，平板显示技术还包括有机发光二极管（organic light emitting diode，OLED）显示、量子点发光二极管（quantum dot light emitting diode，QLED）显示、微发光二极管（micro-LED）显示等新型显示技术。

1. OLED 显示技术

（1）OLED 显示技术概述

OLED 与 TFT-LCD 从原理上讲有着本质的区别，LCD 是依赖背光面板，而 OLED 是自发光。OLED 因为可以自发光，屏幕更加薄，减少电量需求，同时 OLED 的延展性更好，对于手机逐渐普及的全面屏来说，OLED 是大势所趋。

OLED 典型部件有源矩阵有机发光二极管 AMOLED（active matrix organic light emitting diode）显示的基本结构如图 7-10 所示。在玻璃基板上通过喷墨打印、有机气相沉积或真空热蒸发等工艺，形成阳极、空穴传输层、有机发光层、电子传输层和阴极。当对 OLED 器件施加电压时，金属阴极产生电子，ITO 阳极产生空穴，在电场力的作用下，电子穿过电子传输层，空穴穿过空穴传输层，两者在有机发光层相遇，电子和空穴分别带正电和负电，它们相互吸引，在吸引力（库仑力）的作用下被束缚在一起，形成了激子。激子激发发光分子，使得发光分子的能量提高，处于激发状态，而处于激发状态的分子是不稳定的，它想回到稳定状态，在极短的时间内，它放出能量回到稳定状态，而放出的能量就以光子的形式发出。由于 ITO 阳极是透明的，所以可看到发出的光。不同的有机发光材料发出不同颜色的光，依配方不同，可产生红、绿、蓝三原色，构成基本色彩。AMOLED 的每个像素都配备具有开关功能的低温多晶硅薄膜晶体管（low temperature poly-si thin film transistor，LTP-Si TFT），通过 TFT 开关控制电流的大小来改变器件发光亮度，从而实现对每个像素点的精确控制。每个 OLED 显示单元（像素点）都能产生 3 种不同颜色的光，从而实现彩色显示。

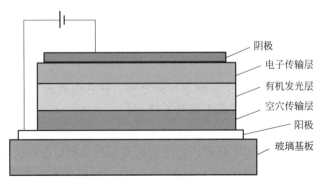

图 7-10　AMOLED 显示的基本结构

OLED 目前主要应用于智能手机、家用电器、电视，以及包括智能手表、VR 设备等产品，其中在智能手机中的应用占比最高，超过 70%，并有进一步扩大的趋势。

（2）OLED 显示技术的新进展

① 柔性 OLED 显示。柔性 OLED 即柔性屏幕，其制作工艺相对特殊，材质较轻，超薄的外形能够使其稳定地附着于塑料材质或金属物体表面。若改用塑料作为材料，则显示屏的质量更轻、耐磨性更强、弯折性更好。柔性屏幕的整体材料表面具有明显的凹陷，整体呈弯曲的 C 字形，弯折程度距离最高为 70cm，材料不会出现开裂、缝隙，材质相对稳定。值得注意的是，虽然柔性屏幕因材质相对特殊可实现大幅度弯曲，但却不能实现整体的折叠，塑料材质因其脆弱性难以满足折叠需求。柔性 OLED 的关键性优势在于其的可挠性上，实现"柔性"显示，增加了传统显示屏的应用场景和想象空间。目前对于智能手机 LCD 屏幕的迭代是 OLED 屏幕增长的主要驱动力。

② OLED 全面屏。随着超高速 4G 以及将要到来的 5G 手机网络普及，智能手机已经成为内容创造和产品消费的主要设备来源，这也推动了人们对于更大屏幕的追求。小米因此提出了全面屏的概念，小米的全面屏采用了三面极窄设计，甚至摒弃了距离感应孔和扬声器开孔，前摄也被放在机身下方，这使得它拥有惊人的屏占比。随后三星给出了另一种答案，采用了上下窄边的曲面屏设计，通过 OLED 曲面设计让两边甚至达到了无边框的效果。全面屏相比普通屏幕视觉效果更具冲击力，显示效果也更加惊艳。目前 18：9 的曲面屏手机让机身看上去更加修长，握持感也更加出色。同时得益于全面屏的设计，手机也拥有了更大显示面积。全面屏可以让手机在保持屏幕尺寸不变的情况下机身更小，或者是机身不变的情况下屏幕更大。

2. QLED 显示的结构及原理

QLED 显示属于自发光显示技术，其基本结构如图 7-11 所示，与 OLED 技术非常相似，它由玻璃基板、阳极、空穴传输层、量子点发光层、电子传输层、阴极等组成。量子点是一种无机半导体纳米晶体，量子点发光层夹在电子传输层和空穴传输层之间，外加电场使电子和空穴移动到量子点发光层中，它们在这里被捕获到量子点发光层中并且重组，从而发射光子。通过控制无机物成分和颗粒尺寸等性状来显示不同的颜色，从而实现画面显示功能的一种应用。

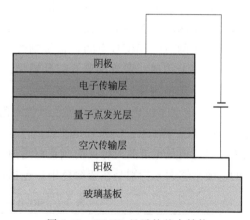

图 7-11 QLED 显示的基本结构

3. micro-LED 显示的结构及原理

micro-LED 显示属于自发光显示技术。如彩色插页图 7-12 所示，micro-LED 显示的结构是微型化 LED 阵列，也就是将 LED 结构设计进行薄膜化、微小化以及阵列化后，然后将 micro-LED 巨量转移到电路基板上，再利用物理沉积技术生成电极及保护层，形成微小间距的 LED。micro-LED 的尺寸仅为 $1 \sim 10 \mu m$ 等级，是目前主流 LED 大小的 1%，每一个 micro-LED 可视为一个像素，同时它还能够实现对每个像素的定址控制、单独驱动发光自发光。micro-LED 的典型结构是一个 PN 结面接触型二极管，由直接带隙半导体材料构成，当对 micro-LED 施加正向偏压，致使电流通过时，电子、空穴对于主动区复合，发出单色光。micro-LED 阵列经由垂直交错的正、负栅状电极连结每一颗 micro-LED 的正、负极，通过电极线的依序通电，以扫描方式点亮 micro-LED 显示影像。

第二节　图像色彩模式

一、色彩模式

1. RGB 颜色

RGB 是最常用的色彩模式，也被称为真彩色模式，RGB 分别代表红、绿、蓝三原色，每一个颜色代表一个通道。24 位（8 位/通道）的 RGB 模式下，每个像素占用 3 个字节（每个字节 8 位，每个像素共 24 位），R、G、B 的范围是 0~255（黑色至白色），颜色为纯白色时，RGB 值都是 255，黑色的 RGB 值都是 0。在该模式下，符合色光加色法的越加越亮的特点，RGB 值越大，颜色也就越亮。24 位 RGB 图像最多可以表示 1670 万（2^{24}）多种颜色，为了提高图像色彩的表现力，又有了 48 位（16 位/通道）和 96 位（32 位/通道）的图像，色彩更加丰富且饱满。RGB 是设备相关的色彩模式，按照色域不同，又可以分为 sRGB、Adobe RGB、Apple RGB、ColorMatch RGB、Pro PhotoRGB、Wide Gamut RGB 等。

（1）sRGB

sRGB 是惠普和微软 1996 年合作创建的用于显示器、打印机和互联网的 RGB 色彩空间，随后由 IEC 标准化为 IEC 61966-2-1：1999。它通常被用作图像的"默认"颜色空间，特别是如果图像被存储为 8 位整数时。sRGB 也称互联网标准色空间，与普通个人电脑显示器的特性相匹配，普通电脑显示器一般无法再现超过 sRGB 空间色域的图像。一般的 JPEG 文件所采用的就是 sRGB 空间，被摄物过于鲜艳，色彩有溢出的可能。拍摄后不进行后期处理，只是网上传递、屏幕浏览、打印输出或不需要制版印刷时，应使用 sRGB 色彩空间。但不建议用于印前制作，因为其色域受限。

sRGB 定义了红色、绿色和蓝色原色的色度，如表 7-1 所示，sRGB 的色域是三角形。与其他 RGB 色域一样，R、G 和 B 是非负值，也不可能表示该三角形之外的颜色，它所表达的颜色完全在三色视觉正常的人可见的颜色范围内。印刷出版专业人员有时会避免使用 sRGB，因为它的色域不够大，特别是在蓝绿色中，包括可以在 CMYK 印刷中再现的所有颜色。

表 7-1　sRGB 色域的三原色和白点色度

原色	色度	
	x	y
红	0.640	0.330
绿	0.300	0.600
蓝	0.150	0.060
白点	0.3127	0.329

 sRGB 还定义了原色与实际存储的数据之间的非线性变换。该曲线类似于 CRT 显示器的伽马响应。这种非线性变换意味着 sRGB 可以合理有效地使用基于整数的图像文件中的值来显示人类可辨别的光照水平。与大多数 RGB 颜色空间不同，sRGB 伽马值不是单个数值。整体伽马值约为 2.2，由黑色附近的线性（伽马 1.0）部分和其他地方的指数为 2.4 及伽马（对数输出的斜率与对数输入）从 1.0 变化到约 2.3 的非线性部分组成。线性部分的没有斜率，可能导致数值问题。

 IEC 61966-2-1：1999 是官方正式的 sRGB 规范，它同时定义了 CIE Yxy 和 sRGB 的变换。

 从 CIE Yxy 或者 CIE XYZ 到 sRGB 的前向变换步骤如下。

 ① 从 CIE Yxy 坐标系计算 sRGB 中的三原色时，首先需要将它变换到 CIE XYZ 三值模式。

$$X = \frac{x}{y}Y \tag{7-1}$$

$$Z = \frac{1-x-y}{y}Y \tag{7-2}$$

$$\begin{bmatrix} R_{\text{linear}} \\ G_{\text{linear}} \\ B_{\text{linear}} \end{bmatrix} = \begin{bmatrix} 3.2410 & -1.5374 & -0.4986 \\ -0.9692 & 1.8760 & 0.0416 \\ 0.0556 & -0.2040 & 1.0570 \end{bmatrix} \begin{bmatrix} X \\ Y \\ Z \end{bmatrix} \tag{7-3}$$

 式中，R_{linear}，G_{linear}，B_{linear} 的取值范围为 [0, 1]。

 ② sRGB 是反映真实世界 gamma 为 2.2 的典型显示器的效果，因此使用下面的变换公式将线性值转换到 sRGB。设 C_{linear} 为 R_{linear}、G_{linear} 或者 B_{linear}，C_{srgb} 为 R_{srgb}、G_{srgb} 或者 B_{srgb}，则

$$C_{\text{srgb}} = \begin{cases} 12.92C_{\text{linear}}, & C_{\text{linear}} \leqslant 0.0031308 \\ (1+a)(C_{\text{linear}})^{1/2.4} - a, & C_{\text{linear}} > 0.0031308 \end{cases} \tag{7-4}$$

 式中，$a = 0.055$。

 ③ 这些经过 gamma 校正的值的范围为 0~1。如果需要 0~255 的取值范围，如用于视频显示或者 8 位图形，通常将它乘以 256，然后取整。

 逆向变换步骤如下。

 假设 sRGB 分量 R_{srgb}、G_{srgb}、B_{srgb} 的取值范围为 0~1，则

$$C_{\text{linear}} = \begin{cases} \dfrac{C_{\text{srgb}}}{12.92}, & C_{\text{srgb}} \leqslant 0.04045 \\ \left(\dfrac{C_{\text{srgb}}+a}{1+a}\right)^{2.4}, & C_{\text{srgb}} > 0.04045 \end{cases} \tag{7-5}$$

 由此可得
$$\begin{bmatrix} X \\ Y \\ Z \end{bmatrix} = \begin{bmatrix} 0.4124 & 0.3576 & 0.1805 \\ 0.2126 & 0.7152 & 0.0722 \\ 0.0193 & 0.1192 & 0.9505 \end{bmatrix} \begin{bmatrix} R_{\text{linear}} \\ G_{\text{linear}} \\ B_{\text{linear}} \end{bmatrix} \tag{7-6}$$

（2）Adobe RGB

Adobe RGB 是 Adobe 公司于 1998 年推出的色彩空间标准，它拥有宽广的色彩空间和

良好的色彩层次表现，Adobe RGB 包含了 sRGB 所没有完全覆盖的 CMYK 色彩空间，这使得 Adobe RG8 色彩空间在印刷等领域具有更明显的优势。另外，Adobe RGB 包含用 Lab 定义的可视颜色的大约 50%，相当于 sRGB 空间在青-绿区域的色域变大了，由于其包含 CMYK 色彩空间，为以后在输出及分色时留有极大优势和方便，可以更好地还原原稿的色彩，适用对图像要求较高的商业印刷等。Adobe RGB 色域如彩色插页图 7-13 所示，它的色域大约为 CIExy 色域的 52.10%。

在 Adobe RGB 中，颜色用 R、G、B 定义，每个分量的范围为 0～1。在显示器上显示时，要明确白点（1、1、1）、黑点（0、0、0）、三原色（1、0、0）等。而且，显示器的白点应该是 $160cd/m^2$，黑点为 $0.5557cd/m^2$，对比度达到 287.9。环境照明应该在 32lx。

对应于 D65，Adobe RGB 三原色和白点的色度如表 7-2 所示。

表 7-2　Adobe RGB 三原色和白点的色度

颜色	x	y
红	0.640	0.330
绿	0.210	0.710
蓝	0.150	0.060
白	0.3127	0.329

为了评估成像系统的色彩复制、图像输出设备、图像处理算法等，ISO 12640-4 给出了高分辨率、每通道 16 位的 Adobe RGB 模式图像，并提供了每一幅图像的色域图，有兴趣的可以查阅使用。

（3）Apple RGB

Apple RGB 的色域与 sRGB 属于同一档，两者都是采用较窄的色域范围。Apple RGB 主要是基于 Apple Trinitron 彩色显示器，对于不使用这种显示器的人来说，不建议使用这个色彩空间。

（4）Color Match RGB

Color Match RGB 的色域比 Adobe RGB 色域要小，但是却比 sRGB 和 Apple RGB 的色域大，它是一种保证颜色质量的业界标准，也是颜色业界中的知名空间，这个空间中也包含了 CMYK 打印色域。对于主要使用 CMYK 打印的人来说，仍应使用宽色域色彩空间创建图像的主控文档，在准备输出时才将其转换至 CMYK，这要比一开始就工作在 CMYK 色域中要好得多。

（5）ProPhoto RGB

ProPhoto RGB（彩色插页图 7-14）是一种色域非常宽的工作空间，其色域比 Adobe RGB 大得多。这是 Eastman Kodak 提出的一种规范，用于描述某些 Ektachrome 正片能够重现的各种饱和度非常高的颜色。以前，在大多数情况下不推荐将其用作工作空间（Ektachrome 正片的高端扫描照片除外），因为其色域比大多数捕捉和输出设备大得多。由于其色域较大，在需要尽可能多地保留颜色信息时，ProPhoto RGB 非常适用于处理数码相机生成的原始数据文件。从这种意义上说，它是一种非常理想的"存档"工作空间，让图像能够充分利用在不久的将来很可能出现的大色域打印机。

（6）Wide Gamut RGB

Wide Gamut RGB 也称为 Adobe Wide Gamut RGB，是更大的 RGB 空间，以致当前绝

大多数显示器都无法完整地显示它，如彩色插页图 7-15 所示，其三原色色度如表 7-3 所示。尽管 Wide Gamut RGB 要比 Adobe RGB（1998）大很多，但它仍处在 CIE Lab 色域之内，然而 ProPhoto RGB 比 Wide Gamut RGB 还要大，甚至某些部分已超越了 Lab 色域范围，该空间涵盖各类的照相感光材料，适用于各种输出设备，包括高保真色彩的应用程序，它的灰度系数为 1.8，白点色温是 5000K。Adobe 的 Camera Raw 转换器也使用线性伽马值的 ProPhoto RGB 的原色来处理数据，公认的原始数据转换器的领军程序 Capture One PRO 同样提供这种数据处理方式。

表 7-3　Wide Gamut RGB 三原色色度

颜色	CIE x	CIE y
红	0.7347	0.2653
绿	0.1152	0.8264
蓝	0.1566	0.0177
白点	0.3457	0.3585

2. 灰度

灰度模式中只存在灰度，在计算机中一般用 8 位表示，因此最多可以达到 256 级灰度，当一个彩色文件被转换为灰度模式的文件时，Photoshop 会将图像中的色相及饱和度等有关色彩的信息消除掉，只留下亮度信息。尽管 Photoshop 允许将一个灰度文件转换为彩色模式文件，但已经不可能将原来的颜色恢复回去了，所以在转换前应该做一个备份。

可以将图像从任何一种色彩模式转为灰度模式，也可以将灰度模式转为任何一种色彩模式。尤其是要从彩色模式转为双色调模式或位图模式，必须先转换为灰度模式，然后再由灰度模式转换为双色调模式或位图模式。

3. 位图

位图（bitmap）有两个含义：一是指点阵图像，是由称作像素的单个点组成的图像，与之相对应的概念是图形。图形是指在一个二维空间中可以用轮廓划分出若干的空间形状，图形是空间的一部分，不具有空间的延展性，它是局限的可识别的形状，位图放大后，在图像轮廓边缘就会出现锯齿边，进一步放大可以看见赖以构成整个图像的无数单个像素，图形放大后，轮廓边缘依然保持原有的清晰。二是指 Photoshop 的位图模式，用来表示最简单的黑白图，即每个像素占用 1 位，非黑即白。但是，尽管图像中只包含黑色和白色，但透过像素的疏密排列，仍可将图像组合成近似视觉上的灰度图。

需要注意的是，只有灰度图像或多通道（multichannel）图像才能转换化为 bitmap 图像，其他色彩模式的图像文件必须先转换成这两种模式，然后再转换成 bitmap 模式。在 Photoshop 中，转换时会提示设置文件的输出分辨率和转换方式，转换方式（method）主要有以下几种。

① 50%threshold（临界值）。大于 50% 灰度的像素将变为黑色，而小于或等于 50% 灰度的像素将变为白色。

② pattern dither（图像抖动）。图像抖用使用一些随机的黑、白像素点来抖动图像，用这种方式生成的图像很难看，而且像素之间几乎没有什么空隙。

③ diffusion dither（扩散抖动）。扩散抖动用于生成一种金属版效果。它将采用一种发

散过程来把一个像素改变成单色，此结果是一种粒状的效果，当使用低分辨率的激光打印机输出时图像会变暗。

④ halftone screen（半调网屏）。半调网屏能够产生一种半色调网版印刷的效果，可以设定网线数为 85～200lpi，报纸通常用 85lpi，彩色杂志通常用 133～175lpi，网角可设为 −180°～180°，连续色调或半色调网版通常使用 45°网角。

⑤ custom pattern（自定义图案）。自定义图案转换方法允许把一个定制的图案（用 edit 菜单中 define pattern 命令定义的图案）加到位图图像上。在这里选用 custom pattern，得到一个黑白纹路的效果。

注意：当将图像转换到 bitmap 模式后，不但有许多编辑方式将无法执行，而且也不能将 bitmap 图像再复原到灰度模式时的图像。因此在转换之前最好做一个备份，否则一旦出现问题，则悔之晚矣。

4. CMYK 颜色

CMYK 的模式是基于色料减色法的色彩模式，在印刷行业广泛应用。CMYK 模式是四通道的，每个通道代表一种颜色的油墨，即分别为青（C）、品（M）、黄（Y）、黑（K），每个像素的每种印刷油墨会被分配一个百分比值，范围为 0～100%。最亮（高光）颜色分配较低的印刷油墨颜色百分比值，较暗（暗调）颜色分配较高的百分比值。例如，明亮的红色可能会包含 2%青色、93%品红、90%黄色和 0%黑色。在 CMYK 图像中，当四种分量的值都是 0%时，就会产生纯白色。CMYK 颜色分解与合成的过程将在第十二章详细讲解。

CMYK 颜色是和印刷条件密切相关的，相同的 CMYK 值在不同的印刷条件下颜色是不一样的。表 7-4 给出了 Coated FOGRA27（ISO 12647-2：2004）、Coated FOGRA39（ISO 12647-2：2004）、Coated GRACoL 2006（ISO 12647-2：2004）、Japan Color 2001 Coated、Japan Color 2001 Uncoated、Japan Color 2002 Newspaper、Japan Color 2003 Web Coated、Japan Web Coated、US Sheetfed Coated、US Sheetfed Uncoated、US Web Coated SWOP、US Web Uncoated 等 12 种印刷条件下的 CMYK 实地色，以及二次色 RGB 实地，三色实地黑的 Lab 值（数据来源于 Photoshop 中相应的 icc 文件）。从表 7-4 中可以看出，同样是 100%的青色，在不同的印刷条件下，其色度数据是不一样的，甚至差别比较大，如 US Sheetfed Coated 中青实地的 Lab 值为（58.0、−37.7、−46.3），而 Japan Color 2002 Newspape 中青实地的 Lab 值为（57.4、−22.3、−26.5）。如果计算两者的色差，则 ΔE_{00} 为 41.2，差别非常明显。

表 7-4　不同印刷条件下印刷基本色的 Lab 值

序号	印刷条件	颜色	C	M	Y	K	B (C+M)	G (C+Y)	R (M+Y)	C+M+Y
1	Coated FOGRA27 (ISO 12647-2:2004)	L	55.2	47.2	89.7	16.8	24.4	48.5	47.3	21.9
		a	−39.8	76.0	−4.4	1.2	16.6	−67.2	69.1	−5.2
		b	−50.8	−4.2	94.0	−2.2	−47.5	27.2	43.7	−0.4
2	Coated FOGRA39 (ISO 12647-2:2004)	L	55.0	48.0	89.0	16.0	24.0	50.0	47.0	23.0
		a	−37.0	74.0	−5.0	−0.1	22.0	−65.0	68.0	−0.1
		b	−50.0	−3.0	93.0	0.0	−46.0	27.0	48.0	0.0

续表

序号	印刷条件	颜色	C	M	Y	K	B (C+M)	G (C+Y)	R (M+Y)	C+M+Y
3	Coated GRACoL 2006 (ISO 12647-2:2004)	L	55.0	47.9	88.9	14.9	24.1	50.1	47.4	23.0
		a	−37.1	74.1	−5.0	0.2	17.2	−68.4	68.3	0.2
		b	−50.0	−3.0	93.2	−0.1	−46.1	25.0	48.8	−0.3
4	Japan Color 2001 Coated	L	53.2	45.2	85.8	16.3	21.9	48.3	45.5	21.6
		a	−35.7	72.2	−7.1	2.6	21.1	−68.9	65.9	−4.4
		b	−49.4	−4.5	91.8	1.5	−48.2	24.2	45.2	−3.5
5	Japan Color 2001 Uncoated	L	57.9	54.5	88.8	38.4	37.8	52.7	52.5	35.0
		a	−23.0	54.6	−6.3	0.4	5.9	−43.9	52.4	−3.1
		b	−40.3	−0.5	71.3	3.1	−27.2	11.7	23.6	−6.8
6	Japan Color 2002 Newspaper	L	57.4	53.8	77.0	32.7	41.9	53.9	51.2	40.1
		a	−22.3	42.8	−4.2	0.5	5.2	−35.0	40.4	−2.7
		b	−26.5	0.2	59.3	4.9	−20.9	18.9	24.2	1.3
7	Japan Color 2003 Web Coated	L	52.3	46.6	87.0	15.3	21.0	47.0	46.6	20.6
		a	−35.8	74.6	−5.7	1.0	21.3	−68.5	69.0	−3.7
		b	−48.7	−3.3	89.0	1.9	−47.4	23.6	46.3	−4.9
8	Japan Web Coated	L	52.1	44.5	84.7	18.8	22.0	46.2	45.0	20.2
		a	−33.6	66.3	−5.8	2.0	16.6	−63.9	61.7	−5.3
		b	−44.2	−6.6	86.1	1.4	−44.6	22.6	41.0	−1.5
9	US Sheetfed Coated	L	58.0	50.5	90.9	15.0	21.6	51.4	48.5	18.5
		a	−37.7	69.8	−5.9	−0.2	26.2	−66.2	64.4	9.2
		b	−46.3	0.7	92.0	1.1	−43.6	30.2	50.6	1.2
10	US Sheetfed Uncoated	L	57.3	49.7	85.3	30.5	33.5	51.7	48.2	32.4
		a	−27.3	55.9	−5.0	−0.4	9.6	−46.2	52.3	2.8
		b	−41.9	2.6	72.5	−0.2	−24.6	14.6	23.4	−5.8
11	US Web Coated SWOP	L	55.9	47.2	84.3	18.6	26.4	51.6	46.8	24.6
		a	−37.5	68.6	−5.9	0.9	17.9	−61.1	62.8	0.3
		b	−40.3	−3.6	83.4	1.3	−41.3	26.4	42.2	0.2
12	US Web Uncoated	L	57.3	49.7	85.3	30.5	33.5	51.7	48.2	32.4
		a	−27.3	55.9	−5.0	−0.4	9.6	−46.2	52.3	2.8
		b	−41.9	2.6	72.5	−0.2	−24.6	14.6	23.4	−5.8

为了清晰，图 7-16 仅给出了 Coated FOGRA27（ISO 12647-2:2004）、Japan Color 2001 Uncoated、Japan Color 2002 Newspaper、US Sheetfed Coated 4 种条件下的色域，从图中也可以看出，在不同是印刷条件下，虽然都是印了 100％ 的 CMYK，但产生的颜色差别是很大的，因此，CMYK 是有条件的，也叫相关色。

在印前处理图像的过程中，不可避免地要进行色彩模式的转换，色彩模式的转换会带来很多的问题，应该特别注意以下几点。

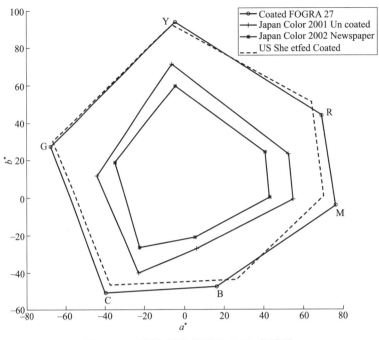

图 7-16 不同印刷条件下的 CMY 色域图

① 一定要存储 RGB 或索引颜色图像的备份，以防要重新转换图像。

② 从一种模式转换到另一种模式时，Photoshop 使用 Lab 颜色模式，这种模式提供在所有模式中定义颜色值的一个系统。使用 Lab 会确保在转换过程中颜色不会明显地改变。例如，将 RGB 图像转换为 CMYK 时，Photoshop 使用 "RGB 设置" 对话框中的信息将 RGB 颜色值首先转换为 Lab 模式。图像为 CMYK 模式后，Photoshop 将 CMYK 值转换回 RGB，在 RGB 显示器上显示图像。

③ CMYK 转换为 RGB 在屏幕上显示不影响文件中的实际数据，转换是在数据的备份上进行的。

④ 尽管可以在 RGB 和 CMYK 两种模式中进行所有的色调和色彩校正，但还是应该仔细选取。尽可能的情况下，应避免在不同模式间多次进行转换。因为每次转换，颜色值都要求重新计算，都会被取舍而丢失。如果 RGB 图像要在屏幕上使用，则不要将它转换为 CMYK 模式。反之，如果 CMYK 扫描要分色和打印，则也不要在 RGB 模式中进行校正。但是，如果必须要将图像从一种模式转换到另一种模式，则应在 RGB 模式中执行大多数色调和色彩校正，并使用 CMYK 模式进行微调。

⑤ 在 RGB 模式中，可以使用 "CMYK 预览" 命令模拟更改后的效果，而不用真的更改图像数据。

⑥ 对于某些类型的分色，还是必须在 RGB 模式中工作。例如，如果在 "CMYK 设置" 对话框中使用 "黑版产生" 的 "最大值" 选项对一个图像分色，即便可行，然而要求大量增加 C、M 或 Y 分量的任何校正也将变得非常困难。要进行这些更改，必须将图像重新转换为 RGB，再校正色彩，然后重新对图像分色，否则必须使用较少的 "黑版产生" 选项对图像重新分色。

5. 双色调

双色调模式是 Photoshop 中常用的一种色彩模式，是将原本彩色的图像应用两种彩色油墨，破坏原有图像色彩，重新混合色阶而产生的特殊效果。在双色调菜单下，还可以衍生三色调或四色调 3～4 种油墨的混合色阶效果。

6. 索引颜色

索引颜色模式下，只能存储一个 8 位色彩深度的文件，即图像中最多含有 256 种颜色，而且这些颜色都是预先定义好的。一幅图像的所有颜色都在它的图像索引文件里定义，即将所有色彩映射到一个色彩盘中，称之为彩色对照表。因此，当打开图像文件时，彩色对照表也将一同被读入 Photoshop 中，Photoshop 将从彩色对照表中找出最终的色彩值。

使用此种模式后，不但可以有效地缩减图像文件的大小，而且可以适度保持图像文件的色彩品质，很适合制作放置于 Web 页面上的图像文件或丝网印刷中使用的图像文件。

7. Lab 颜色

Lab 模式是依据 CIE LAB 创建的一种色彩模式。Lab 模式由三个通道组成：其中一个通道是心理明度，即 L，它的取值范围是 $0～100$，数值越大，颜色的明度值越大。另外两个是色度通道，用 a 和 b 来表示。a 通道表示颜色的红绿反映；b 通道则表示颜色的黄蓝反映。a 和 b 的取值范围为 $-128～127$。对于 a 来讲，数值越大，颜色越红；反之，数值越小，该颜色越偏绿色。b 值越大，颜色越黄；反之，b 值越小，该颜色越偏蓝。

就色域大小而言，Lab 模式的色域最大，其次是 RGB 模式，最小的是 CMYK 模式。因此，Lab 模式是 Photoshop 在不同颜色模式之间转换时使用的内部颜色模式。为了评估成像系统的色彩复制、图像输出设备、图像处理算法等，ISO 12640-3 给出了高分辨率、每通道 16 位的 Lab 模式图像，有兴趣的可以查阅使用。

8. 多通道颜色

多通道模式包含了多种灰阶通道，每一通道均由 256 级灰阶组成。这种模式通常被用来处理特殊打印需求，例如将某一灰阶图像以专色印刷或将双色调模式的图像文件转换之后印刷。

当 RGB 或 CMYK 色彩模式的文件中任何一个通道被删除时，就会变成多通道色彩模式。

以下准则适用于将图像转换为"多通道"模式。

① 可以将一个以上通道合成的任何图像转换为多通道图像，原来的通道被转换为专色通道。

② 将彩色图像转换为多通道时，新的灰度信息基于每个通道中像素的颜色值。

③ 将 CMYK 图像转换为多通道时，可创建青、品红、黄和黑专色通道。

④ 将 RGB 图像转换为多通道时，可创建青、品红和黄专色通道。

⑤ 从 RGB、CMYK 或 Lab 图像中删除一个通道会自动将图像转换为多通道模式。

二、其他色彩模式

在 Photoshop 中除最常用的 CMYK 模式、Lab 模式、RGB 模式外，还有很多其他模式，如 HSB 模式、索引颜色模式、灰度模式、位图模式、多通道模式、双色调模式、NTSC 模式、DCI-P3 模式、Rec. 2020 模式等。

1. HSB 模式

HSB 模式是根据人体视觉开发的一套色彩模式，它是最接近人类大脑对色彩辨认思考的模式。许多用传统技术工作的画家或设计者习惯使用此种模式。

在 HSB 色彩模式中，H 代表色相，S 代表饱和度，B 代表亮度。

H（Hue）：色相就是纯色，即组成可见光谱的单色，红色为 0°，绿色为 120°，蓝色为 240°。它基本上是 RGB 模式全色度的饼状图。

S（Saturation）：饱和度代表色彩的纯度，$S=0$ 时为灰色。白、黑和其他灰度色彩都没有饱和度。最大饱和度时是每一色相最纯的色光。在 Photoshop 中，S 最大取 100。

B（Brightness）：亮度是指色彩的明亮度。$B=0$ 时为黑色，最大亮度是色彩最鲜明的状态。它的取值范围为 0～100%。

2. NTSC 模式

在一些手机或者 PC 厂商标注屏幕色域时经常能看到 "以 NTSC 为标准" 类似字样，如某手机显示参数中描述 "广色域显示 NTSC 103.8%"。

NTSC 由美国国家电视标准委员会在 1953 年订制，目的是给当时刚出现不久的 CRT 彩色电视定制一套标准，由于它实在是太过于古老（Apple DOS 3.1 诞生于 1978 年，MS-DOS 诞生于 1980 年），早已不适用于现代显示器，更最重要的是，对于 PC（广义的）和移动设备来说，几乎没有内容创作者是以 NTSC 为工作空间的，它保留下来最多的用途还是比较其他色彩空间。表 7-5 为 NTSC 三原色的色度坐标。

表 7-5　NTSC 三原色的色度坐标

颜色	x	y
红	0.670	0.330
绿	0.210	0.710
蓝	0.140	0.080

sRGB、Adobe RGB 及 NTSC 色域对比如彩色插页图 7-17 所示，从图 7-17 中可以看出，NTSC 的色域和 AdobeRGB 的比较相似，只在 R 和 B 处有少许不同，这一点从两者的色度坐标表中也可以看出。sRGB 覆盖了 NTSC 大约 72% 的色域，但是 72% NTSC 并不相当于 100% sRGB，因为 72% NTSC 所覆盖的色彩不一定在 sRGB 所覆盖的范围之内。

3. DCI-P3 模式

DCI-P3 是美国电影行业推出的一种广色域标准，也是目前数字电影回放设备的色彩标准之一。它的色域较大，与 sRGB 相比，绿色和红色的范围更广。表 7-6 为 DCI-P3 三原色的色度坐标。

表 7-6　DCI-P3 三原色的色度坐标

颜色	x	y
红	0.680	0.320
绿	0.265	0.690
蓝	0.150	0.060
白点	0.3127	0.329

彩色插页图 7-18 黄色三角覆盖的区域是 sRGB 的色彩范围。随着技术的发展，越来越多的屏幕已达到或超过 100％ sRGB。图 7-18 黑色三角覆盖的区域，就是 DCI-P3 的色彩范围，可以看到它能显示的色彩范围远远大于 sRGB。用 NTSC 标准（美国国家电视标准委员会的色彩信号标准）来衡量，DCI-P3 相当于 96％ NTSC，DCI-P3 比 sRGB 色域大了 25％。

虽然 DCI-P3 的目标是建立数字电影的行业技术标准，但电影和视频播放也是手机、平板电脑、计算机显示器和平板电视机的主力应用之一，随着显示技术的发展，苹果、索尼和三星等公司的产品正在逐步将 DCI-P3 作为广色域的标准。对于电影从业者来说，符合国际行业规范的显示器是必备的，一般选择能够覆盖 DCI-P3 色域的显示器，会更加接近影院放映的实际效果，较真实地呈现电影中所要呈现的所有色彩。此外，当将 DCI-P3 设备上的媒体文件在只覆盖 sRGB 色域的显示屏上播放的时候会发现明显的色差，因此，对于跨设备的设计人员来说，最好使用覆盖 DCI-P3 色域的显示器。

从图 7-18 中也可以看出，相对于 sRGB 而言，DCI-P3 覆盖了更多的红色和绿色，因此 DCI-P3 显示器对绿色和红色的还原能力更强，而且更加锐利，能更好地展现人眼能看到的真实色彩。搭载 sRGB 色域的显示器色彩丢失要比搭载 DCI-P3 的显示器严重，因此搭载 DCI-P3 的显示器具有更好的色彩表现能力，表现出的画面色彩更接近人眼可接受的色域。

4. Rec. 2020 模式

ITU-R Recommendation BT. 2020 简称 Rec. 2020，是基于国际电信联盟无线电通信部门 BT. 709 制定的超高清电视（UHDTV-UHD）的色彩标准。

Rec. 2020 三原色的色度坐标如表 7-7 所示。

表 7-7　Rec. 2020 三原色的色度坐标

颜色	x	y
红	0.708	0.292
绿	0.170	0.797
蓝	0.131	0.046
白点	0.3127	0.329

彩色插页图 7-19 中大的三角形是 Rec. 2020 的色域图，小的三角形是 sRGB 的示意图，从图 7-19 中可以看出，Rec. 2020 的色域要比 sRGB 大得多。

第三节　视频色彩描述

一、YUV

在现代彩色电视系统中，通常采用三管彩色摄像机或彩色 CCD 摄像机进行摄像，然后把摄得的彩色图像信号经分色、分别放大校正后得到 RGB，再经过矩阵变换电路得到亮度信号 Y 和两个色差信号 R-Y（即 U）、B-Y（即 V），最后发送端将亮度和色差 3 个信号分别进行编码，用同一信道发送出去。这种色彩的表示方法就是 YUV 颜色空间表示。

采用 YUV 颜色空间的重要性在于它的亮度信号 Y 和色度信号 U、V 是分离的。如果只有 Y 信号分量而没有 U、V 分量，那么这样表示的图像就是黑白灰度图像。彩色电视采用

YUV 颜色空间正是为了用亮度信号 Y 解决彩色电视机与黑白电视机的兼容问题，使黑白电视机也能接收彩色电视信号。

YUV 颜色空间是北美 NTSC 和欧洲 PAL 模拟电视系统颜色编码的基础，亮度分量 Y 通过下述公式计算

$$Y=0.299R+0.587G+0.114B \tag{7-7}$$

上述公式假定 RGB 值是根据 TV 编码标准进行 Gamma 校正之后的值。UV 分量是分别对亮度分量与红色分量、亮度分量与蓝色分量进行差值之后再赋予一定的权重

$$\begin{cases} U=0.493(B-Y) \\ V=0.877(R-Y) \end{cases} \tag{7-8}$$

因此，从 RGB 转换为 YUV 的关系为

$$\begin{bmatrix} Y \\ U \\ V \end{bmatrix} = \begin{bmatrix} 0.299 & 0.587 & 0.114 \\ -0.147 & -0.289 & 0.437 \\ 0.615 & -0.515 & -0.100 \end{bmatrix} \begin{bmatrix} R \\ G \\ B \end{bmatrix} \tag{7-9}$$

相应的，从 YUV 转换为 RGB 的关系为

$$\begin{bmatrix} R \\ G \\ B \end{bmatrix} = \begin{bmatrix} 1.000 & 0 & 1.140 \\ 1.000 & -0.395 & -0.581 \\ 1.000 & 2.032 & 0 \end{bmatrix} \begin{bmatrix} Y \\ U \\ V \end{bmatrix} \tag{7-10}$$

二、YIQ 颜色空间

原始的 NTSC 系统采用了一种 YUV 的变体进行颜色编码，这种变体称为 YIQ。Y 是提供黑白电视及彩色电视的亮度信号；I 代表 in-phase，色彩从橙色到青色；Q 代表 quadrature，色彩从紫色到黄绿色。

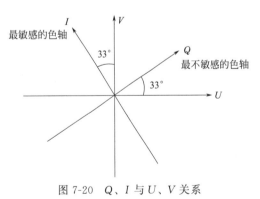

图 7-20　Q、I 与 U、V 关系

大量实验统计，人眼对红黄之间的颜色变化最敏感，而分辨蓝和紫之间颜色变化最不敏感，所以把相角为 123°的橙色及其相反相角的 303°的青色定义为 I 轴，它表示人眼最敏感的色轴。与 I 正交的色度信号轴，通过 33°—0°—213°线，叫作 Q 轴，它表示人眼最不敏感的色轴，如图 7-20 所示。在传送分辨率弱的 Q 信号时，可用较窄的频带；而传送分辨率较强的 I 信号时，可用较宽的频带。

RGB 与 YIQ 的转换公式为

$$\begin{bmatrix} Y \\ I \\ Q \end{bmatrix} = \begin{bmatrix} 0.299 & 0.587 & 0.114 \\ 0.596 & -0.274 & -0.322 \\ 0.211 & -0.523 & 0.312 \end{bmatrix} \begin{bmatrix} R \\ G \\ B \end{bmatrix} \tag{7-11}$$

与其他颜色空间相比，YIQ 颜色空间具有能将图像中的亮度分量分离提取出来的优点，并且 YIQ 颜色空间与 RGB 颜色空间之间是线性变换的关系，计算量小，聚类特性也比较

好，可以适应光照强度不断变化的场合，因此能够有效地用于彩色图像处理，可用于在自然条件下采集到的复杂背景下的运动目标的识别。

三、YCbCr

YCbCr 颜色空间是 YUV 颜色空间的一种变体，广泛应用于数字电视系统和图像压缩方面（如 JPEG），其实是 YUV 经过 Gamma 的翻版。色度分量 Cb、Cr 类似于 U、V 分量，也是通过亮度值与红色分量和蓝色分量差值之后，在赋予一定的权重计算得出。相比于 YUV 颜色空间，在 RGB 转换为 YUV 颜色空间的时候，其各个分量的权重值稍有不同。

YCbCr 和 RGB 的转换关系为

$$\begin{bmatrix} Y \\ Cb \\ Cr \end{bmatrix} = \begin{bmatrix} 0.299 & 0.587 & 0.114 \\ -0.169 & -0.331 & 0.450 \\ 0.500 & -0.419 & -0.081 \end{bmatrix} \begin{bmatrix} R \\ G \\ B \end{bmatrix} \tag{7-12}$$

四、常见 YUV 格式

YUV 是编译 true-color 颜色空间（color space）的种类，Y′UV、YUV、YCbCr、YPbPr 等专有名词都可以称为 YUV，彼此有重叠。

为节省带宽起见，大多数 YUV 格式平均使用的每像素位数都少于 24 位。主要的抽样格式有 YCbCr4：2：0、YCbCr4：2：2、YCbCr4：1：1 和 YCbCr4：4：4。YUV 的表示法称为 $A：B：C$ 表示法。

例如：

4：4：4 表示完全取样。

4：2：2 表示 2：1 的水平取样，垂直完全采样。

4：2：0 表示 2：1 的水平取样，垂直 2：1 采样。

4：1：1 表示 4：1 的水平取样，垂直完全采样。

图 7-21 给出了 4：4：4、4：2：2 和 4：2：0 的采样示意图，×表示亮度信号采样点，〇表示色差信号采样点。

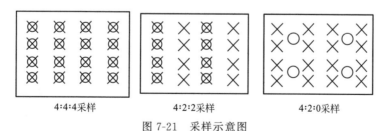

4:4:4采样   4:2:2采样   4:2:0采样

图 7-21 采样示意图

复习思考题

1. 如何评价显示器的质量？

2. 投影仪的主要技术指标有哪些？

3. 印刷工业中使用的色彩模式有哪些？

4. 对比分析各 RGB 空间的差异性。

5. YUV 和 YIQ 以及 YCbCr 的异同点是什么？

6. 常用的色彩模式有哪些，它们有何区别？

7. 在图像设计中，若选用 CMYK 模式，应该用什么文件格式进行保存？

8. RGB 模式向 CMYK 模式转换过程中要注意哪些问题？

9. 自己选取一幅图像，尝试在 Photoshop 中进行色彩空间的转换，并注意其转换结果的区别。

第八章　色貌与色貌模型

第一节　色貌

一、色度学的发展

色度学是研究人眼对于颜色感觉规律的一门科学，其任务是研究人眼彩色视觉的定性和定量规律及应用。颜色并不是物体的固有特性，其既与物质本身的分光等特性有关，又与照明条件、观测条件和观察者的视觉特性等息息相关。英国的 Hunt 教授指出，CIE 色度学的发展根据其特点可以分为三个阶段，即色匹配阶段、色差阶段和色貌阶段。CIE 色度学发展至今已有近 80 年的历史，期间不断在实验和应用过程中逐步得到完善。

（1）色匹配阶段

色匹配阶段建立了颜色的基本表示和测量方法。1931 年，国际照明委员会（CIE）推荐了 CIE 1931 标准色度观察者的颜色匹配函数，由此奠定了色度学的基础。某一颜色的 CIE 三刺激值 X、Y、Z 在可见光波长范围内由标准色度观察者的颜色匹配函数、照明体的光谱功率分布以及物体的光谱光度特性（透射比或反射比）计算出来，进而获得该颜色的色品坐标，在 CIE xy 色品图上确定该颜色对应的位置。

（2）色差阶段

色差研究阶段建立了 CIE LAB、CIE LUV 两个均匀色空间，以及明度、色品坐标、彩度、色相和色相角的计算，促进了色差公式的产生和发展。其中，CIE LAB 颜色空间及对应的色差公式是应用效果最好的色差评价模型，利用 CIE LAB 颜色空间对颜色的彩度、明度、色调的计算，为色差的精确量化提供了可能。

（3）色貌阶段

CIE 色度系统定义了色觉经验的三要素：照明体、色源和观察者。当这三者确定后，颜色能准确地表示出来，并且便于仪器测量。但是，颜色和色差的测量及表示均被限定在上述三要素固定的条件下。随着颜色空间及其色差公式在科学研究和工业应用中的不断深入，CIE LAB 的不足逐渐暴露出来。例如，匹配相同的颜色在不同的照明条件下或其他不同条件下可能会呈现出不同的颜色（即工业上广为利用的三刺激值匹配）；同一物品在屏幕上所见的色彩与所见实物的色彩往往有不同程度的差异等。这是由于传统 LAB 颜色空间色相缺乏视觉均匀性，色差计算仅适合特定条件下色块的颜色差别，存在着非一致性。

所以，当人们在不同的观察条件下观察具有相同三刺激值的样品颜色时，给人的视觉感受是不同的。因此，可以认为，CIE 色度学对不同光源、照明水平和观察背景等条件引起的色适应、色对比等效应并没有从量值上做比较精确的预测，至于不同媒体对颜色显色特性的影响，更没有提出合理的计算参数。

传统的基于 CIE LAB 的颜色空间已经越来越不能满足各行业对数字化信息化颜色的传递与交流的发展要求。例如对于一块样品颜色，与它存在的环境有关，同一颜色在不同的照明条件、背景、媒体，以及由不同的观察者观察都具有不同的颜色感觉，即色貌。因此，为了解决这一问题，人们提出了色貌模型，即色度学发展的第三阶段。

二、色貌及其属性

GB/T 5698—2001《颜色术语》定义色貌为"与色刺激和材料质地等有关的颜色的主观表现"；而根据 G. Wyszecki 的定义，色貌是指观察者对视野中的颜色刺激根据其视知觉的不同表象而区分的颜色知觉属性（又称色貌属性）。也就是说，由于受颜色刺激的物理条件，包括空间特性（如大小、形状、位置、表面纹理结构）、时间特性（静态、动态、闪烁态）和光谱辐亮度分布，以及观察者对颜色刺激的注意程度、记忆、动机、情感等主观因素的影响，所产生的颜色的复杂外观表象。色貌模型就是对色貌属性做定量计算的数学模型，其中色貌属性包括色相（hue）、明度（lightness）、视明度（brightness）、视彩度（colorfulness）、彩度（colorfulness）、饱和度（saturation）等，由于饱和度和彩度相互转换，因此，色貌系统中可以用色相、明度、视明度、视彩度、彩度表征一个颜色。

第二节　色貌现象

当两个颜色的 CIE 三刺激值（X、Y、Z）相同时，人的视网膜的视觉感知这两个颜色是相同的。但两个相同的颜色，只有在周围环境、背景、样本尺寸、样本形状、样本表面特性和照明条件等都相同的观察条件下，视觉感知才是一样的（匹配的）。一旦将两个相同的颜色置于不同的观察条件下，虽然三刺激值仍然相同，但人的视觉感知会产生变化，这就是所谓的色貌现象。颜色对比和适应性在前文中已有介绍。另外，样本的色相、明度和彩度等颜色感知属性也会随着照明条件等环境因素的不同而发生变化。

（1）Bezold-Brücke 色相漂移

Bezold-Brücke 色相漂移是指当亮度发生变化时，一个单色刺激的色相（hue）将产生漂移。即样本的色相在照明的亮度发生变化时不保持恒常。当光源亮度值有变动时，色相会随着亮度变化而有所偏移。

（2）Abney 效应

当一束单色光与白光混合后，施照态的色纯度将被改变。根据 Bezold-Brücke 色相漂移效应，样本的色相也将发生变化，这一现象被称为 Abney 效应。

（3）Helmholtz-Kohlrausch 效应

Helmholtz-Kohlrausch 效应是指当亮度（luminance）一定时，心理物理量明度（brightness）随着颜色的饱和度的增加而增加。

（4）Hunt 效应

物体的色貌随着整体的亮度变化发生明显的改变，即色度随着亮度的变化而变化。例如，物体的色貌在夏天的下午显得更加鲜艳和明亮，而在傍晚则显得柔和。即色度随着亮度的变化而变化，这就是所谓的 Hunt 效应。

（5）Stevens 效应

Stevens 效应与 Hunt 效应是密切相关的，Hunt 效应说明彩色对比（色度）随亮度的提高而提高，Stevens 效应则说明明度对比（brightness contrast）随亮度的提高而提高，如彩色插页图 8-1 所示。

（6）Bartleson-Breneman 等式

1967 年，Bartleson 和 Breneman 发现当一个复杂刺激（图像）的周围环境从黑→暗→亮发生变化时，其感知对比度也随着逐渐增加。

除了以上的色貌现象，还有同时对比、颜色对比、赫尔森-贾德效应、Crispening 效应等，由此看来，各种色貌属性随着观察条件的不同发生广泛的变化，这对色貌模型来说是一个严峻的挑战。

第三节　色貌模型

一、色貌模型的发展

为了解决不同观察条件下的颜色再现问题，早在 1902 年，von Kries 就提出了一种色适应模型。但传统的色适应变换（chromatic-adaptation transforms）仅能解决不同的观察条件下的相关色的问题，并不能用于描述处于一定观察条件下颜色的色貌，也没有提供测量和预测颜色感知属性（明度、色度和色相）的方法。对于色貌问题，需要由色貌模型来解决。也就是说，人们也希望与色适应模型一样，用一个数学模型来描述色貌。CIE 技术委员会 1-34（TC1-34）对色貌模型（color appearance model，CAM）的定义是至少要包括对相关的颜色属性（如明度、彩度和色相）进行预测的数学模型。具体来说是指通过特定照明、背景以及观察环境等条件下的 CIE 色度参数（如三刺激值）进行颜色属性参数（如明度、彩度、色相）计算或预测的数学表达式或数学模型。

色貌模型主要是解决不同媒体（media）在不同的观察条件（viewing condition）、不同的背景（background）和不同的环境（surround）下的颜色真实再现问题。开展色貌模型研究具有重要的科学和应用价值：在颜色科学基础研究领域，色貌模型的理论可以直接用于解决均匀色空间、标准色差理论等问题；而在应用研究领域，色貌模型的研究结果可以解决各种跨媒体的颜色信息保真（fidelity）问题。例如彩色复制中的色彩管理系统（CMS）、计算机辅助设计（CAD）、计算机配色系统（CCM）、微光成像系统，以及互联网用户之间的真实颜色信息传递等。

CIE 于 1931 年建立了基于标准观察者的色度系统，为颜色科学的理论研究打下了基础。并于 1976 年推荐使用 CIE LAB 均匀颜色空间。实际上 CIE LAB 已经具有色貌模型的一些性质，但当 CIE LAB 用于描述色貌模型时，它的色适应变换会出现一些负值。这是因为 CIE（1976）侧重于考虑一个匀色空间而不是色貌模型。近 10 年来，不少颜色工作者在深入研究色适应、色对比等视觉现象的基础上，结合现代颜色视觉形成理论，提出了若干定量计算色貌的数学模型，如英国的 Hunt 模型、日本的 Nayatani 模型、美国的 RLAB 模型等。

早在 1982 年，英国的 Hunt 教授就推出了精细而复杂的 Hunt 色貌模型。1986 年，日本的 Nayatani 教授以预测光源显色性为目的提出了 Nayatani 色貌模型。1993 年，美国 Munsell 实验室的 Fairchild 教授在 Von Kries 色适应的基础上提出了 RLAB 模型，用于跨媒体图像再现。1996 年，英国的 Luo 教授推出了 LLAB 模型。

这些模型总的特点是：力求由可以预先设定的观察条件诸要素（如照明光源、观察视场、背景等）的 CIE 色度参数（如三刺激值、色品坐标、色温等）计算出该观察条件下的色貌，或者由给定的色貌来预测该观察条件下的 CIE 色度参数。总之，这些模型的建立，为颜色信息资源的传递交流，交互界面上颜色的精确复制提供了必要的理论前提。

CIE 于 1997 年推荐了一个色貌模型，它由英国 Derby 大学的 M. R. Luo 与 R. W. G. Hunt 首先提出、后经 CIE 1996 东京大会通过。CIE CAM 97s 是在 Hunt、LLAB、Nayatani、RLAB 等著名模型的基础上，总结了大量颜色视觉生理和心理实验研究成果建立起来的。

CIE CAM 97s 对色彩的预测比以上四种模型更准确，并被作为色貌模型的标准。但在实验过程中，研究人员也发现了该模型的一些缺点，为此对它进行了修正，并于 2002 年推出了新的色貌模型 CIE CAM 02，用于替代 CIE CAM 97s。

为了推动色貌模型研究工作的进展以及对各种色貌模型的实际效果进行测评，国际照明委员会先后成立了 TC 1-27（负责制定色貌模型规范）、TC 1-34（负责对色貌模型检验评估）和 TC 8-01（用于色彩管理系统的色貌建模）若干专业委员会。研究人员对不同的色温、照度和黑环境下的复杂图像的跨媒体复制进行了大量的研究。也有学者在某些照明条件下（如 D65 和 D50）测试了一些色貌模型的性能。在此基础上，有学者进一步对更加实用的不相等照明条件和暗环境进行了探索，并开发了包括色盲在内的颜色诊断系统。各种色貌模型推出以后，各国的颜色科技工作者利用各种色差数据集和色貌数据开展了大量针对色貌模型的评价研究工作，包括：大色差数据，如 OSA 数据、Munsell 数据、Pointer 和 Attridge 数据、BFDB 数据；小色差数据，如 BFD、RIT-DuPont、Leeds 和 Witt；色貌数据，如 LUTCHI。随着评价研究工作的进行，各色貌模型不断被修正，预测精度不断得到改善，适用范围也越来越广。

CIE CAM 02 虽然能够预测不同视觉条件下的颜色再现效果，却没有将人类视觉的空间和时间特性与图像视觉效果结合起来。因此，在 2004 年，Fairchild 和 Johnson 又推荐了图像色貌模型 iCAM（image color appearance model），iCAM 结合了人类视觉的空间和时间特性，具有很好的色相均匀性，既可以预测复杂图像的色貌特征，又可以测量图像的差别和质量，适合于跨媒体图像复制和高动态范围的成像技术。

二、 CIE CAM 02 模型

1. 正向模型

色貌模型提供了进行三刺激值和感觉属性相互转换的具体方法。模型的两大块就是色适应变换和用于计算感觉属性（如明度、亮度、色度、饱和度、色彩、色相等）的方程。色适应性变换考虑了适应的白点的色度变化，另外，白点的亮度会影响观察者对白点的适应程度。

因而，适应程度或 D 因子就成为色适应变换的另外一个方面。一般来说，色适应变换和计算感觉属性之间有一个非线性的响应压缩。色适应变换和 D 因子是相应颜色数据集的实验结果，非线性响应压缩来源于生理学数据以及其他考虑。感觉属性是通过大量的评价实验的结果获得的，如 LUTCHI 数据集，如孟塞尔图册等数据集。最后，模型的整个结构在一个封闭的形式下强制可逆转换，并考虑到颜色外貌现象的子集。

（1）输入参数

模型的输入数据包括适应区域的照度 L_A，样本在测试条件下的色度坐标 Y_{xy}、测试条件下的参考白点的色度坐标 $x_w y_w z_w$；背景参数 Y_b 和明度对比因子 F；环境影响参数 c；色诱导因子 N_c。

首先，选择环境，F、c 和 N_c 的值可以从表 8-1 中得到，对于中间的环境参数，可以通过线性内插获得。

表 8-1　不同环境的观测条件参数

环境	F	c	N_c
平均	1.0	0.69	1.0
暗	0.9	0.59	0.95
黑	0.8	0.525	0.8

F_L 的值可以用式(8-1) 计算获得，L_A 是适应区域的亮度，单位 cd/m^2。注意：在过渡视觉和暗适应水平时，两个公式的值变得非常小。

$$k=\frac{1}{(5L_A+1)} \tag{8-1}$$

$$F_L=0.2k^4(5L_A)+0.1(1-k^4)^2(5L_A)^{1/3} \tag{8-2}$$

n 值是背景的亮度因数的函数，它提供了一个非常有限的空间色貌模型。n 值的范围从 0 到 1，0 表示背景的亮度因数为 0，1 表示背景的亮度因数和选取的白点的亮度因数相同。n 值可以用于计算 N_{bb}，N_{cb} 和 z，这些值在计算几个感觉属性的时候会用到。这些计算可以在给定的观测条件下一次完成。

$$n=\frac{Y_b}{Y_w} \tag{8-3}$$

$$N_{bb}=N_{cb}=0.725\left(\frac{1}{n}\right)^{0.2} \tag{8-4}$$

$$z=1.48+\sqrt{n} \tag{8-5}$$

（2）色适应变换

一旦观测条件参数计算出来，就可以先从色适应变换开始处理输入三刺激值。转换包括 3 个主要部分：一是转换使用的空间；二是详细的转换；三是不完善的适应模型。

在优化色适应变换空间时用到 8 个数据集，选用的数据集的观测条件和典型的图像应用的条件非常相似。所有数据集的白点散点图如图 8-2 所示。只有 McCannet al. 数据集没有包含在最后的优化中，这个数据集在获取的过程中使用高色度、低照度水平，它对于理解色彩感觉具有潜在的应用价值，但是 TC 8-01 没有认同它的功能。

CIE CAM 02 模型选用的空间是修正的 Li et al. RGB 空间，也就是修正的 CMC-CAT2000 转换。本章剩下的部分会参考 CAT02。据技术委员会讲，从众多的选择中选取了

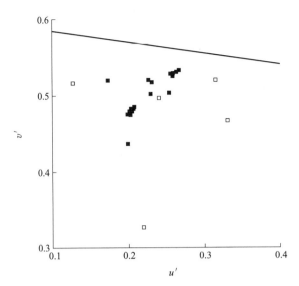

图 8-2　所有数据集的白点散点图

注：实心方块■是获得 CAT02 的数据集的白点，空心□方块是考虑到但没有用到的数据集的白点。

CAT02 是存在很大争议的，并且最终的转换并不是任何一个人的首选。测试、传播误差分析和心理评价表明，在技术委员会考虑的 6 个备选转换中，差别很小或者说就没有差别。然而，CAT02 和 CIE CAM 97s 的 Bradford 非线性转换具有相似的性能，因而对 CIE CAM 97s 具有很好的兼容性，另外，预测误差的运行测试也倾向于 CAT02。用于把三刺激值转换到 CAT02 空间的等能平衡矩阵如下

$$\begin{bmatrix} R \\ G \\ B \end{bmatrix} = \boldsymbol{M}_{\mathrm{CAT02}} \begin{bmatrix} X \\ Y \\ Z \end{bmatrix} \tag{8-6}$$

$$\boldsymbol{M}_{\mathrm{CAT02}} = \begin{bmatrix} 0.7328 & 0.4296 & -0.1624 \\ -0.7036 & 1.6975 & 0.0061 \\ 0.0030 & 0.0136 & 0.9834 \end{bmatrix} \tag{8-7}$$

D 因子或者说是适应程度是环境和 L_{A} 的函数，理论上从 0（对选取的白点不能适应）到 1（完全适应）。实际上，D 的最小值不低于黑暗环境下的 0.65，并随着 L_{A} 呈指数增长。三种环境下的 D 和 L_{A} 的关系曲线如图 8-3 所示。D 的计算公式如下

$$D = F \left[1 - \left(\frac{1}{3.6} \right) \mathrm{e}^{\left(\frac{-L_{\mathrm{A}} - 42}{92} \right)} \right] \tag{8-8}$$

有了 D 因子和 MCAT02 转换来的数据，整个色度适应转换可以写成

$$R_{\mathrm{c}} = \left[\left(\frac{Y_{\mathrm{w}} D}{R_{\mathrm{w}}} \right) + (1 - D) \right] R \tag{8-9}$$

式中，下标 w 为白点的相应值；下标 c 为刺激值。

同样可以计算 G_{c} 和 B_{c}，以及 R_{cw}、G_{cw} 和 B_{cw}。式(8-9) 在计算时包含因数 Y_{w}，这样适应就不依赖于采纳的白点的亮度因数。例如，一个反射印刷品的 $Y_{\mathrm{w}} < 100$，假定是 90，在等能光源下，X_{w}、Y_{w}、Z_{w} 和 R_{w}、G_{w}、B_{w} 都等于 90。这种情况下，R_{c}、G_{c}、B_{c} 就分

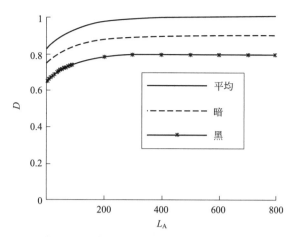

图 8-3 三种环境下的 D 和 L_A 的关系曲线

别等于$(D/9+1)$R、$(D/9+1)$G、$(D/9+1)$B，但是由于用等能光源，没有色适应，R_c、G_c、B_c就应该等于 R、G、B。乘以 Y_w 就与确保适应和采纳的白点的亮度因数无关。

然后，在快速适应非线性响应压缩前，把 R_c、G_c、B_c 转换到 Hunt-Pointer-Estevez 空间。和 CIE CAM 97s 一样，CIE CAM 02 在色度适应转换时使用了一个空间，在计算感觉属性时又使用了另一个空间，这增加了模型的复杂性，但是，初步研究表明，色适应结果会在锐化度高的空间中很好地预测。

$$\begin{bmatrix} R' \\ G' \\ B' \end{bmatrix} = \boldsymbol{M}_H \boldsymbol{M}_{CAT02}^{-1} \begin{bmatrix} R_c \\ G_c \\ B_c \end{bmatrix} \tag{8-10}$$

$$\boldsymbol{M}_{CAT02}^{-1} = \begin{bmatrix} 1.096124 & -2.278869 & 0.182745 \\ 0.454369 & 0.473533 & 0.072098 \\ -0.009628 & -0.005698 & 1.015326 \end{bmatrix} \tag{8-11}$$

$$\boldsymbol{M}_H = \begin{bmatrix} 0.38971 & 0.68898 & -0.07868 \\ -0.22981 & 1.18340 & 0.04641 \\ 0.0000 & 0.0000 & 1.0000 \end{bmatrix} \tag{8-12}$$

（3）非线性响应压缩

然后，快速适应非线性响应压缩应用于式(8-10)输出。CIE CAM 97s 使用双曲线函数，但它有一些缺点。考虑许多函数，最终选择修正的双曲线函数。这个函数是基于 Michaelis-Menten 方程的，它与 Valeton 和 van Norren's 生理学数据一致。图 8-4 是 L_L 为 200（F_L 等于 1）时的压缩函数的 log-log 曲线。

由于逐渐增大的强度，CIE CAM 02 的非线性汇集成一个有限数；随着强度逐渐变小，它也逐渐变小。如果 R'、G'、B' 中任何一个为负，就要用它们的正的等价量，因而要使 R'_a、G'_a 和 B'_a 为负。式(8-13) 是计算非线性和数值的方程，G'_a 和 B'_a 的计算方法类似，R'_{aw}、G'_{aw} 和 B'_{aw} 也是一样。

$$R'_a = \frac{400(F_L R'/100)^{0.42}}{27.13 + (F_L R'/100)^{0.42}} + 0.1 \tag{8-13}$$

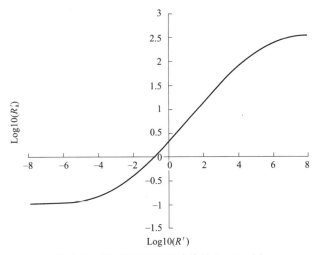

图 8-4　CIE CAM 02 的非线性 log-log 图

（4）感觉属性

从式(8-13)可以计算出初步的笛卡儿坐标 a 和 b。反过来，这些值可以用来计算 t，这里不要和式(8-27)和式(8-28)最终的笛卡儿坐标混淆。

$$a = R'_a - 12G'_a/11 + B'_a/11 \tag{8-14}$$

$$b = (1/9)(R'_a + G'_a - 2B'_a) \tag{8-15}$$

$$t = \frac{e(a^2 + b^2)^{0.5}}{R'_a + G'_a + (21/20)B'_a} \tag{8-16}$$

色相角 h 可以计算出来，它也可以用来计算离心率。离心率的取值范围一般从 0.8 到 1.2，它是 h 的函数，式(8-20)用来计算色相组成或 H。对于单独的色相红、黄、绿、蓝，i、h_i、e_i、H_i 的数据如表 8-2 所示。

表 8-2　色相数据

参数	红	黄	绿	蓝	红
i	1	2	3	4	5
h_i	20.14	90	164.25	237.53	380.14
e_i	0.8	0.7	1.0	1.2	0.8
H_i	0	100	200	300	400

如果 $h < h_1$，则 $h' = h + 360$，否则 $h' = h$。

选择一个合适的 i（$i = 1$、2、3 或 4）使得 $h_i \leqslant h' \leqslant h_{i+1}$，则

$$h = \tan^{-1}\frac{b}{a} \tag{8-17}$$

$$e_t = \frac{\cos\left(h'\frac{\pi}{180} + 2\right) + 1}{4} + 0.7 = \frac{1}{4} \times \left[\cos\left(h'\frac{\pi}{180} + 2\right) + 3.8\right] \tag{8-18}$$

$$e = \left(\frac{12500}{13}N_c N_{cb}\right)e_t \tag{8-19}$$

$$H = H_i + \frac{100\frac{h'-h_i}{e_i}}{\frac{h-h_i}{e_i}+\frac{h_{i+1}-h}{e_{i+1}}} \tag{8-20}$$

计算色相组成：假设 kk 为 $H/100$ 的整数部分，H_p 为 $100(H/100-k)$ 四舍五入的整数，那么 H_c 如下。

① 如果 kk＝0，则 $H_c＝H_p$ 黄，$100-H_p$ 红。

② 如果 kk＝1，则 $H_c＝H_p$ 绿，$100-H_p$ 黄。

③ 如果 kk＝2，则 $H_c＝H_p$ 蓝，$100-H_p$ 绿。

④ 如果 kk＝3，则 $H_c＝H_p$ 红，$100-H_p$ 蓝。

非彩色响应（即 A），可以用式(8-21)计算。常数项决定了最小的亮度值，对于 CIE CAM 02 模型来说，该项设为-0.305，这样当 Y 为 0 时，A 也为 0。亮度值 J 可以使用和 CIE CAM 97s 相同的方程计算，但是要注意，在计算中的修正意味着即使用的是同一个方程，J 的计算结果和 CIE CAM 97s 的也不相同。同样也应该注意，式(8-22)是白点的非彩色响应。这就意味着针对每一种观测条件或白点，式(8-6)～式(8-20)都要重新计算一遍。为了紧凑，这里没有说明，但是必须在下标处使用小写字母 w。有了非彩色响应和亮度，明度的感觉属性 Q 就可以计算出来。

$$A = \left(2R'_a + G'_a + \frac{1}{20}B'_a - 0.305\right)N_{bb} \tag{8-21}$$

$$J = 100\left(\frac{A}{A_w}\right)^{cz} \tag{8-22}$$

$$Q = \frac{4}{c}\sqrt{\frac{J}{100}}(A_w+4)F_L^{0.25} \tag{8-23}$$

有了亮度和临时变量 t，彩度值可以用式(8-24)计算。这个新的公式结合了修正的非线性响应压缩，减少了彩度计算的中间项。色彩值 M 可以通过彩度相关计算出来。最后，计算饱和度相关 s。注意：饱和度公式和 CIE CAM 97s 中用的不同。

$$C = t^{0.9}\sqrt{\frac{J}{100}}(1.64-0.29^n)^{0.76} \tag{8-24}$$

$$M = CF_L^{0.25} \tag{8-25}$$

$$s = 100\sqrt{\frac{M}{Q}} \tag{8-26}$$

最后，有了 C、M 或 s 和 h、a，笛卡儿值就可以计算出来，如式(8-27)、式(8-28)使用了彩度。下标 C 由于表明彩度相关，同理 a_M、b_M、a_s、b_s 也是一样，下标用来避免式(8-14)、式(8-15)的笛卡儿坐标混淆，也用来表明是基于哪一种感觉属性。

$$a_C = C\cos(h) \tag{8-27}$$

$$b_C = C\sin(h) \tag{8-28}$$

2. 反向模型

输入参数：J 或 Q；C、M 或 s；H 或 h。

输出参数：在测试照明条件 X_w、Y_w、Z_w 下的 X、Y、Z。

照明、观测环境和背景参数：

测试照明采用的白 X_w、Y_w、Z_w（$Y_w=100$）。

测试条件的背景 Y_b。

参考照明的参考白 $X_{wr}=Y_{wr}=Z_{wr}=100$。

测试区域的照度（cd/m^2）L_A。

背景参数与表 8-1 相同。

反向第 0 步：数据准备。

$$F_L=0.2k^4(5L_A)+0.1(1-k^4)^2(5L_A)^{1/3} \tag{8-29}$$

其中：

$$k=1/(5L_A+1)$$

$$n=\frac{Y_b}{Y_w} \tag{8-30}$$

$$z=1.48+\sqrt{n} \tag{8-31}$$

$$N_{bb}=N_{cb}=0.725\left(\frac{1}{n}\right)^{0.2} \tag{8-32}$$

$$\begin{bmatrix} R_w \\ G_w \\ B_w \end{bmatrix}=M_{CAT02}\begin{bmatrix} X_w \\ Y_w \\ Z_w \end{bmatrix} \tag{8-33}$$

式中，M_{CAT02} 是修正的 CMCCAT2000 矩阵，则

$$M_{CAT02}=\begin{bmatrix} 0.7328 & 0.4296 & -0.1624 \\ -0.7036 & 1.6975 & 0.0061 \\ 0.0030 & 0.0136 & 0.9834 \end{bmatrix} \tag{8-34}$$

计算 D 因子和一些常量

$$D=F\left[1-\left(\frac{1}{3.6}\right)^{e^{\left(\frac{-L_A-42}{92}\right)}}\right] \tag{8-35}$$

这里，F 在平均观测条件下为 1，在较暗的条件下为 0.9，黑时为 0.8。计算出来的 D 大于 1 时，就设为 1；同样，小于 0 时，设为 0。

$$\begin{cases} D_R=\frac{Y_wD}{R_w}+1-D \\ D_G=\frac{Y_wD}{G_w}+1-D \\ D_B=\frac{Y_wD}{B_w}+1-D \end{cases} \tag{8-36}$$

$$\begin{bmatrix} R_{wc} \\ G_{wc} \\ B_{wc} \end{bmatrix}=\begin{bmatrix} D_RR_w \\ D_GG_w \\ D_BB_w \end{bmatrix} \tag{8-37}$$

$$\begin{bmatrix} R'_w \\ G'_w \\ B'_w \end{bmatrix}=M_{HPE}M_{CAT02}^{-1}\begin{bmatrix} R_{wc} \\ G_{wc} \\ B_{wc} \end{bmatrix} \tag{8-38}$$

其中

$$M_{\mathrm{CAT02}}^{-1} = \begin{bmatrix} 1.096124 & -2.278869 & 0.182745 \\ 0.454369 & 0.473533 & 0.072098 \\ -0.009628 & -0.005698 & 1.015326 \end{bmatrix} \tag{8-39}$$

$$M_{\mathrm{HPE}} = \begin{bmatrix} 0.38971 & 0.68898 & -0.07868 \\ -0.22981 & 1.18340 & 0.04641 \\ 0.0000 & 0.0000 & 1.0000 \end{bmatrix} \tag{8-40}$$

$$\begin{cases} R'_{\mathrm{aw}} = \dfrac{400\left(\dfrac{F_{\mathrm{L}}R'_{\mathrm{w}}}{100}\right)^{0.42}}{27.13+\left(\dfrac{F_{\mathrm{L}}R'_{\mathrm{w}}}{100}\right)^{0.42}}+0.1 \\[5mm] G'_{\mathrm{aw}} = \dfrac{400\left(\dfrac{F_{\mathrm{L}}G'_{\mathrm{w}}}{100}\right)^{0.42}}{27.13+\left(\dfrac{F_{\mathrm{L}}G'_{\mathrm{w}}}{100}\right)^{0.42}}+0.1 \\[5mm] B'_{\mathrm{aw}} = \dfrac{400\left(\dfrac{F_{\mathrm{L}}B'_{\mathrm{w}}}{100}\right)^{0.42}}{27.13+\left(\dfrac{F_{\mathrm{L}}B'_{\mathrm{w}}}{100}\right)^{0.42}}+0.1 \end{cases} \tag{8-41}$$

如果 R'_{w} 是负值，那么 R'_{aw} 的计算公式改成

$$R'_{\mathrm{aw}} = \dfrac{400\left(\dfrac{-F_{\mathrm{L}}R'_{\mathrm{w}}}{100}\right)^{0.42}}{27.13+\left(\dfrac{-F_{\mathrm{L}}R'_{\mathrm{w}}}{100}\right)^{0.42}}+0.1 \tag{8-42}$$

G'_{a}、B'_{a} 也是同样如此。

$$A_{\mathrm{w}} = \left[\dfrac{2R'_{\mathrm{aw}}+G'_{\mathrm{aw}}+B'_{\mathrm{aw}}}{20-0.305}\right]N_{\mathrm{bb}} \tag{8-43}$$

反向第 1 步：计算 J 或 Q。

如果已知 Q，则计算 J

$$J = 6.25\left[\dfrac{cQ}{(A_{\mathrm{w}}+4)F_{\mathrm{L}}^{0.25}}\right]^2 \tag{8-44}$$

反向第 2 步：计算 C、M 或 s。

如果已知 M，则计算 C

$$C = \dfrac{M}{F_{\mathrm{L}}^{0.25}} \tag{8-45}$$

如果从已知 s，则计算 C

$$Q = \left(\dfrac{4.0}{C}\right)\left(\dfrac{J}{100}\right)^{0.5}(A_{\mathrm{w}}+4.0)F_{\mathrm{L}}^{0.25} \tag{8-46}$$

$$C = \left(\dfrac{s}{100}\right)^2\dfrac{Q}{F_{\mathrm{L}}^{0.25}} \tag{8-47}$$

反向第 3 步：计算 H 或 h。

如果已知 H，h 通过表 8-2 的数据可以获得。

选择一个合适的 $i(i=1$、2、3 或 4)，使得 $H_i \leqslant H \leqslant H_{i+1}$，则

$$h' = \frac{(H-H_i)(e_{i+1}h_i - e_i h_{i+1}) - 100 h_i e_{i+1}}{(H-H_i)(e_{i+1} - e_i) - 100 e_{i+1}} \tag{8-48}$$

如果 $h' > 360$，那么 $h = h' - 360$，否则 $h = h'$。

反向第 4 步：计算 t、e 和参数 p_1、p_2、p_3。

$$t = \left[\frac{C}{\sqrt{J/100}\,(1.64 - 0.29^n)^{0.73}} \right]^{1/0.9} \tag{8-49}$$

$$e_t = \cos\left(h\,\frac{\pi}{180} + 2\right) + 3.8 \tag{8-50}$$

$$e = \left(\frac{12500}{13} N_c N_{cb}\right) e_t \tag{8-51}$$

$$A = A_w (J/100)^{1/(cz)} \tag{8-52}$$

$$p_1 = e/t \qquad t \neq 0 \tag{8-53}$$

$$p_2 = (A/N_{bb}) + 0.305 \tag{8-54}$$

$$p_3 = 21/20 \tag{8-55}$$

反向第 5 步：计算 a 和 b。

如果 $t = 0$，则 $a = b = 0$，跳到反向第 6 步。

注意：在计算 $\sin(h)$ 和 $\cos(h)$ 时，要把 h 从度转换成弧度。

如果 $|\sin(h)| \geqslant |\cos(h)|$，那么

$$p_4 = p_1/\sin(h) \tag{8-56}$$

$$b = \frac{p_2(2+p_3)(460/1403)}{p_4 + (2+p_3)(220/1403)[\cos(h)/\sin(h)] - 27/1403 + p_3(6300/1403)} \tag{8-57}$$

$$a = b[\cos(h)/\sin(h)] \tag{8-58}$$

如果 $|\cos(h)| > |\sin(h)|$，那么

$$p_5 = p_1/\cos(h) \tag{8-59}$$

$$a = \frac{p_2(2+p_3)(460/1403)}{p_5 + (2+p_3)(220/1403) - \left[\dfrac{27}{1403} - p_3(6300/1403)\right][\sin(h)/\cos(h)]} \tag{8-60}$$

$$b = a[\sin(h)/\cos(h)] \tag{8-61}$$

反向第 6 步：计算 R'_a、G'_a 和 B'_a

$$\begin{cases} R'_a = \dfrac{460}{1403} p_2 + \dfrac{451}{1403} a + \dfrac{288}{1403} b \\[2mm] G'_a = \dfrac{460}{1403} p_2 - \dfrac{891}{1403} a - \dfrac{261}{1403} b \\[2mm] B'_a = \dfrac{460}{1403} p_2 - \dfrac{220}{1403} a - \dfrac{6300}{1403} b \end{cases} \tag{8-62}$$

反向第 7 步：计算 R'、G'、B'。

$$\begin{cases} R' = \text{sign}(R'_a - 0.1)\dfrac{100}{F_L} \times \left[\dfrac{27.13\,|R'_a - 0.1|}{400 - |R'_a - 0.1|}\right]^{1/0.42} \\[3mm] G' = \text{sign}(G'_a - 0.1)\dfrac{100}{F_L} \times \left[\dfrac{27.13\,|G'_a - 0.1|}{400 - |G'_a - 0.1|}\right]^{1/0.42} \\[3mm] B' = \text{sign}(B'_a - 0.1)\dfrac{100}{F_L} \times \left[\dfrac{27.13\,|B'_a - 0.1|}{400 - |B'_a - 0.1|}\right]^{1/0.42} \end{cases} \tag{8-63}$$

式中，$\text{sign}(x)$ 是符号函数。

$$\text{sign}(x) = \begin{cases} 1 & x > 0 \\ 0 & x = 0 \\ -1 & x < 0 \end{cases} \tag{8-64}$$

反向第 8 步：计算 R_c、G_c、B_c。

$$\begin{bmatrix} R_c \\ G_c \\ B_c \end{bmatrix} = M_{CAT02} M_{HPE}^{-1} \begin{bmatrix} R' \\ G' \\ B' \end{bmatrix} \tag{8-65}$$

其中

$$M_{HPE}^{-1} = \begin{bmatrix} 1.910197 & -1.112124 & 0.201908 \\ 0.370950 & 0.629054 & -0.000008 \\ 0.000000 & 0.000000 & 1.000000 \end{bmatrix} \tag{8-66}$$

反向第 9 步：计算 R、G、B。

$$\begin{bmatrix} R \\ G \\ B \end{bmatrix} = \begin{bmatrix} \dfrac{R_c}{D_R} \\[2mm] \dfrac{G_c}{D_G} \\[2mm] \dfrac{B_c}{D_B} \end{bmatrix} \tag{8-67}$$

反向第 10 步：计算 X、Y、Z。

$$\begin{bmatrix} X \\ Y \\ Z \end{bmatrix} = M_{CAT02}^{-1} \begin{bmatrix} R \\ G \\ B \end{bmatrix} \tag{8-68}$$

3. CIE CAM 02 的应用

CIE CAM 02 自推出以来，得到了研究领域和工业领域的广泛关注，微软推出的 Vista 操作系统采用了新设计的 WCS 色彩管理系统，该系统即以 CIE CAM 02 为核心，以期解决在不同环境下色彩的还原问题。

研究表明，CIE CAM 02 模型在计算中存在几个问题目前已经确定，并概括了存在的问题以及对模型修改或扩展建议，其中主要存在的问题概括为 4 个方面：①某些颜色出现数学问题；②CIE CAM 02 颜色范围比 ICC 特征文件连接空间的颜色范围小；③HPE 矩阵问题；④视明度问题。

复习思考题

1. 什么是色貌?

2. 简述各色貌属性的关系。

3. 常见的色貌现象有哪些?

4. 简述色貌模型的发展。

5. CIE CAM 02 色貌模型的输入参数有哪些,各有何具体意义?

6. 简述色貌模型的应用。

第九章

颜色密度

摄影与印刷工业中，密度是对色彩进行评价的一种重要形式，表示油墨吸收光线的能力。密度是印前分色、印刷过程控制、印刷品质量检测的重要技术指标，能否正确进行密度的检测，直接关系着印刷品的质量。

第一节　密度

一、密度的定义和计算

1. 密度的定义

自然界的物体表面具有各种各样的颜色，在所有颜色中，物体对光谱色的选择性吸收是产生颜色的主要原因。对于透射物体，由朗伯-比尔定律可以写成如下形式：

$$D_\tau = \lg \frac{\Phi_i}{\Phi_\tau} = a_\lambda l c \tag{9-1}$$

式中　l——物体厚度，m；

c——介质浓度，单位体积内含有色料的数量；

a_λ——吸收物体的分子吸光指数，它与物体的分子结构和照射波长有关。

由式（2-16）和（9-1）也可以得出

$$D_\tau = \lg \frac{1}{\tau} \tag{9-2}$$

同理可以得出反射物体的密度为

$$D_\tau = \lg \frac{1}{\rho} = \lg \frac{\Phi_i}{\Phi_\rho} \tag{9-3}$$

从式（9-3）可以看出，反射率越高，密度越小。当反射率 $\rho = 0.1\%$ 时，密度 $D = 3$；$\rho = 1\%$ 时，$D = 2$；$\rho = 10\%$ 时，$D = 1$；$\rho = 50\%$ 时，$D = 0.3$；$\rho = 100\%$ 时，$D = 0$。

2. 多层叠合呈色和密度的计算

假设将一束光 Φ_i 经过第一种物质被吸收后设为 Φ_1，经过第二种物质后则设为 Φ_2。如果以 Φ_1/Φ_i 表示第一种物质的透射率 τ_1，以 Φ_2/Φ_1 表示第二种物质的透射率 τ_2，如图9-1所示。当这两种物质叠合后，它们的合成透射率、密度可用下面的方法计算。

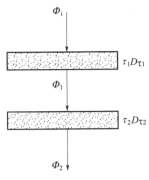

图 9-1　多层叠合密度

第一种物质的透射率 τ_1 与密度 $D_{\tau 1}$ 为

$$\tau_1 = \frac{\Phi_1}{\Phi_i}$$

$$D_{\tau 1} = \lg \frac{1}{\tau_1} \qquad (9\text{-}4)$$

第二种物质的透射率 τ_2 与密度 $D_{\tau 2}$ 为

$$\tau_2 = \frac{\Phi_2}{\Phi_1}$$

$$D_{\tau 2} = \lg \frac{1}{\tau_2} \qquad (9\text{-}5)$$

则通过两层物质后的合成透射率和合成密度值可按下式计算。

合成透射率

$$\tau = \frac{\Phi_2}{\Phi_i} = \frac{\Phi_1}{\Phi_i} \times \frac{\Phi_2}{\Phi_1} = \tau_1 \tau_2 \qquad (9\text{-}6)$$

合成密度

$$D_\tau = \lg \frac{1}{\tau} = \lg \frac{1}{\tau_1 \tau_2} = \lg \frac{1}{\tau_1} + \lg \frac{1}{\tau_2} = D_{\tau 1} + D_{\tau 2} \qquad (9\text{-}7)$$

通常光透射率和光密度都是光谱波长的函数，因此，可将式(9-7)写成光谱透射率 $\tau(\lambda)$ 和光谱密度 $D_\tau(\lambda)$ 的形式。

光谱透射率

$$\tau(\lambda) = \tau_1(\lambda)\tau_2(\lambda) \qquad (9\text{-}8)$$

光谱密度

$$D_\tau(\lambda) = D_{\tau 1}(\lambda) + D_{\tau 2}(\lambda) \qquad (9\text{-}9)$$

从式(9-9)可以看出，几种油墨叠印成色的密度，等于各单色油墨同一滤色片密度之和，这就是密度的相加性，但是在实际印刷中，几种油墨叠印时，用同一滤色片测得的叠印色块的密度值往往明显比各单色油墨密度值之和要小。

二、密度的测量原理

黄品青减色三原色是用来控制红绿蓝三原色色光的，密度实际上是测量的颜色对其吸收补色光的能力。图 9-2 给出了测量密度的示意图。

以青油墨为例，青油墨是用来吸收控制进入人眼的红光的，为了测得它对光谱中红光的吸收能力，在做密度测量时，我们在密度计的光电管前面放置一个红色的滤色片，如图 9-2 所示。通过红滤色片即可测得前面对光谱中红光吸收控制的程度，因为红滤色片只让反射光中的红光通过，而其他蓝绿色光则被红滤色片吸收，所以加放红滤色片后光电管中的光只有红光，即青油墨对光谱色做了选择性吸收后剩余的红光，这时密度计所显示的密度值就反映了青油墨对照射光谱中红光的吸收量。很明显，密度值高，表明透过红滤色片的红光少，青油墨对照射光中

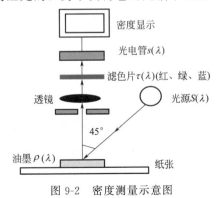

图 9-2　密度测量示意图

的红光吸收量多，则青油墨的饱和度高或墨层厚；反之，若密度值低，则表明透过红滤色片的红光多，青油墨对照射光中的红光吸收量少，则青油墨的饱和度低或墨层薄。也可以说，用密度计测量时加放红滤色片的目的就是为了直接测得青油墨对照射光谱中红光的选择性吸收程度，也就是直接测得青油墨对进入人眼的红光的吸收控制程度，并借以判断青油墨的饱和度和墨层厚度。如果不加红滤色片，则密度反映的是青油墨对照射光整个光谱的吸收程度。

三、密度的分类

1. 窄带密度

光谱窄带密度是在波长为 $\Delta\lambda$ 范围内用窄带滤光片测得的光谱密度 D，$\Delta\lambda$ 的波长带宽一般为 $20\sim40\text{nm}$，一般用波峰处的反射率或透射率来计算密度，D 是光谱反射率倒数的十进制对数，或光谱反射率的十进制负对数值。

$$D = \lg\frac{1}{\beta(\lambda)} = -\lg\beta(\lambda) \tag{9-10}$$

式中 $\beta(\lambda)$——滤光片波峰（λ）处的反射率或透射率。

窄带测量对密度的微小变化增加了敏感性，与用宽带滤色片测量比较，它们更不像人的视觉响应。窄带密度测量主要用于测量网点增大、叠印、墨层厚度及油墨强度。

2. 宽带密度

宽带滤光色密度是印刷工业中最常用的密度，它采用标准宽带彩色滤光片进行测量。光源的能量、光透射率以及光密度都是光谱波长的函数，因此可以写成按光谱分布计算的积分形式：

$$D = -\lg\frac{\displaystyle\int_\lambda S(\lambda)S_{\text{r}}(\lambda)\beta(\lambda)\,\text{d}\lambda}{\displaystyle\int_\lambda S(\lambda)S_{\text{r}}(\lambda)\,\text{d}\lambda} \tag{9-11}$$

式中 D——密度；

$S(\lambda)$——光源的相对光谱功率分布；

$S_{\text{r}}(\lambda)$——传感器相对光谱灵敏度；

$\beta(\lambda)$——物体的光谱反射率或透射率。

当使用 R、G、B 三滤色片测量三滤色片密度时，式(9-11) 改为

$$\begin{cases} D_{\text{R}} = -\lg\dfrac{\displaystyle\int_\lambda S(\lambda)S_{\text{r}}(\lambda)\beta(\lambda)\tau_{\text{R}}(\lambda)\,\text{d}\lambda}{\displaystyle\int_\lambda S(\lambda)S_{\text{r}}(\lambda)\tau_{\text{R}}(\lambda)\,\text{d}\lambda} \\[2em] D_{\text{G}} = -\lg\dfrac{\displaystyle\int_\lambda S(\lambda)S_{\text{r}}(\lambda)\beta(\lambda)\tau_{\text{G}}(\lambda)\,\text{d}\lambda}{\displaystyle\int_\lambda S(\lambda)S_{\text{r}}(\lambda)\tau_{\text{G}}(\lambda)\,\text{d}\lambda} \\[2em] D_{\text{B}} = -\lg\dfrac{\displaystyle\int_\lambda S(\lambda)S_{\text{r}}(\lambda)\beta(\lambda)\tau_{\text{B}}(\lambda)\,\text{d}\lambda}{\displaystyle\int_\lambda S(\lambda)S_{\text{r}}(\lambda)\tau_{\text{B}}(\lambda)\,\text{d}\lambda} \end{cases} \tag{9-12}$$

式中　　D_R，D_G，D_B——R、G、B 三滤色片密度，有的地方也用 D_C、D_M、D_Y 来表示
　　　　　　　R、G、B 三滤色片密度；

$\tau_R(\lambda)$，$\tau_G(\lambda)$，$\tau_B(\lambda)$ ——R、G、B 三滤色片的光谱透射率。

探测器光谱灵敏度以及样品与探测器之间的各种光学器件和滤色片的光谱修正作用的函数称为密度计的光谱响应，理论上，匹配成在实际应用中使用的接收器（如人眼和照相纸等）的光谱响应最理想。

用入射通量的相对光谱功率分布 S 乘以对应波长探测器响应 s，可得到光谱乘积，再用 Π 表示，可以表示为

$$\Pi = Ss \tag{9-13}$$

四、 ISO 规定的密度类型

在使用密度进行色彩检测与控制中，必须选择密度状态，如 T、E 等，这在 ISO 5 中进行了详细的规定。ISO 5 包括四个部分，规定了黑白和彩色图像以及在摄影和印刷技术应用的光学密度空间和光谱条件。在 ISO 5-3 中规定了标准透射密度和反射密度的光谱条件，对于这些条件，用术语"状态密度"区分它们。

1. ISO 5 标准视觉密度

视觉密度主要是指在非彩色试样上测得的密度，视觉密度的定义式是

$$D_V = -\lg \frac{\int_K^L \beta(\lambda)S(\lambda)V(\lambda)\mathrm{d}\lambda}{\int_K^L S(\lambda)V(\lambda)\mathrm{d}\lambda} \tag{9-14}$$

测量视觉密度应该用视觉滤色片，必须用滤色片的光谱透射率 $\tau(\lambda)$ 和传感器的相对光谱灵敏度 $S_r(\lambda)$ 组合起来去模拟人眼的光谱灵敏度 $V(\lambda)$，即满足下式。

$$\tau(\lambda) \approx V(\lambda)/S_r(\lambda) \tag{9-15}$$

式（9-5）为卢瑟条件。

ISO 5 标准视觉密度表示为 $D_T(S_H : s_V)$ 或者 $D_R(S_A : s_V)$，它用于评价直接观察或通过投影观察影像的黑白程度，主要用于测量黑白影像，但也适用于其他类型的影像。

ISO 5 标准视觉密度的光谱乘积如表 9-1 所示。

2. ISO 5 标准印片密度

ISO 5 的标准印片密度表示为 $D_T(S_H : s_p)$ 或者 $D_R(S_A : s_p)$。

在感光材料上印制连续调影像时，需要一种称为印片密度的特殊计量方法。将该密度定义为一种使用了后面定义的合适光谱乘积的非选择性光谱 ISO 5 标准透射密度。印刷时按照该指标，胶片评价会得到相同的结果。当用一胶片试样与 ISO 5 印片密度做接触印片时，胶片也应该和无光谱选择性调制器做接触印片。对于 ISO 5 投影胶片密度，胶片试样应投影印制，但调制器应与印片材料接触印制。然而，两种胶片曝光时应该用同样的投影仪、同样的曝光时间以及和电压保持一致的相同光源，接触印制在印刷材料上。

用于测量或计算 ISO5 标印片密度的光谱乘积和加权因子称为 ISO 5 标准 1 型和 ISO 5 标准 2 型密度。

（1）ISO 5 标准 1 型密度

ISO 5 标准 1 型密度表示为 $D_T(S_H : s_1)$ 或者 $D_R(S_A : s_1)$。

ISO 5 标准 1 型密度意在代表印刷在重氮和缩微工业用相机制作的微泡胶片——原底或中间片。这类印制用胶片，通常在蓝光区和紫光区具有感光性。因此，一般在印片上采用附加的高压汞灯曝光，然而，到何种程度的 ISO 5 标准 1 型密度会匹配实际打印密度，它取决于胶片的灵敏度和印刷系统的光谱与几何特性。其光谱乘积如表 9-1 所示。

（2）ISO 5 标准 2 型密度

ISO 5 标准 2 型密度表示为 $D_T(S_H : s_2)$ 或者 $D_R(S_A : s_2)$，代表在卤化银盲色感光材料上印片（例如黑纸或胶片）。这些数据是用紫外吸收滤光器（在波长 360nm 处截止）修正印片材料的平均光谱响应后得出的。其光谱乘积如表 9-1 所示。

表 9-1　ISO 5 视觉密度、1 型和 2 型密度的光谱乘积的对数值 lgΠ（归一化至峰值为 5.000）

波长 λ/nm	视觉密度 $\lg\Pi_V$	1 型密度 $\lg\Pi_1$ （印片：重氮基和微泡胶片）	2 型密度 $\lg\Pi_2$ （印片：卤化银）
340	−2.822	−2.020	1.136
350	−2.230	−0.800	2.708
360	−1.638	0.420	4.280
370	−1.046	1.640	4.583
380	−0.454	2.860	4.760
390	0.138	4.460	4.851
400	0.730	5.000	4.916
410	1.322	4.460	4.956
420	1.914	2.860	4.988
430	2.447	1.640	5.000
440	2.811	0.420	4.990
450	3.090	−0.800	4.951
460	3.346	−2.020	4.864
470	3.582	−3.240	4.743
480	3.818	−4.460	4.582
490	4.041	−5.680	4.351
500	4.276	−6.900	3.993
510	4.513	−8.120	3.402
520	4.702	−9.340	2.805
530	4.825	−10.560	2.211
540	4.905	−11.780	1.617
550	4.957	−13.000	1.023
560	4.989	−14.220	0.429
570	5.000	−15.440	−0.165
580	4.989	−16.660	−0.759
590	4.956	−17.880	−1.353
600	4.902	−19.100	−1.947
610	4.827	−20.320	−2.541
620	4.731	−21.540	−3.135

波长 λ/nm	视觉密度 $\lg\Pi_V$	1 型密度 $\lg\Pi_1$ (印片:重氮基和微泡胶片)	2 型密度 $\lg\Pi_2$ (印片:卤化银)
630	4.593	−22.760	−3.729
640	4.433	−23.980	−4.323
650	4.238	−25.200	−4.917
660	4.013	−26.420	−5.511
670	3.749	−27.640	−6.105
680	3.490	−28.860	−6.699
690	3.188	−30.080	−7.293
700	2.901	−31.300	−7.887
710	2.622	−32.520	−8.481
720	2.334	−33.740	−9.075
730	2.041	−34.960	−9.669
740	1.732	−36.180	−10.263
750	1.431	−37.400	−10.857
760	1.146	−38.620	−11.451
770	0.861	−39.840	−12.045

3. ISO 5 标准 A 状态密度

ISO 5 标准 A 状态密度表示为 $D_T(S_H:s_A)$ 或者 $D_R(S_A:s_A)$，它适用于彩色感光材料的测量。最初定义为历史上用于评价与透明胶片最相匹配的光谱乘积，不论是直接观察或通过投影。后来，这些光谱乘积也用于纸基上类似的成色剂的测量。

ISO 5 标准 A 状态密度的光谱乘积的对数值如表 9-2 第 2～4 列所示。

4. ISO 5 标准 M 状态密度

ISO 标准 M 状态密度表示为 $D_T(S_H:s_M)$ 或者 $D_R(S_A:s_M)$，它适用于彩色负片感光材料的测量。被定义为符合历史上用于评价用于印刷的彩色负片感光材料最相匹配的光谱产品，如彩色负片。

ISO 标准 M 状态密度的光谱乘积的对数值如表 9-2 第 5～7 列所示。

表 9-2　状态 A 和 M 的光谱乘积的对数值 （$\lg\Pi_M$ 归一化至峰值为 5.000）

波长 λ/nm	状态 A			状态 M		
	蓝	绿	红	蓝	绿	红
340	−26.798	−33.550	−67.632	−15.397	−12.628	−70.691
350	−22.998	−31.350	−64.932	−12.897	−11.568	−68.091
360	−19.198	−29.150	−62.232	−10.397	−10.508	−65.491
370	−15.398	−26.950	−59.532	−7.897	−9.448	−62.891
380	−11.598	−24.750	−56.832	−5.397	−8.388	−60.291
390	−7.798	−22.550	−54.132	−2.897	−7.328	−57.691
400	−3.998	−20.350	−51.432	−0.397	−6.268	−55.091

续表

波长 λ/nm	状态 A			状态 M		
	蓝	绿	红	蓝	绿	红
410	−0.198	−18.150	−48.732	2.103	−5.208	−52.491
420	3.602	−15.950	−46.032	4.111	−4.148	−49.891
430	4.819	−13.750	−43.332	4.632	−3.088	−47.291
440	5.000	−11.550	−40.632	4.871	−2.028	−44.691
450	4.912	−9.350	−37.932	5.000	−0.968	−42.091
460	4.620	−7.150	−35.232	4.955	0.092	−39.491
470	4.040	−4.950	−32.532	4.743	1.152	−36.891
480	2.989	−2.750	−29.832	4.343	2.207	−34.291
490	1.566	−0.550	−27.132	3.743	3.156	−31.691
500	0.165	1.650	−24.432	2.990	3.804	−29.091
510	−1.235	3.822	−21.732	1.852	4.272	−26.491
520	−2.635	4.782	−19.032	−0.348	4.626	−23.891
530	−4.035	5.000	−16.332	−2.548	4.872	−21.291
540	−5.435	4.906	−13.632	−4.748	5.000	−18.691
550	−6.835	4.644	−10.932	−6.948	4.995	−16.091
560	−8.235	4.221	−8.232	−9.148	4.818	−13.491
570	−9.635	3.609	−5.532	−11.348	4.458	−10.891
580	−11.035	2.766	−2.832	−13.548	3.915	−8.291
590	−12.435	1.579	−0.132	−15.748	3.172	−5.691
600	−13.835	−0.121	2.568	−17.948	2.239	−3.091
610	−15.235	−1.821	4.638	−20.148	1.070	−0.491
620	−16.635	−3.521	5.000	−22.348	−0.130	2.109
630	−18.035	−5.221	4.871	−24.548	−1.330	4.479
640	−19.435	−6.921	4.604	−26.748	−2.530	5.000
650	−20.835	−8.621	4.286	−28.948	−3.730	4.899
660	−22.235	−10.321	3.900	−31.148	−4.930	4.578
670	−23.635	−12.021	3.551	−33.348	−6.130	4.252
680	−25.035	−13.721	3.165	−35.548	−7.330	3.875
690	−26.435	−15.421	2.776	−37.748	−8.530	3.491
700	−27.835	−17.121	2.383	−39.948	−9.730	3.099
710	−29.235	−18.821	1.970	−42.148	−10.930	2.687
720	−30.635	−20.521	1.551	−44.348	−12.130	2.269
730	−32.035	−22.221	1.141	−46.548	−13.330	1.859
740	−33.435	−23.921	0.741	−48.748	−14.530	1.449
750	−34.835	−25.621	0.341	−50.948	−15.730	1.054
760	−36.235	−27.321	−0.059	−53.148	−16.930	0.654
770	−37.635	−29.021	−0.459	−55.348	−18.130	0.254

5. ISO 5 标准 T 状态密度

ISO 5 标准 T 状态密度表示为 $D_T(S_H:s_T)$ 或者 $D_R(S_A:s_T)$，适用于印刷品和印刷材料，如印刷样张和打样样张的测量。T 状态密度最初是为了匹配历史上评价分色稿的光谱响应，但后来在美国被广泛应用于测量印刷材料。

ISO 5 标准 T 状态密度的光谱乘积的对数值如表 9-3 第 2～4 列所示。

6. ISO 5 标准 E 状态密度

ISO 5 标准 E 状态密度表示为 $D_T(S_H:s_E)$ 或者 $D_R(S_A:s_E)$，适用于印刷材料的测量，如纸质印刷品和打样样张。E 状态密度是从 DIN 16536-2：1986 中双通带滤光器技术规范拓展而来，绿色和红色光谱乘积和 T 状态的一样。在欧洲状态 E 光谱乘积主要用于对印刷品材料的测量。状态 E 蓝滤色片相比于状态 T 的带宽变窄，因此其产生的值，典型印刷密度下，对于所有的三彩色油墨的值更加相近。

ISO 5 标准 E 状态密度的光谱乘积的对数值如表 9-3 第 5～7 列所示。

表 9-3　状态 T 和 E 的光谱乘积的对数值（$\lg\Pi_M$ 归一化至峰值为 5.000）

波长 λ/nm	状态 T			状态 E		
	蓝	绿	红	蓝	绿	红
340	0.699	−6.786	−18.347	−1.569	−6.786	−18.347
350	1.000	−6.087	−17.472	−0.569	−6.087	−17.472
360	1.301	−5.388	−16.597	0.431	−5.388	−16.597
370	2.000	−4.689	−15.722	1.431	−4.689	−15.722
380	2.477	−3.990	−14.847	2.431	−3.990	−14.847
390	3.176	−3.291	−13.972	3.431	−3.291	−13.972
400	3.778	−2.592	−13.097	4.114	−2.592	−13.097
410	4.230	−1.893	−12.222	4.477	−1.893	−12.222
420	4.602	−1.194	−11.347	4.778	−1.194	−11.347
430	4.778	−0.495	−10.472	4.914	−0.495	−10.472
440	4.914	0.204	−9.597	5.000	0.204	−9.597
450	4.973	0.903	−8.722	4.959	0.903	−8.722
460	5.000	1.602	−7.847	4.881	1.602	−7.847
470	4.987	2.301	−6.972	4.672	2.301	−6.972
480	4.929	3.000	−6.097	4.255	3.000	−6.097
490	4.813	3.699	−5.222	3.778	3.699	−5.222
500	4.602	4.447	−4.347	2.903	4.447	−4.347
510	4.255	4.833	−3.472	1.699	4.833	−3.472
520	3.699	4.964	−2.597	0.495	4.964	−2.597
530	2.301	5.000	−1.722	−0.709	5.000	−1.722
540	1.602	4.944	−0.847	−1.913	4.944	−0.847
550	0.903	4.820	0.028	−3.117	4.820	0.028
560	0.204	4.623	0.903	−4.321	4.623	0.903
570	−0.495	4.342	1.778	−5.525	4.342	1.778

波长 λ/nm	状态 T			状态 E		
	蓝	绿	红	蓝	绿	红
580	−1.194	3.954	2.653	−6.729	3.954	2.653
590	−1.893	3.398	4.477	−7.933	3.398	4.477
600	−2.592	2.845	5.000	−9.137	2.845	5.000
610	−3.291	1.954	4.929	−10.341	1.954	4.929
620	−3.990	1.063	4.740	−11.545	1.063	4.740
630	−4.689	0.172	4.398	−12.749	0.172	4.398
640	−5.388	−0.719	4.000	−13.953	−0.719	4.000
650	−6.087	−1.610	3.699	−15.157	−1.610	3.699
660	−6.786	−2.501	3.176	−16.361	−2.501	3.176
670	−7.485	−3.392	2.699	−17.565	−3.392	2.699
680	−8.184	−4.283	2.477	−18.769	−4.283	2.477
690	−8.883	−5.174	2.176	−19.973	−5.174	2.176
700	−9.582	−6.065	1.699	−21.177	−6.065	1.699
710	−10.281	−6.956	1.222	−22.381	−6.956	1.222
720	−10.980	−7.847	0.745	−23.585	−7.847	0.745
730	−11.679	−8.738	0.268	−24.789	−8.738	0.268
740	−12.378	−9.629	−0.209	−25.993	−9.629	−0.209
750	−13.077	−10.520	−0.686	−27.197	−10.520	−0.686
760	−13.776	−11.411	−1.163	−28.401	−11.411	−1.163
770	−14.475	−12.302	−1.640	−29.605	−12.302	−1.640

7. ISO 5 标准窄带密度

ISO 窄带态密度表示为 $D_T(S_H : s_{\lambda,\sigma})$ 或者 $D_R(S_A : s_{\lambda,\sigma})$，它被设计成表示单色光密度，是由以下三个基本特征定义。

① 峰值波长。选择接近实际应用的波长。

② 光谱带宽。光谱乘积下降到规定的峰值百分数时，两点之间用波长单位表示的宽度。例如：50%，不大于 20nm；0.1%，不大于 40nm。一个额定值为 15nm 频宽（50% 点）的三腔 Fabry-Perot 干涉滤色片很容易满足上述要求。

③ 边带抑制。在 0.01% 波长点外光谱乘积的总积分应不超过 0.01% 波长点内光谱乘积积分的给定分数。如果待测密度最高为 3.0，则该分数不应大于 1/10000（抑制比）；如果待测密度最高为 4.0，则该分数不应大于 1/100000（抑制比）。

边带抑制和峰值波长应使用下列下标符号指定光谱响应 S。

下标 λ 表示峰值波长；下标 σ 表示 10 的次幂指数边带抑制。

例 1：$D_T(S_H : s_{480,5})$ 表示峰值波长 480nm，边带抑制为 10^5。

例 2：$D_T(S_H : s_{590,4})$ 表示峰值波长 590nm，边带抑制为 10^4。

8. ISO 5 标准 I 状态密度

ISO 5 标准 I 状态密度表示为 $D_T(S_H : s_I)$ 或者 $D_R(S_A : s_I)$，用于评价印刷制板材

料，如纸张印刷油墨。I 状态密度是窄带密度的特例。其光谱带宽和边带抑制比如上节所定义，其峰值波长为蓝 430nm（±5nm）、绿 535nm（±5nm）、红 625nm（±5nm）。

ISO 5 标准 I 状态密度的光谱乘积的对数值如表 9-4 所示。

表 9-4　状态 I 的光谱乘积的对数值（$\lg\Pi_I$ 归一化至峰值为 5.000）

波长 λ/nm	430nm 峰值	535nm 峰值	625nm 峰值
340	−145.230	−303.080	−303.080
350	−122.997	−303.080	−303.080
360	−100.764	−303.080	−303.080
370	−78.532	−303.080	−303.080
380	−56.299	−289.741	−303.080
390	−34.067	−267.508	−303.080
400	−15.015	−245.276	−303.080
410	−2.561	−223.043	−303.080
420	3.629	−200.811	−303.080
430	5.000	−178.578	−303.080
440	3.629	−156.346	−303.080
450	−2.561	−134.113	−303.080
460	−15.015	−111.881	−303.080
470	−34.067	−89.648	−289.741
480	−56.299	−67.416	−267.508
490	−78.532	−45.183	−245.276
500	−100.764	−23.705	−223.043
510	−122.997	−7.975	−200.811
520	−145.230	1.274	−178.578
530	−167.462	4.730	−156.346
540	−189.695	4.730	−134.113
550	−211.927	1.274	−111.881
560	−234.160	−7.975	−89.648
570	−256.392	−23.705	−67.416
580	−278.625	−45.183	−45.183
590	−300.857	−67.416	−23.705
600	−303.080	−89.648	−7.975
610	−303.080	−111.881	1.274
620	−303.080	−134.113	4.730
630	−303.080	−156.346	4.730
640	−303.080	−178.578	1.274
650	−303.080	−200.811	−7.975
660	−303.080	−223.043	−23.705
670	−303.080	−245.276	−45.183
680	−303.080	−267.508	−67.416

波长 λ/nm	430nm 峰值	535nm 峰值	625nm 峰值
690	−303.080	−289.741	−89.648
700	−303.080	−303.080	−111.881
710	−303.080	−303.080	−134.113
720	−303.080	−303.080	−156.346
730	−303.080	−303.080	−178.578
740	−303.080	−303.080	−200.811
750	−303.080	−303.080	−223.043
760	−303.080	−303.080	−245.276
770	−303.080	−303.080	−267.508

注：表中的数据是一个示例，带宽和边带抑制是已知的，在此基础上改进的数据都是可以的。

9. ISO 5 标准 3 型密度

ISO 5 标准 3 型状态密度表示为 $D_T(S_H:s_3)$ 或者 $D_R(S_A:s_3)$，应用于在多层彩色胶片上的光学胶片是由染料影像加银或一种金属盐组成。光学声带通常用于具有 S-1 型光敏面或硅探测器的还音系统。用透射峰值在波长 800nm 的窄带滤光器密度计可以监控这种形式的声带。该系统的有效光谱响应度以 S_3 表示，所用密度计的条件应符合下述规定：密度计的峰值响应度在 (800 ± 5) nm 处，带宽为 20nm，带宽内的响应和为总响应的 80%，此带宽由光谱乘积最大值一半处的相应两波长之差决定。

10. 利用光谱数据计算 ISO 5 标准密度

宽带密度应按照式(9-12)进行计算，为了简化计算，ISO 5 给出了相应的转换后的光谱乘积或权重因子。

ISO 5 标准密度的计算可以用 1nm 间隔的光谱数据计算，也可以用 10nm 或 20nm 间隔的光谱数据计算。

用 1nm 间隔的光谱数据计算时，光谱反射或光谱透射数据应确定在 1nm 间隔，并通过直接测量而得，或通过在比 1nm 宽的间隔的数据用拉格朗日方法插值获得。ISO 5 反射标准密度计算如式(9-16)所示。

$$D = -\lg\left[\sum_\lambda \frac{\Pi_\lambda R_\lambda}{\Pi_{sum}}\right] \tag{9-16}$$

式中 Π_λ——波长 λ 处的光谱乘积，在 ISO 5 的文件中给出了详细的数据，限于篇幅，本书不再给出；

R_λ——波长 λ 处的光谱反射率；

Π_{sum}——340~770nm 的光谱乘积总和。

用 10nm 或 20nm 间隔的光谱数据计算时，采用式(9-17)。

$$D = -\lg\left[\sum_\lambda \frac{W_\lambda R_\lambda}{100}\right] \tag{9-17}$$

式中 W_λ——波长 λ 处的权重因子，如表 9-5 和表 9-6 所示；

R_λ——波长 λ 处的光谱反射率；

100——波长从 340nm 到 770nm 光谱权重因子的总和。

表9-5 各状态密度10nm间隔的权重因子

波长λ/nm	ISO视觉密度	印片1型	印片2型	状态A			状态M			状态T			状态E			状态I		
				蓝	绿	红	蓝	绿	红	蓝	绿	红	蓝	绿	红	蓝	绿	红
340	0	0.0001	-0.0181	0	0	0	0	0	0	0.0003	0	0	0	0	0	0	0	0
350	0	0.0014	0.0484	0	0	0	0	0	0	0.0014	0	0	0	0	0	0	0	0
360	0	0.0034	1.9896	0	0	0	0	0	0	0.0028	0	0	-0.0003	0	0	0	0	0
370	0.0001	-0.1086	4.1876	0	0	0	0	0	0	0.0125	0	0	-0.0028	0	0	0	0	0
380	0.0002	-0.3304	5.9885	0	0	0	0	0	0	0.0385	0	0	0.0388	0	0	0	0	0
390	0.0004	22.1299	7.5501	0	0	0	-0.0001	0	0	0.21	0	0	0.5362	0	0	0	0	0
400	0.0009	56.6083	8.6847	-0.0034	0	0	-0.0231	0	0	0.8323	0	0	2.4215	0	0	-0.0064	0	0
410	0.0019	22.1299	9.5734	-0.3725	0	0	-0.098	0	0	2.4537	0	0	5.837	0	0	-1.8503	0	0
420	0.0078	-0.3304	10.2722	2.7628	0	0	3.4977	0	0	5.5297	0	0	11.1997	0	0	15.6734	0	0
430	0.0265	-0.1086	10.5721	20.8478	0	0	10.6842	0	0	8.5297	0	0	15.7929	0	0	72.3666	0	0
440	0.061	0.0034	10.3356	32.3954	0	0	18.3795	0	0	11.4476	0	0	18.7024	0	0	15.6734	0	0
450	0.1165	0.0013	9.4212	26.6839	0	0	24.5157	0	0	13.2614	0	0	17.4636	0	0	-1.8503	0	0
460	0.2091	0.0003	7.7401	13.7112	0	0	22.2117	0	0	14.0388	-0.0013	0	14.3432	-0.0013	0	-0.0064	0	0
470	0.3618	0.0001	5.8521	3.7233	0	0	13.7079	0.0006	0	13.6479	-0.0096	0	8.8859	-0.0095	0	0	0	0
480	0.6195	0	4.0335	0.2752	-0.0001	0	5.5234	0.0293	0	11.9318	0.1727	0	3.5169	0.1724	0	0	0	0
490	1.0386	0	2.3748	-0.0217	-0.012	0	1.3734	0.3179	0	9.1433	0.964	0	1.1061	0.964	0	0	0	0
500	1.7923	0	1.042	-0.0019	-0.2564	0	0.2178	1.4247	0	5.602	5.4663	0	0.1589	5.4663	0	0	0	0
510	3.0873	0	0.2731	-0.0001	2.887	0	0.0127	4.2095	0	2.5683	12.8804	0	-0.0013	12.8802	0	0	-0.2876	0
520	4.7537	0	0.0623	0	19.1351	0	-0.0027	9.5119	0	0.7408	17.5926	0	0.0008	17.5928	0	0	-1.2818	0
530	6.3209	0	0.0163	0	31.4337	0	-0.0001	16.6877	0	0.0055	18.9941	0	0.0004	18.9941	0	0	51.5694	0
540	7.5982	0	0.0007	0	25.8404	0	0	22.3531	0	0.0001	16.7862	0.0001	0.0001	16.7862	0.0001	0	51.5694	0
550	8.569	0	-0.0001	0	14.1437	0	0	21.9873	0	0.0013	12.5972	0.0004	0	12.5972	0.0004	0	-1.2818	0
560	9.2196	0	0	0	5.3654	0	0	14.7609	0	0.0003	8.0105	0.0027	0	8.0105	0.0027	0	-0.2876	0

续表

波长 λ/nm	ISO视觉密度宽度	印片1型	印片2型	状态 A			状态 M			状态 T			状态 E			状态 I		
				蓝	绿	红	蓝	绿	红	蓝	绿	红	蓝	绿	红	蓝	绿	红
570	9.4564	0	0	0	1.2955	0	0	6.5166	0	0.0001	4.2078	-0.0419	0	4.2078	-0.0419	0	0	0
580	9.2194	0	0	0	0.1659	-0.0004	0	1.8566	0	0	1.7152	-0.3728	0	1.7152	-0.3728	0	0	0
590	8.5471	0	0	0	0.0035	-0.1077	0	0.3155	0	0	0.4815	11.4921	0	0.4815	11.4921	0	0	0
600	7.5447	0	0	0	-0.0015	-0.2997	0	0.0283	-0.0002	0	0.1252	30.713	0	0.1252	30.713	0	0	-0.2876
610	6.3584	0	0	0	-0.0001	16.1662	0	0	-0.0614	0	0.0163	27.2826	0	0.0163	27.2826	0	0	-1.2818
620	5.0773	0	0	0	0	33.7973	0	-0.0001	-0.6306	0	0.0009	17.3613	0	0.0009	17.3613	0	0	51.5694
630	3.7164	0	0	0	0	25.3121	0	0	13.1997	0	0.0001	8.0369	0	0.0001	8.0369	0	0	51.5694
640	2.5589	0	0	0	0	13.8622	0	0	34.8262	0	0	3.1981	0	0	3.1981	0	0	-1.2818
650	1.6395	0	0	0	0	6.5315	0	0	28.0578	0	0	1.5211	0	0	1.5211	0	0	-0.2876
660	0.9723	0	0	0	0	2.723	0	0	13.867	0	0	0.4947	0	0	0.4947	0	0	0
670	0.5336	0	0	0	0	1.1853	0	0	6.2567	0	0	0.1529	0	0	0.1529	0	0	0
680	0.2898	0	0	0	0	0.4975	0	0	2.6758	0	0	0.0911	0	0	0.0911	0	0	0
690	0.1466	0	0	0	0	0.2006	0	0	1.0889	0	0	0.0479	0	0	0.0479	0	0	0
700	0.0748	0	0	0	0	0.0813	0	0	0.4422	0	0	0.016	0	0	0.016	0	0	0
710	0.0395	0	0	0	0	0.0314	0	0	0.1713	0	0	0.0031	0	0	0.0031	0	0	0
720	0.0204	0	0	0	0	0.0119	0	0	0.0652	0	0	0.0005	0	0	0.0005	0	0	0
730	0.0103	0	0	0	0	0.0046	0	0	0.0253	0	0	0.0001	0	0	0.0001	0	0	0
740	0.0051	0	0	0	0	0.0018	0	0	0.0099	0	0	0	0	0	0	0	0	0
750	0.0025	0	0	0	0	0.0007	0	0	0.0039	0	0	0	0	0	0	0	0	0
760	0.0015	0	0	0	0	0.0003	0	0	0.0017	0	0	0	0	0	0	0	0	0
770	0.0004	0	0	0	0	0.0001	0	0	0.0003	0	0	0	0	0	0	0	0	0
和	100	100	100	100	100	100	100	100	100	100	100	100	100	100	100	100	100	100

表 9-6　各状态密度 20nm 间隔的权重因子

波长λ/nm	ISO视觉密度	印片1型	印片2型	状态A 蓝	状态A 绿	状态A 红	状态M 蓝	状态M 绿	状态M 红	状态T 蓝	状态T 绿	状态T 红	状态E 蓝	状态E 绿	状态E 红	状态I 蓝	状态I 绿	状态I 红
340	0	-0.0027	-0.2819	0	0	0	0	0	0	-0.0002	0	0	-0.0004	0	0	0	0	0
360	0.0001	-1.6437	3.9557	0	0	0	0	0	0	-0.006	0	0	-0.0468	0	0	0	0	0
380	0.0003	11.5779	11.9602	-0.0018	0	0	-0.0148	0	0	-0.0003	0	0	-0.0323	0	0	-0.0034	0	0
400	0.0004	80.1369	17.3965	-1.5718	0	0	-0.7564	0	0	1.8234	0	0	5.0752	0	0	-5.2145	0	0
420	0.0164	11.578	20.5466	13.0126	0	0	8.0582	0	0	10.8762	0	0	22.2541	0	0	55.2179	0	0
440	0.118	-1.6441	20.6052	58.3749	0	0	37.2626	-0.0004	0	22.6837	-0.0008	0	36.4132	-0.0008	0	55.2179	0	0
460	0.4097	-0.0022	15.5202	29.6919	0	0	42.7724	-0.0266	0	28.06	-0.0913	0	28.0701	-0.0913	0	-5.2145	0	0
480	1.2052	-0.0001	8.0585	0.8018	-0.2799	0	12.6425	-0.073	0	23.738	-0.0724	0	8.1269	-0.0725	0	-0.0034	0	0
500	3.7088	0	2.1757	-0.3054	-0.3554	0	0.1435	2.9681	0	11.3514	12.161	0	0.2245	12.1609	0	0	-3.5537	0
520	9.4425	0	0.0761	-0.0022	37.4723	0	-0.1054	19.9745	0	1.6451	34.5619	0	-0.0836	34.5619	0	0	28.4969	0
540	15.1861	0	-0.0113	0	50.9459	0	-0.0026	43.2528	0	-0.1676	33.4589	-0.0013	-0.001	33.459	-0.0013	0	78.5071	0
560	18.428	0	-0.0015	0	12.3275	-0.0003	0	29.7207	0	-0.0037	16.2854	-0.8657	0	16.2854	-0.8657	0	-3.2902	0
580	18.4092	0	0	0	-0.0033	-1.2027	0	4.4469	-0.0001	0	3.5915	4.8217	0	3.5915	4.8217	0	-0.1601	-0.1601
600	15.1061	0	0	0	-0.1052	7.6707	0	-0.2326	-1.0063	0	0.1342	51.5195	0	0.1342	51.5195	0	0	-3.2902
620	10.1071	0	0	0	-0.0018	56.0831	0	-0.0301	5.5549	0	-0.0265	36.5205	0	-0.0265	36.5205	0	0	78.5071
640	5.1455	0	0	0	0	30.9342	0	-0.0004	56.9783	0	-0.0017	6.9737	0	-0.0017	6.9737	0	0	28.4969
660	1.9553	0	0	0	0	5.5233	0	0	32.5257	0	0	0.8994	0	0	0.8994	0	0	-3.5537
680	0.5669	0	0	0	0	0.8398	0	0	5.1018	0	0	0.0997	0	0	0.0997	0	0	0
700	0.1445	0	0	0	0	0.1307	0	0	0.7298	0	0	0.0335	0	0	0.0335	0	0	0
720	0.0384	0	0	0	0	0.0182	0	0	0.1001	0	0	-0.0008	0	0	-0.0008	0	0	0
740	0.0104	0	0	0	0	0.0029	0	0	0.0153	0	0	-0.0002	0	0	-0.0002	0	0	0
760	0.0009	0	0	0	0	0.0001	0	0	0.0004	0	0	0	0	0	0	0	0	0
和	100	100	100	100	100	100	100	100	100	100	100	100	100	100	100	100	100	100

五、孟塞尔明度值与密度的关系

孟塞尔明度是按视感觉上等间隔将明度分为 0~10 共 11 级，它是从视觉心理角度对物体的明暗做等量的划分。孟塞尔明度值的这种分级是根据大量的实验，并以严格科学数据为基础的，是世界各国公认的视觉心理明度等间隔分级的标准。

物体的亮度因数 Y 就是三刺激值中的 Y 刺激值。对反射（或透射）体来说，它表示物体反射光（或透射光）的强弱和明暗程度。按照前述的研究表明，当孟塞尔明度值 $V=10$ 时，与之对应的亮度因数 Y_0 值为 102.57。孟塞尔第 10 级明度，它代表理想的完全反射漫射体，它的反射率等于 1（用 $\rho_0=1$ 表示）。

对于任意物体表面来说，如果我们测量出了亮度因数 Y，则相对于孟塞尔系统第 10 级明度所代表的完全反射漫射体而言，它的反射率应为

$$\rho=\frac{Y}{Y_0}\rho_0 \tag{9-18}$$

式中　ρ——物体表面的反射率；

Y_0——孟塞尔系统第 10 级明度的亮度因数，$Y_0=102.57$；

ρ_0——孟塞尔系统第 10 级明度的反射率，$\rho_0=1$；

Y——物体表面的亮度因数。

由密度的定义：

$$D=\lg\frac{1}{\rho}=\lg\frac{Y_0}{Y\rho_0}=\lg\frac{102.57}{Y} \tag{9-19}$$

孟塞尔明度值反映了人的视觉对判断物体明暗的心理规律，式(5-36)将孟塞尔明度值 V 与物体的亮度因数 Y 做了转换。只要测量出物体的亮度因数 Y，就可以从表 5-9 中查出与之对应的孟塞尔明度值。由此，就把密度与亮度因数 Y 和孟塞尔明度值联系起来，找到它们之间的换算关系。通过式(9-19)的计算，可以将表 5-9 中孟塞尔明度值 V 与亮度因数 Y 的关系转换成如表 9-7 中反射密度 D（视觉密度）与孟塞尔明度值 V 的关系，在这个表中，第一列表示密度的个位数和小数点后第一位，第一行表示密度的小数点后第二位，例如查找密度为 0.55 对应的孟塞尔明度值，查找 0.5 和 0.05 的交叉点为 5.87，这个 5.87 为相应的孟塞尔明度值。由孟塞尔明度值查找 V 时，如果没有直接对应的 V 值，可以查找与之相邻的两个 V 对应的 Y，然后进行线性插值。

表 9-7　反射密度 D 与孟塞尔明度值 V 的关系

密度 D	0	0.01	0.02	0.03	0.04	0.05	0.06	0.07	0.08	0.09
0	10.00	9.92	9.83	9.75	9.65	9.56	9.47	9.38	9.29	9.22
0.1	9.14	9.05	8.97	8.88	8.80	8.71	8.63	8.54	8.46	8.37
0.2	8.30	8.23	8.15	8.08	8.00	7.92	7.84	7.77	7.70	7.63
0.3	7.55	7.48	7.40	7.32	7.25	7.17	7.12	7.05	7.00	6.93
0.4	6.85	6.77	6.70	6.63	6.55	6.49	6.43	6.36	6.30	6.23
0.5	6.17	6.11	6.05	6.00	5.93	5.87	5.81	5.76	5.70	5.65

续表

密度 D	0	0.01	0.02	0.03	0.04	0.05	0.06	0.07	0.08	0.09
0.6	5.60	5.55	5.50	5.44	5.39	5.33	5.28	5.23	5.18	5.13
0.7	5.08	5.03	4.98	4.93	4.88	4.83	4.78	4.73	4.69	4.64
0.8	4.60	4.55	4.49	4.45	4.40	4.36	4.31	4.26	4.22	4.17
0.9	4.13	4.08	4.04	4.00	3.95	3.91	3.86	3.82	3.78	3.74
1	3.70	3.66	3.62	3.59	3.55	3.51	3.48	3.44	3.40	3.37
1.1	3.33	3.30	3.26	3.22	3.19	3.15	3.12	3.09	3.05	3.01
1.2	2.98	2.95	2.91	2.88	2.85	2.81	2.78	2.75	2.71	2.68
1.3	2.65	2.62	2.59	2.56	2.53	2.50	2.47	2.43	2.40	2.37
1.4	2.34	2.31	2.28	2.25	2.23	2.20	2.17	2.14	2.10	2.08
1.5	2.05	2.02	1.99	1.96	1.94	1.91	1.88	1.85	1.83	1.80
1.6	1.77	1.75	1.73	1.70	1.68	1.65	1.62	1.60	1.57	1.55
1.7	1.52	1.50	1.47	1.45	1.43	1.40	1.38	1.36	1.33	1.31
1.8	1.28	1.26	1.24	1.21	1.19	1.17	1.14	1.12	1.10	1.08
1.9	1.06	1.04	1.02	1.00	0.97	0.95	0.93	0.91	0.90	0.88
2.0	0.86	0.84	0.82	0.80	0.78	0.77	0.75	0.73	0.71	0.70
2.1	0.68	0.66	0.64	0.63	0.61	0.60	0.59	0.58	0.57	0.56
2.2	0.54	0.53	0.52	0.51	0.50	0.48	0.47	0.46	0.45	0.44
2.3	0.43	0.42	0.41	0.40	0.39	0.38	0.37	0.36	0.36	0.35
2.4	0.34	0.32	0.31	0.31	0.30	0.29	0.28	0.28	0.27	0.26

图 9-3 是孟塞尔明度与密度的关系曲线,由于孟塞尔系统的明度是视觉均匀的,从图中可以看出,孟塞尔明度与密度并非线性关系,因此这里也可以看出密度在视觉内是不是均匀的。

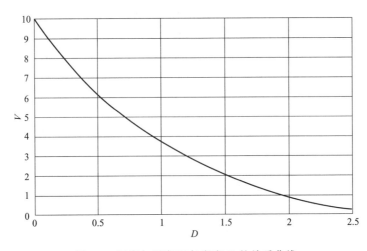

图 9-3 孟塞尔明度 V 与密度 D 的关系曲线

第二节　印刷油墨颜色质量的 GATF 评价方法

一、影响油墨密度的因素

根据式(9-1)朗伯-比尔定律可以知道,当油墨浓度 c 保持不变时,则同一种油墨的密度 D 应与厚度成正比(因为吸光指数 a_λ 是常数)。但这通常只考虑照射光在物体内吸收的情况,而没有考虑光波在油墨层的散射、多重反射等其他复杂的情况。因此,我们把只有吸收的情况称为简单减色法,实际情况要比这复杂得多,可暂称为复杂的减色混合。下面分别讨论影响光密度的各种因素。

1. 油墨的首层表面反射

图 9-4 及图 9-5 所示为平滑有光泽的油墨表面(油墨的镜面反射)和粗糙无光泽油墨表面(油墨的漫反射)。对平滑有光泽的油墨表面而言,当入射光的入射角为 45°时,其反射角也为 45°,首层表面反射率约为 4%。对于粗糙无光泽油墨表面而言,首层表面反射无方向性,致使墨层密度值下降。

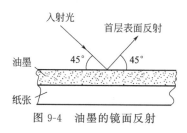
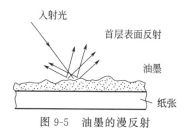

图 9-4　油墨的镜面反射　　　　　图 9-5　油墨的漫反射

2. 油墨的多重内反射

油墨的多重内反射如图 9-6 所示,由于油墨和纸的折射系数几乎相同,光线由墨层至纸面或由纸面反射回墨层时所发生的表面反射可忽略不计。但当光线透出墨层时,一些光线被墨层的内表面反射回纸面的现象,对于油墨的呈色性则有较大影响。

光线从大折射系数的油墨至小折射系数的空气时,由于经纸面漫反射回墨层的光以各种角度射至墨层内表面,故必将发生完全内反射,既有相当部分的光要被墨层反射回纸面。对于一束光线,这种内反射可能要经历多次,它被称为多重内反射。光透出墨层前在墨层中几经倾斜内反射,每次内反射时油墨都吸收部分光,致使油墨密度非常规则地增加。当油墨密度足够大时,光在墨层中作多重内反射之前就被吸收了。墨层的多重内反射使其吸收范围加宽,并增加了其他波长的不应有的密度。

3. 油墨的透明性不良

油墨中颜料颗粒的表面反射和连接料与悬浮于其间颜料的折射系数差造成了油墨的透明性不良,如图 9-7 所示。当油墨叠印时,这就是一种严重的缺陷。上层油墨的任何透明性不良,将影响光线透入下层油墨,因而不能被下层油墨充分地进行选择性吸收。

4. 油墨的选择性吸收不纯

采用油墨作为减色法呈色的色料,正是基于油墨具有相对纯净的光谱选择性吸收性能。

四色胶印之所以要以黄、品红和青油墨作为三原色油墨，也是基于它们的光谱选择性吸收主要分布在蓝色区、绿色区和红色区。常用青、品红和黄油墨的光谱密度曲线见图9-8。由图9-8可见，油墨在应吸收色域的吸收量不足，而在不应吸收色域又具有一定量的吸收。

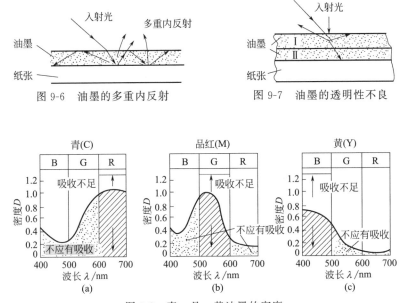

图9-6　油墨的多重内反射　　　图9-7　油墨的透明性不良

图9-8　青、品、黄油墨的密度

（1）不应有吸收和不应有密度

从图9-8中可以看到，青油墨在400～500nm的蓝色波段和500～600nm的绿色波段内都不应有吸收，它应该全部反射，因而不应该有密度值存在，或者说在此区间其密度值应为0。所以称400～500nm和500～600nm的密度为青油墨的不应有密度。之所以产生不应有密度，是因为青油墨中掺杂有黄色的成分，造成它在400～500nm区间吸收蓝光，这可以用密度计上的蓝滤色片来测量，以D_B表示。又由于青油墨中还掺杂有品红的成分，造成它在500～600nm区间又吸收绿光，产生不应有密度，这可以用密度计上的绿滤色片来测量，以D_G来表示。由于油墨存在不应有密度，青油墨就有三个密度值：其一是由红滤色片测得的D_R称为主密度值；另外两个为不应有密度D_G和D_B，称为副次密度值。同理，对于品红油墨和黄油墨也因颜色不纯净，而有用红、绿、蓝三滤色片所测得的密度。表9-8为一组青、品红、黄三原色油墨用红、绿、蓝三滤色片所测得的密度值。

表9-8　青、品红、黄三色油墨的三滤色片密度

色别	红(R)滤色片密度	绿(G)滤色片密度	蓝(B)滤色片密度
青(C)	1.23	0.50	0.14
品红(M)	0.14	1.20	0.53
黄(Y)	0.03	0.07	1.10

（2）吸收不足和密度不够

从图9-8(a)中还可看到，青油墨在600～700nm区间对红光吸收不足，密度值不够高。在表9-8中的青油墨，主密度$D_R=1.23$，实际吸收红光为94%；品红油墨主密度$D_G=$

1.20，实际吸收绿光为93.5％；黄油墨主密度 D_B＝1.10，实际吸收蓝光92％，三者吸收性都不够强，因为在理想的情况下，各原色油墨的主密度值至少应达到2以上，吸收率为99％，其副次密度应为0，如表9-9所示。由此可见，采用密度测量法评价油墨的颜色质量很方便，也是容易判断的。

表 9-9　理想青、品红、黄三色油墨的三滤色片密度

色别	红(R)滤色片密度	绿(G)滤色片密度	蓝(B)滤色片密度
青(C)	2.00	0	0
品红(M)	0	2.00	0
黄(Y)	0	0	2.00

二、评价油墨颜色质量的参数

目前在印刷界广泛采用的以上述红、绿、蓝三滤色片密度值来评价油墨颜色特征的方法，是由美国印刷技术基金会 GATF 推荐的，它提出了四个参数来表征油墨的颜色质量特性。

1. 油墨色强度

不同油墨进行强度比较时，三个滤色片中密度数值最高的一个即为该油墨的强度。例如在表9-8中的青油墨强度为1.23，品红油墨强度为1.20，黄油墨强度为1.10，它们也是各自的主密度值。油墨强度决定了油墨颜色的饱和度，也影响着套印的间色和复色色相的准确性和中性色是否能达到平衡等问题。油墨的强度，在一般的印刷工艺情况下，黄油墨主密度值 D_B 为 1.00～1.10，品红主密度值 D_G 为 1.30～1.40，青油墨主密度值 D_R 为 1.40～1.50，黑油墨主密度值 D_k 为 1.50～1.60。

2. 色相误差（色偏）

因为油墨颜色不纯洁，使得对光谱的选择吸收不良，产生不应有密度，而造成色相误差。不应有密度的大小就是这种色相偏差的反映。从表9-8中可以看到，各种原色都可以用 R、G、B 滤色镜测量，得到高、中、低三个不同大小的密度值。色相误差可由这三个密度值按照下面的公式进行计算。油墨的色相误差 E_h 用百分比表示

$$E_h = \frac{D_M - D_L}{D_H - D_L} \times 100\% \tag{9-20}$$

式中　E_h——色相误差；

　　　D_M——油墨三滤色片密度中的中间值；

　　　D_L——油墨三滤色片密度中的最小值；

　　　D_H——油墨三滤色片密度中的最大值。

以表9-8中的青油墨为例，其色相误差为 E_h＝(0.50－0.14)÷(1.23－0.14)×100％＝33％。

3. 灰度

油墨的灰度，可以理解为该油墨中含有非彩色的成分。如前所述，这是由于低密度值处不应有吸收所造成的，它只起消色作用。灰度以百分比表示，用下面的方法计算

$$Gr = \frac{D_\mathrm{L}}{D_\mathrm{H}} \times 100\% \tag{9-21}$$

式中 Gr——色相误差。

仍以表 9-8 中的青油墨为例，其灰度为 $Gr = 0.14 \div 1.23 \times 100\% = 11.38\%$。

灰度对油墨的饱和度有很大影响，灰度的百分数越小，油墨的饱和度就越高。

4. 色效率

油墨色效率是指一种原色油墨应当吸收 1/3 的色光，完全反射 2/3 的色光。因为油墨存在不应有吸收和吸收不足，就使得油墨颜色效率下降，可按下式计算

$$CE = 1 - \frac{D_\mathrm{M} + D_\mathrm{L}}{2D_\mathrm{H}} \times 100\% \tag{9-22}$$

以表 9-8 中的青油墨为例，它的色效率为 $CE = 1 - (0.14 - 0.50) \div (2 \times 1.23) \times 100\% = 74\%$。

色效率只对三原色油墨有意义，对于两原色油墨叠印的间色（二次色）就没有实际意义了。

表 9-10 以某品牌胶印油墨为例，给出了其颜色质量参数。

表 9-10　某品牌胶印油墨的颜色质量参数

色别	颜色密度			色相误差/%	灰度/%	色效率/%
	D_R	D_G	D_B			
Y	0.06	0.11	1.00	5.0	6.0	91.0
M	0.18	1.45	0.77	46.0	12.0	67.0
C	1.55	0.52	0.17	25.0	11.0	78.0
G(C+Y)	1.48	0.54	0.85	32.6	36.5	—
R(M+Y)	0.18	1.46	1.43	97.6	12.3	—
B(C+M)	1.57	1.55	0.72	97.6	45.8	—

三、 GATF 色轮图

图 9-9 是美国印刷技术基金会所推荐的色轮图，该图是以油墨的色相误差和灰度两个参

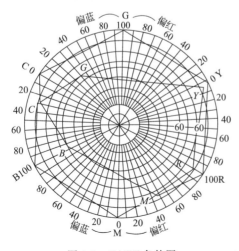

图 9-9　GATF 色轮图

量作为坐标，圆周分为三原色 Y、M、C 和三间色 G、R、B 六个等份，圆周上的数字表示色相误差，从圆心向圆周半径方向分为 10 格，每格代表 10%，最外层圆周上灰度为 0（饱和度最高为 100%），圆心上灰度为 100%（消色，饱和度最低，等于 0）。在色轮图上描点时要注意下面两点。

① 对于 Y、M、C 三原色的色相误差以零为标准，在确定这一色相误差偏离原色坐标的方向时，以那个滤色片测得的密度值最小为依据，即表示某颜色较多地反射了该滤色片的色光，故偏靠该滤色片的方向，即色相误差就偏向该滤色片

的颜色。

例如表 9-8 中的品红 M，其色相误差为 46%，最小密度值是由红滤色片测得的，故确定坐标时应往红方向偏 46%。灰度坐标由外往里计算为 12%，这样就可确定 M 点。同理可以确定 Y 和 C 两点在图 9-9 中的位置。

② 对于 R、G、B 三间色的色相误差，以 100 为标准，因为理想的绿（G）色在绿滤色片的密度值应为 0，而在红和蓝滤色片下的密度应呈现最高值，如表 9-11 所示，所以理想绿色的色相误差为 100%，实际上是 32.9%。

表 9-11 理想绿色和实际绿色的三滤色片密度

色别	滤色片		
	R	G	B
理想绿色	2.00	0	2.00
实际叠印绿色(C+Y)	1.48	0.54	0.85

所以实际叠印绿色的色相误差为 32.9%，其最小密度值是由蓝滤色片测得（本色滤色片的密度值除外），故该绿色应偏向蓝色方向，在 32.9% 的位置上。灰度坐标仍然由外往里计算为 36.5%，这样就确定了 G 点。用同样的方法可以确定红色 R 点和蓝色 B 点在色轮图中的位置。

将图 9-9 中的 Y、R、M、B、C、G 连接起来构成的六边形，就是这组三原色油墨的色域。该六边形越大，则油墨色域越大，色效率越高。完全理想的一组彩色油墨为图中虚线所表示的正六方形。

GATF 色轮图采用色相误差和灰度两个坐标，直观清晰，很容易理解，尽管这种方法并不能像 CIE 系统那样精确，但是在包装印刷上用来分析油墨的颜色的印刷特性，却是很受欢迎和有效的。

第三节 印刷膜层厚度计算

油墨作为印刷中颜色的载体，它的量的多少对于颜色的再现起着决定性的作用。因此有必要研究油墨的密度和油墨的墨层厚度的关系。我们这里讲的墨层厚度是指实地密度，实地密度是指印张上网点面积率为 100%（即承印物完全被油墨覆盖）时所测得的密度。油墨的密度和油墨墨层的厚度有着直接的关系，但是油墨的密度还和其他因素（如承印物）有关，因此，油墨的密度和厚度并不是一种简单的关系，它们之间有着非常复杂的关系。

实际上印刷油墨层的光学密度 D，并不因油墨层的厚度变大而无限地增加。多数纸张的油墨厚度在 10μ 左右便达到饱和状态，密度值不再增加（图 9-10）。假设饱和状态时的密度值为 D_∞，则可写出下面的关系式

$$\mathrm{d}D = m(D_\infty - D)\mathrm{d}l \qquad (9\text{-}23)$$

经积分、整理后有

$$D = D_\infty(1 - e^{-ml}) \qquad (9\text{-}24)$$

式中 m——与印刷所用纸张的平滑度有关的常数。

式（9-24）中密度 D、油墨厚度 l 可用实验的方法确定，从而可以求出式中的另外两个参数 D_∞ 和 m。

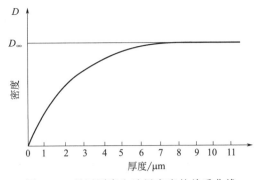

图 9-10　墨层厚度和油墨密度的关系曲线

例如用新闻纸在印刷适性仪（IGT）上，以 $l_1=1.097\mu m$、$l_2=2.194\mu m$ 进行压印，测知其相应的密度为 $D_1=0.69$、$D_2=1.01$，则按式（9-24）可写出方程组

$$\begin{cases} D_1=D_\infty(1-e^{-ml_1}) \\ D_2=D_\infty(1-e^{-ml_2}) \end{cases}$$

消去 D_∞ 则有

$$\begin{cases} D_1=D_\infty(1-e^{-ml_1}) \\ D_2=D_\infty(1-e^{-ml_2}) \end{cases}$$

$$D_1=\frac{1-e^{-ml_1}}{1-e^{-ml_2}}D_2$$

$$0.69=\frac{1-e^{-m\times1.097}}{1-e^{-m\times2.194}}\times1.01$$

解方程式可求得纸张平滑度常数

$$m=0.700$$

所以可以求得饱和状态时的密度值

$$D_\infty=D/(1-e^{-ml})=0.69\div(1-e^{-0.700\times1.097})=1.2873$$

将所求得的参数 D_∞ 和 m 代入式（9-24），就可以得到适合于新闻纸的油墨密度与厚度的关系计算式

$$D=1.2873(1-e^{-0.700l})$$

朗伯-比尔定律中有两个参数，为了求得这两个参数，朗伯-比尔定律采用代入两组实验数据的办法。因为实验的误差而导致数据必然存在一定的不精确性，因此这样求得的两个参数可能不能适合大量的实验数据，从而无法在实际生产当中大胆使用。但如果多代入几组数据求参数，最后对所求得参数取平均值，则可提高方程的准确性，对实际生产更有意义。

复习思考题

1.什么是光反射密度和光谱反射密度，如何计算？

2.若某油墨的密度为 2.0，则该油墨对光的吸收率为多少？

3.彩色密度测量时，为什么要加滤色片？加滤色片（R、G、B）后，测得的密度值表示什么意思?

4.如果已知青油墨的反射率 $\rho_{CR}=0.064$,试计算:①油墨的密度值 DCR=? ②青墨吸收了白光中的什么色光? 它的吸收率是多少?

5.什么是宽带密度和窄带密度? 用公式分别如何表示?

6.ISO 5 标准密度类型有哪些?

7.ISO 5 标准 E 和 T 状态密度的异同点有哪些?

8.若已知 Y、M、C 三原色油墨的 B、G、R 三滤色片密度值如表 9-12 所示,试计算各色油墨的灰度、色相误差和色效率。

表 9-12　Y、M、C 三原色油墨的 B、G、R 三滤色片密度值

色别	颜色密度		
	D_B	D_G	D_R
Y	1.10	0.12	0.05
M	0.80	1.35	0.16
C	0.21	0.42	1.45

9.根据第 8 题的结果,画出其色轮图。

10.什么是不应有吸收和吸收不足,它们密度是如何影响的?

11.密度和孟塞尔明度有何关系?

12.什么是密度的比例性和叠加性?

第十章 颜色测量

颜色的测量是颜色科学最重要的工程应用之一，它不仅依赖于颜色本身的光谱特性，还与测量的几何条件、照明光源的光谱分布等密切相关，因此，国际照明委员会（CIE）和全国颜色标准化技术委员会都推荐了相关的测色标准，以使颜色测量参数和各测色仪器制造商的产品能够进行交流和对比。

随着颜色科学技术及其产业化的发展，人们的生活水平不断提高，颜色产品已经应用在工业生产和日常生活的各个方面，从而对颜色的品质提出了越来越高的要求，所以，颜色的测量和评价日益重要。

第一节　目视测色

目视法是一种古老而基本的颜色测量方法，这种方法通过人眼的观察对颜色样品与标准颜色的差别进行直接的视觉比较，要求操作人员具有丰富的颜色观察经验和敏锐的判断力，即便如此，测色结果中仍不可避免地包含了一些人为的主观因素，而且工作效率很低，所以随着颜色科学的发展和工业化水平的提高，这种目视测色法在工业中的应用越来越少，取而代之的是采用物理仪器的客观测色方法。但是，颜色的比较和评估原则毕竟要以人眼的判定为依据，所以在颜色视觉机理和色貌模型等心理物理研究中，目视测色法仍被广泛采用。

一、标准光源箱

进行颜色的目视测量时，首先要确定标准的照明和观察条件，该条件要必须能在较长的时间内保持稳定。因此，通常需要采用标准光源箱，如图 10-1 所示，其光谱功率分布和照度应该要与样品需要的照明条件一致。标准光源箱一般都有多种光源，如 D50、D55、D65、D75、TL83、TL84、TL85、紫外光、A 等，不同厂家的产品，其光源也不一样，同时有的标准光源箱还具有光源亮度的调节能力，可以根据需要进行亮度调节。

所有实际用于目视评估的光源，与自然昼光在光谱功率分布和照度上都存在一定的差异。因此，需要科学合理地定义目视照明的周围场和背景，使标准光源箱中的真实光源达到对现实世界照明条件的最接近模拟。

周围场（surround）指的是标准光源箱的内壁，其应该是无光泽和中性的，而且其特定

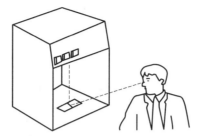

图 10-1 利用标准光源箱进行目视测色的观察条件

的明度取决于被模拟的照明环境。当内壁是黑色时，照明基本上是定向的，它与直射太阳光照射物体的照明情况相似。随着壁面明度的增加，从壁面到标准光源箱底面的二次反射也有所增大，这种反射增加了标准光源箱的漫射特征，因此提高了对多云天空条件的模拟程度。大多数标准光源箱的明度 L^* 为 $60\sim70$，由此获得了定向与漫射的组合照明，以便观察被测物体颜色的差异。如果待测物体不是高光泽材料，最好不要改变周围场的特征。当对高光泽材料进行评估时，标准光源箱的背景应该涂成黑色，或采用黑色的天鹅绒进行覆盖，这样可以消除由镜面反射导致的标准光源箱背景的图像。

背景（background）指的是样品放置其上的表面，一般大多指标准光源箱的底面。如果目视测量的目的是评估色表，那么背景应该是无光泽的，并且具有中等明度（$L^*=50$）。当判断色差时，有时需要改变背景的明度，以增加小色差的差异，这是通过选择介于标准和样品之间的明度而实现的，但这样会减弱仪器测色与目视测色之间的可比性，所以一般不推荐这种用法。

当限定了标准光源箱的周围场和背景，并且其光源也选定后，必须测量光源的光谱功率分布和照度水平。理论上要求标准光源箱的所有光源的照度非常一致（约 100lx 以内），但实际上商用光室的光源照度差别较大。

二、ISO 3664 的规定

在印刷过程中对印刷品复制进行控制的最佳观察条件应该与印刷品最终的观察环境相符。如果十分清楚最终的观察环境，印刷工作人员就可以在相同的条件下进行印刷品的品质监控了。但是这种情况一般不太可能，尤其重要的是，最终的观察条件不允许我们在原稿、照片或合同样张、最终印刷品件进行直接的对比。因为在光源和相关观察条件下，每一种材料的显色方式直接影响最终的图像效果。为了避免对色彩复制效果的误解，在产品复制过程中使用稳定的观察条件是十分必要的。观察环境的周围物体或存在的物体表面，其颜色和亮度也在很大程度上影响着观察者对观察对象的节点色彩感觉。有时，人们使用标准观察箱进行观察。但是一般的观察台建在房子的某一部分，所以，对观察环境的控制十分重要。

为确保在所有复制环节中使用统一的观察条件，推荐统一的观察标准势在必行。对于彩色印刷品和照片的观察条件，推荐的标准是 ISO 3664。

ISO 3664 规定了用于反射和透射媒体图像的观察条件，如印刷品和透明胶片，以及在彩色显示器上独立显示的图像。特别应用于：

① 透明片、反射摄影照片或照相制版印刷品，和/或其他物体和图像的关键性比较；

② 在照度和实际应用相似的情况下，印刷品和透明片阶调复制和颜色的评估，包括例

行检查；

③ 投影观测的透明片和印刷品、物体或其他复制品的关键性比较；

④ 不和其他硬拷贝比较的彩色显示器上的图像的评估。

不适合于未印刷的纸张。

ISO 3664:2009 给出了 4 种观察条件：比较观察条件、印刷品的实际评价条件、透射片的投影观察条件、彩色显示器上图像评估条件，具体要求如表 10-1 所示。

表 10-1　ISO 3664:2009 观察条件

比较观察条件	参考照明体[a]		亮度/照度		符合 CIE 13.3—1995 的显色性指数		符合 ISO/CIE 23603 的同色异谱指数		照明均匀性（最小:最大）		环境照明的反射率/照度/亮度
	照明体	色度容差	照度/lx	亮度/(cd/m²)	一般显色性指数	样本 1~8 的特殊显色性指数	视觉	UV	平面≤1m×1m	平面>1m×1m	
印刷品的鉴定比较观察条件（P1）	CIE 照明体 D50	0.005	2000±500（2000±250）[b]	—	≥90	≥80	C 或更好（B 或更好）[b]	<1.5（<1）[b]	≥0.75	≥0.6	<60%（中性灰、无光泽）
透射直接观察条件（T1）	CIE 照明体 D50	0.005	—	1270±320（1270±160）[c]	≥90	≥80	C 或更好（B 或更好）[b]	—	≥0.75		5%~10% 的亮度水平（中性灰，并向外延伸 50mm）
印刷品的实际评价条件（P2）	CIE 照明体 D50	0.005	500±125	—	≥90	≥80	C 或更好（B 或更好）[b]	<1.5（<1）[b]	≥0.75		<60%（中性灰、无光泽）
透射片的投影观察条件（T2）	CIE 照明体 D50	0.005	—	1270±320	≥90	≥80	C 或更好（B 或更好）[b]	—	≥0.75		亮度水平为 5%~10%（中性灰并在各方向延伸 50mm）
彩色显示器上图像评估条件	CIE 照明体 D65	0.025	—	>80（>160）[b]	不适用		不适用		不适用		中性灰、暗灰或黑[d]

[a] 规定了参考光源的相对光谱功率分布，不包含显示器，在这种情况下规定了显示器的白点的色度。参考光源允许的色度容差在观察平面上的，符合 CIE 1976 u'_{10}、v'_{10} 系统。

[b] 推荐括号中的值。

[c] 推荐括号中的值。当比较胶片和印刷品时，观察平面上胶片照明的亮度和印刷品相当的照度的比值必须为 2.0（±0.2）:1。

[d] 推荐显示器的环境照明≤32lx，必须≤64lx。

印刷品和胶片的参考照明体的相对光谱功率分布必须是 D50 照明体。D50 在 CIE 色度图中的色度坐标为 $x_{10}=0.3478$ 和 $y_{10}=0.3595$，在 CIE LUV 中为 $u'_{10}=0.2102$、$v'_{10}=0.4889$。色度容差用下式计算

$$\Delta C = \sqrt{(u'_{10,s} - u'_{10,t})^2 + (v'_{10,s} - v'_{10,t})^2} \tag{10-1}$$

式中 $u'_{10,s}$，$v'_{10,s}$——D50 在 CIE LUV 中的色度坐标，$u'_{10,s}=0.2102$、$v'_{10,s}=0.4889$；

$u'_{10,t}$，$v'_{10,t}$——所用照明体在 CIE LUV 中的色度坐标。

1. P1 条件

P1 条件是图像的两个拷贝间比较的观察条件。比较通常是在原稿和复制品之间或者两个复制品之间进行，如一次印刷的样张，或者多个影印。比较的图像可以在相同的媒体上（反射的或透射的），或在不同的媒体上（包括摄影作品或印刷品，印刷机打样稿或非印刷机打样稿），甚至在透射和反射媒体间进行，如胶片和它的打样稿比较。高的照度水平可以允许在高密度区域对颜色和阶调等级进行更关键性评判，在通常的实际应用观察条件下可能感觉不到。

观察平面的照明必须近似于 CIE D50。它的色度坐标 u'_{10}、v'_{10} 用式(3-1) 计算得 $\Delta C \leqslant 0.005$。显色指数按照 CIE 13.3—1995 测量，观察表面的 CIE 一般显色指数必须为 90 或以上，样本 1~8 的各个特殊显色指数必须在 80 以上。

如果用 ISO/CIE 23603 的方法评估，观察平面照明可见光谱同色异谱指数必须小于1.0，最好小于 0.5。对于条件 P1，如果用 ISO/CIE 23603 的方法评估，紫外（UV）区域的同色异谱指数要小于 1.5，最好小于 1.0。

一般来说，观察区域中心的照度为（2000±500）lx，最好（2000±250）lx，从中心到边缘照度要尽量均匀。对于达到 $1 m^2$ 的观察区域，照明区域任意一点的照度不能小于中心的75%。对于更大的观察区域，最低下限为 60%。要通过测量至少 9 个观察平面上均匀分布的点来评估均匀性。

周围场和背衬应当是中性灰的和无光泽的。周围场的光反射系数（入射光通量和反射光通量的比值）为 10%~60%。对于担心观察炫光的关键性评估，推荐用 20% 的灰。值的确切选择是基于可用的设备和不同工业阶段的正常应用情况。然而，无论选择什么值，重要的是，在多个地方评估图像时，各自的周围场要一致。各周围场的反射比要在 1.0(±0.2)∶1范围内。

观察环境一定要设计得对观察任务的影响尽可能减小。重要的是，要消除外部影响对印刷品或胶片视觉评估的条件，观察者要避免进入新的照明环境中立即进行判定，这是因为视觉适应要花几分钟时间。不管是来自光源还是物体和表面反射的外部光线必须要挡住，以免影响观察和照射在印刷品、胶片或者其他评估的图像上。另外，有强烈颜色的表面（如衣服）也不要进入评估环境。在视场范围内的墙、天花板、地面和表面要挡住，或者涂成反射率 60% 或者更低的中性灰。需要注意的是用一个观察箱很容易把这些问题减至最小，而不是在房间里设计一个开放的环境。这样的设备也很容易满足周围场的要求，避免过度地观察炫光，否则会导致透射照明体的问题。然而，即使用这些装置，也要注意适应和避免外部光。

2. P2 条件

P2 条件的观测表面中心的照度为（500±125）lx，其他和 P1 条件完全相同，P2 条件适用于单个图像的阶调评估、摄影图像检查和印刷品判定。不适用于媒体的同时比较，因为那样颜色匹配是最重要的，例如打样样张和印刷品比较、胶片和样张（或印刷品）比较，或不同工艺的印刷品和胶片比较。唯一的例外是由于显示器的低亮度水平而进行的印刷品和显示器的比较，但是这种比较超出了本标准的范围，ISO 3664 只处理与硬拷贝分离的显示器图像的评估。

需要注意的是，P2 的相对光谱功率分布特征和 P1 的完全相同。因此，在 P1 下匹配的图像在 P2 下也会匹配，但是反过来就不一定对，特别是有明显的暗调范围时。

经验表明，P1 的高照度水平会在图像的阶调复制和颜色方面给人错误的感觉，而这些图像最终要在低照度水平的情况下被消费者应用。在很高的照度下能够让人非常乐于接受的图像在常规的照度水平时不见得让人满意。为了避免这个问题，检查印刷品的照度水平可以任意设置，印刷用户常常把样张拿到未知条件的低照度水平下核实阶调复制是否可接受。因为照度水平和照明特征都是不可控制的，这就给工艺带来了不确定性，不便于有效交流。本子条款的观察条件试图把这些问题降至最低。规定的观察条件用于在办公室、图书馆或相对明亮的住宅照明条件下阶调复制评估、摄影图像检查或印刷品判定。通过这些条件下的图像评估，基本可以保证满意的阶调复制。这种判定不可能在 P1 规定的高照度条件下准确地做出。

在印刷工业中，主要的观察应用是印刷品比较，这要用到 P1 条件。但是阶调复制要在低照度水平下评定时，建议用 P2 或实际照明条件。P1 和 P2 具有相同的 D50 的相关色温。

三、目视评价

被测颜色样品的尺寸应该保持一致，并且样品的尺寸越大，其目视测量的精确度也越高。一般来说，样品至少应有 $13cm^2$ 大小。如果达不到这种尺寸要求，那么在使用小一些的样品时，观察者应该在视角不小于 $2°$ 的距离外观察样品。如果标准色样的尺寸比样品还小，则应该采用罩子分别覆盖其上，以便得到相等的观察面积，同时罩子的明度和表面性能应该与背景相同。若已知样品的尺寸及其到观察者的距离，如图 2-7 所示，则可以由式(2-3)计算出观察视角。

判断两个试样的色差时，该样品对的制备方法应该相同，并且习惯上将试样以边界接触的方式放置。试样应平放于标准光源箱的底面上，以使照明与试样平面垂直。观察者离标准光源箱开口距离为 15～30cm，并且保持观察角度（观察方向与试样法线之间的夹角）为 $45°$的高度，如图 10-1 所示。由于光室的照明取决于特定的光源、散射体及周围场的明度，并在基本定向反射与中等散射范围内变化，因此，在目视评估中，保持观察者与试样的距离不变是非常重要的。

第二节　仪器测色的色度基准

按照 CIE 的规定，反射颜色样品的光谱反射率因数，是相对于完全反射漫射体（在整个可见光谱范围内的反射比均为 1）来测量的。然而，现实中并不存在理想的完全漫反射体实物标准，所以必须用已知绝对光谱反射比的氧化镁（MgO）、硫酸钡（$BaSO_4$）等工作标准白板来校准分光光度计，才能在仪器上直接测量样品的绝对光谱反射比。因此，首先必须准确测量氧化镁、硫酸钡等工作标准的绝对光谱反射比，建立准确可靠的测色工作标准，并进行科学有效的量值传递。

为了建立国家色度基准，中国计量科学研究院根据光度测量的积分球原理，利用辅助积分球法（双球法）来实现绝对光谱反射比的测量。对于透射比的测量，一般以空气为100％的参比标准。

利用漫反射性能好、反射比高的 MgO（烟积或喷涂）、$BaSO_4$ 和海伦（Halon）等材料进行反射比测量，可以得到较高的准确度。然而，这些材料的光学稳定性差，容易污染，完好保存及重复使用困难，因而无法长久地保持反射比量值的稳定性和准确性。为了多次标定以提高准确度，应在得到色度基准的绝对光谱反射比之后，随即将其量值传递到光学性能稳定、经久耐用、表面便于清洁的乳白玻璃、高铝瓷板、陶瓷白板或搪瓷白板上，作为保存反射比量值的副基准白板。

中国色度计量器具检定系统（JJG 2029—2006）规定了我国色度国家基准的用途。该基准包括基准的计量器具、基准的基本计量学参数，以及借助副基准、工作基准和标准向工作计量器具传递色度单位量值的程序。国家色度计量基准用于复现国家色度计量单位，通过色度副基准、工作基准、一级基准、二级基准和专用标准反射板，向全国传递色度单位量值，以保证我国色度量值的准确和统一。

在国家基准体系中，一级基准、二级基准和专用标准反射白板或色板都需按照 JJG 453—2002《标准色板检定规程》的要求，采用光谱光度法在分光测色仪上进行检定。工作计量器具中色差计、色度计和白度计等，经过标准反射板校准后，即可应用光电积分法来比较和检测各类白板、色板、色卡和其他各种颜色样品。对这些色度测量仪器的检定，在国家计量标准中规定了相应的规程，如 JJG 512—2002《白度计检定规程》、JJG 211—2005《亮度计检定规程》、JJG 595—2002《测色色差计检定规程》等。

第三节 颜色测量的几何条件

一、基本术语

CIE 15：2004 引入了一些术语，这些术语在以前的版本中没有用过，应用这些术语，能够更精确地说明几何条件的含义。

（1）参照平面（reference plane）

反射样品测量时，参照平面就是放置样品或参比标准的平面。几何条件就是相对于此平面确定出来的。

透射样品测量时有两个参照平面：第一个是入射光参照平面；第二个是透射光参照平面。它们的距离等于样品的厚度。CIE 推荐书假定样品厚度可以忽略，两个参照平面合为一个。

（2）采样孔径（sampling aperture）

采样孔径是指在参照平面上被测量的面积。它的大小由被照明面积和被探测器接收的面积中较小的一个来确定。如果照明面积大于接收面积，被测面积称为过量（over filled）；如果照明面积小于接收面积，被测面积称为不足（under filled）。

（3）调制（modulation）

调制是反射比、反射因数、透射比的通称。

（4）照明几何条件 ［irradiation or influx（illumination or incidence）geometry］

照明几何条件是指采样孔径中心照明光束的角分布。

（5）接收几何条件 ［reflection/transmission or efflux（collection，measuring）geometry］

接收几何条件是指采样孔径中心接收光束的角分布。

二、定向照射的命名法

（1）45°方向几何条件 （45°x）［forty-five degree directional geometry（45°x）］

测量反射样品颜色时，45°x 表示：与样品法线成 45°，且只有一条光束照明样品，符号"x"表示该光束在参照平面上的方位角。方位角的选取应考虑样品的纹理和方向性。

（2）45°环形几何条件 （45°a）［forty-five degree annular gcomctry（45°a）］

测量反射样品颜色时，45°a 表示：与样品法线成 45°，从所有方向同时照明物品。符号"a"表示环形照明。这种条件能使样品的纹理和方向性对测量结果影响较小。这种几何条件可用一个光源和一个椭球面环形反射器或其他非球面光学系统来实现，称作 45°环形照明，记作 45°a。这种几何条件，有时也采用在一个圆环上由多个光源或用一个光源由光纤分成多束，其端部装在一个圆环上来完成。这种离散的环形照明记为 45°c。

（3）0°方向几何条件 （0°）［zero degree directional geometry（0°）］

在反射样品的法线方向照明。

（4）8°方向几何条件 （8°）［eight degree geometry（8°）］

与反射样品法线成 8°角，且只有一个方向照明样品。在许多实际应用中，该条件可用于代替 0°方向几何条件。在反射样品测量中，这种条件就可以实现包含或排除镜面反射成分两种几何条件的区别。

三、反射测量条件

（1）di：8°

漫射照明，8°方向接收，包括镜面反射成分，如图 10-2（a）所示。

样品被积分球在所有方向上均匀地漫射照明，照明面积应大于被测面积。接收光束的轴线与样品中心的法线之间的夹角为 8°，接收光束的轴线与任一条光线之间的夹角不应超过 5°，探测器表面的响应要求均匀，并且被接收光束均匀地照明。

（2）de：8°

漫射照明，8°方向接收，排除镜面反射成分，如图 10-2（b）所示。

几何条件同 di：8°，只是接收光束中不包括镜面反射成分，也不包括与镜面反射方向成 1°角以内的其他光线。

（3）8°：di

8°方向照明，漫反射接收，包括镜面反射成分，如图 10-2（c）所示。

几何条件同 di：8°，但它是 di：8°的逆向光路。也就是照明光束的轴线与样品中心的法线之间的夹角为 8°，照明光束的轴线与任一条光线之间的夹角不应超过 5°。样品被照明面积应小于被测面积。漫反射光采用积分球从所有的方向上接收。

（4）8°：de

8°方向照明，漫反射接收，排除镜面反射成分，如图 10-2（d）所示。

几何条件同 de:8°，它是 de:8°的逆向光路。样品被照明面积应小于被测面积。

（5）d:d

漫射照明，漫反射接收，如图 10-2(e) 所示。

几何条件同 di:8°，只是漫反射光用积分球从所有方向上接收。在这种几何条件下测试，照明面积和接收面积是一致的。

（6）d:0°

漫射照明，0°方向接收，排除镜面反射成分，如图 10-2(f) 所示。

d:0°是漫射照明的另一种形式。样品被积分球漫射照明，在样品法线方向上接收。这种几何条件能很好地排除镜面反射成分。

（7）45°a:0°

45°环形照明，0°方向接收，如图 10-2(g) 所示。

样品被环形圆锥光束均匀地照明，该环形圆锥的轴线在样品法线上，顶点在样品中点，内圆锥半角为 40°，外圆锥半角为 50°，两圆锥之间的光束用于照明样品。在法线方向上接收，接收光锥的半角为 5°，接收光束应均匀地照明探测器。

如果将上述照明光束改为：在一个圆环上装若干离散光源或装若干光纤束来照明样品，就成为 45°c:0°几何条件。

（8）0°:45°a

0°方向照明，45°环形接收，如图 10-2(h) 所示。

几何条件同 45°a:0°，它是 45°a:0°的逆向光路。在法线方向上照明样品，在与法线成 45°方向上环形接收。

（9）45°x:0°

45°定向照明，0°方向接收，如图 10-2(i) 所示。

几何条件同 45°a:0°相同，但照明方向只有一个，而不是环形。"x"表示照明的方位。在法线方向上接收。

（10）0°:45°x

0°定向照明，45°方向接收，如图 10-2(j) 所示。

几何方向同 45°x:0°，它是 45°x:0°的逆向光路。在法线方向上照明样品，在一定的方位

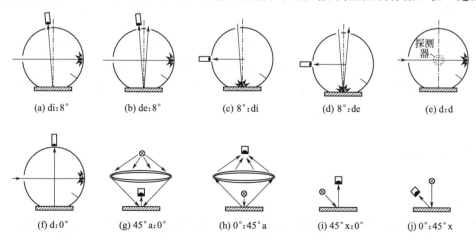

图 10-2 反射测量的几何条件

角上与法线成 45°角接收。

上述（1）、（2）、（6）～（10）几何条件下，测到的是反射因素 $R(\lambda)$，其中定向接收的几何条件，当接收的立体角足够小时，给出的反射因素称为辐亮度因数 $\beta(\lambda)$。条件（3）给出的是光谱反射比。所以，在极限条件下，45°x:0°条件给出辐亮度因数 $\beta_{45°x;0}$；0°:45°x 条件给出辐亮度因数 $\beta_{0;45°x}$；di:8°条件给出辐亮度因数 $\beta_{di;8°}$；d:0°条件下给出近似辐亮度因数 $\beta_{d;0°}$；几何条件 8°:di 给出光谱反射比 ρ。

当使用积分球时，球内要加白色屏，以阻止样品和光源在球壁的照射点或样品和球壁被测量点之间光线的直接传递。积分球开孔的总面积不应超过积分球内表面的 10%。

在进行漫反射比测量时，接收光能应包括样品所有方向上的漫反射光（包括与法线近于90°的散射）。

当用积分球测量发光（荧光或磷光）样品时，照明光的光谱功率分布会被样品的反射和发射光改变，优先采用定向型的几何条件 45°a:0°、45°x:0°或 0°:45°a、0°:45°x。

CIE 标准照明和观测条件与现实世界或光暗室中观察物体时所看到的明显不一致。首先，上述几何条件将纹理均匀化了，但是纹理是决定试样外貌的一个重要因素，它对色差的影响很大，因此实际计算纹理的方式不可能与仪器测量的空间均匀相等；其次，大多数照明是定向成分与漫射成分的组合，可是 CIE 的标准几何条件要么提供定向成分，要么提供漫射成分。

但是，上述矛盾在某些情况下可以得到缓解。对于漫射材料，无论是用定向照明还是漫射照明，它们看起来都是一样的，因为其表面的一次反射在所有观察角均匀发散。因此，当人们在观察漫射材料时，几何条件的选择就不重要了，不同的几何条件几乎产生一样的结果，并且与目视测量极其相近。对于高光泽材料，其表面形成一个易画出界限的镜面反射，所以观察者可以通过选择样品来消除镜面反射成分。如果样品放置在光暗室的底面，并以45°角观察，则光暗室的后部应该衬上黑色的天鹅绒。这样，当采用高光泽材料时，可以选用 di:8°和 45°a:0°中的任何一个条件，它们将得到相同的结果，并且与目视测量密切相关，因为在这两种情况下被测表面的一次反射都消除了。

对于表面介于高光泽和高漫射之间的样品，它的色貌取决于照明的几何条件。如果能改变定向和漫反射成分的比例，并保持颜色和照明强度不变，那么可以观察到这些材料的明度和彩度将发生改变。这时优先选择 45°a:0°几何条件。由于积分球孔径的尺寸没有标准化（只有与积分球总表面积的相对限制），因此采用 de:8°几何条件的仪器测量相互之间缺少一致性。然而，当降低定向灵敏度成为关键（如测量纺织物和颗粒时），应该在候选的 45°a:0°和 de:8°两种几何条件下旋转样品并对测量结果进行比较。在很多情况下，减少定向灵敏度比仪器测量间的一致性更重要。由于环形几何条件是关于照明而不是在所有方位角下的连续测量，因此这类仪器可能受到高定向灵敏度的影响。

四、透射测量条件

（1）0°:0°

0°照明，0°接收。

照明光束和接收光束都是相同的圆锥形，均匀的照明样品或探测器。它们的轴线在样品中心的法线上，半锥角为 5°。探测器表面的响应要求均匀，如图 10-3(a) 所示。

（2）di:0°

漫射照明，0°接收。包括规则透射成分。

样品被积分球在所有方向上均匀的照明；接收光束的几何条件同 0°:0°，如图 10-3（b）所示。

（3）de:0°

漫射照明，0°接收。排除规则透射成分，如图 10-3（c）所示。

此几何条件同 di:0°，只是当不放样品时，与光轴成 1°以内的光线均不直接进入探测器。

（4）0°:di

0°方向照明，漫透射接收。包括规则透射成分。

此几何条件是 di:0°的逆向光路，如图 10-3（d）所示。

（5）0°:de

0°方向照明，漫透射接收。排除规则透射成分。

此几何条件是 de:0°的逆向光路，如图 10-3（e）所示。

（6）d:d

漫射照明，漫透射接收。

样品被积分球在所有方向上均匀的照明，透射光均匀地从所有方向上被积分球接收，如图 10-3（f）所示。

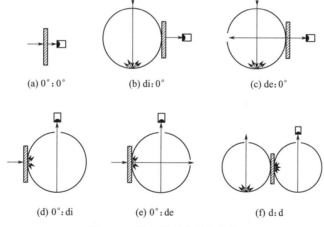

图 10-3 透射测量的几何条件

上述条件中，规则透射成分被排除的几何条件给出的是透射因数，其余条件给出的是透射比。对一些特殊样品的测量，可以制定另外的几何条件，或给予不同的公差。当使用积分球时，球内要加白色屏，以阻止光源和样品（或参比标准）之间光线直接传递（漫射照明情况）；样品（或参比标准）和探测器之间光线直接传递（漫透射接收情况）。积分球开孔的总面积不应超过积分球内表面的 10%。对于 0°:0°几何条件的测量仪器，结构设计应使照明光束和接收光束相等，不管是否放置样品。在进行漫透射比测量时，接收光束应包括所有方向上的漫透射光（包括与法线近于 90°的散射）。当入射光束垂直于样品表面照射时，样品表面与入射光学系统光学零件表面的多次反射会造成测量误差。将样品稍微倾斜一些，可以消除这种影响。

五、多角几何条件

传统的材料在推荐的标准照明与观察几何条件下，在整个漫射角范围内旋转样品时具有相同的颜色。但是，现代的许多材料具有因角变色性，即它们颜色的改变是照明与观察几何条件的函数，如含有金属片或珠光颜料的涂料就是一个典型的例子。从变角光度数据和变角光谱光度数据的分析可以看出，观察角度对色度值有重要的影响，而且测色值是观察角度的函数，其中的数据都是在与样品法线成45°角照明，并在与样品相同的平面里的任何角度下观察得到的。观察角度对测色值的影响是非线性的，具体关系取决于涂料的组分及其应用方式。

当用目视方法评估因角变色材料时，可以看见三种主色，即近镜面反射色、直视色和侧视色。近镜面反射色是在非常接近镜面反射角观察样品时观察到的颜色，它主要受金属片或干涉颜料的影响。随着近镜面反射角越来越接近镜面反射角，由于涂层表面产生了镜面和图像清晰度光泽，因而影响了近镜面反射色。直视色是在传统的散射角和45°角照明时在样品法线方向观察时所见的颜色，它主要受传统着色剂的影响。侧视色是在与镜面反射角相反的方向观察样品时所看到的颜色，通常是在观察者远离样品时观察到的颜色。侧视色既受传统颜料（产生漫反射）的影响，又受到金属片或干涉颜料的影响；当光照射在颜料粒子的边缘上时，后者也会产生漫反射。当侧视角随着镜面反射角的增加而增大时，金属片或干涉颜料带来的散射对侧视色的影响更大。

通常以逆定向反射角为基准来描述上述各个观察角，而逆定向反射角是与镜面反射方向的夹角，如图 10-4 所示。

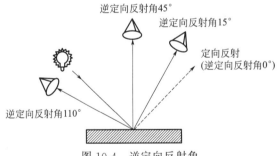

图 10-4 逆定向反射角

一般来说，近镜面反射角的范围在 15°～25° 逆定向反射角之间；直视角范围在 45°～60° 逆定向反射角之间；侧视角范围则在 70°～110° 逆定向反射角之间。

研究表明，为了使多角测量得到的色度数据与因角变色材料的视觉评价相一致，一般应采用三个观察角，具体的角度则可以根据实际的需要来选择。如美国推荐使用 15°、45° 和 110° 逆定向反射角；而德国推荐的观察角度为 25°、45° 和 75° 逆定向反射角。

第四节　测量条件

一、M 测量条件

现在大部分印刷用的纸张甚至油墨都包含有荧光成分，而早期的大多数仪器使用白炽灯为光源，它的光谱功率分布含有不等量的紫外线。在测量具有大量光学增白剂的纸张时，仪器中的紫外线含量的变化可能会容易达到 $5\Delta E_{ab}^{*}$ 的色差。在使用标准观察箱评价彩色样本时，标准观察箱随着紫外线的含量的变化而变化，实际的结果是，具有几乎相同的色度特性的样本，有时在视觉上不匹配，反之亦然。

ISO 13655:2009 给出了四个颜色测量的条件。测量条件 M0 要求照明光源和光源 A 匹配，这是为了和现有仪器及 ISO5-3 保持一致性。测量条件 M1 要求光源的色度和 CIE D50 照明体匹配。测量条件 M2 只要求试样照明的光谱功率分布中的波长在 420～700nm 范围内，且在低于 400nm（通常被称为"UVCut"）的波长范围内没有的辐射能。测定条件 M3 要求样品照明同 M2，在入射和发射光谱的主轴上的正交或"交叉"方向加了偏振滤色片。这些测量条件适用于反射、透射或自发光物体包括平板显示器的测量和色度计算规则。它还为印刷确立了色度参数的计算方法。印刷工艺包括但不限于胶版印刷、凸版印刷、柔版印刷、凹版印刷和丝网印刷的原材料准备、量产、生产工艺。

1. 测量条件 M0

从历史上看，在印刷行业中，绝大多数分光光度计使用白炽灯，其光谱接近于国际照明协会（CIE）标准照明光源 A。此外，密度的测量历来用这种光源。M0 主要是和现有仪器的数据匹配。

测量照明条件 M0 并未定义紫外光的含量。因此，当被测纸张含有荧光，需要仪器之间的测量数据交换时，根据 ISO 13655 的规定，不推荐使用 M0。标准注明，当没有可满足 M1 的仪器，但相对的数据足够满足过程控制或其他数据交流应用时，类似 M0 的仪器型号可作为备选方案。该条款能确保现有仪器不会立刻产生问题，并继续在工作流中使用。目前，M0 仪器非常普及。

2. 测量条件 M1

为减少因荧光导致不同仪器之间测量结果的差异而定义的，这些荧光是由纸张的荧光增白剂造成的，或者是成像色料或打样色料中的荧光，测定样本照明光源的光谱功率分布应与 CIE 照明光源 D50 匹配。

两种方法可以实现测量条件 M1 的一致性。

① 在样品平面的测量光源的光谱功率分布应为 CIE D50 照明体。它应符合 ISO 3664 条件 P1 观察条件下 UV 同色异谱指数范围，此方法将特别用于荧光染料和荧光增白剂。

② 定义仅需在调整部件数量（光谱低于 400nm）时使用补偿性方法，相对于 D50 的校准标准，可以通过相对功率在该范围内的活性调整来进行。这种补偿旨在纠正衬底中荧光增白剂的荧光影响。从 400nm 至 700nm 范围内的光谱功率分布应是连续的。

应当注意的是，对含有荧光增白剂的材料应有适当的评价，主要是 300～400nm 区域中的功率与 400～500nm 区域中的功率之间的比例与在 D50 光源下这些相同区域之间的比例非常相似。

3. 测量条件 M2

为了排除由于在承印材料表面的光学增白剂的荧光导致仪器之间测量结果的变化，在样品平面测量源的光谱功率分布应仅包含波长范围在 400nm 以上大量的辐射功率。这可以通过在源头处合适的设计或通过在源和样品之间增加了一个过滤器来实现。

在纸上的光学增亮剂的可见荧光通常在紫外线从 300nm 到 410nm 范围受激发。为了完全消除光学增白剂的任何荧光激发，UV 成分最佳截止波长将是 420nm。然而，测量反射率的因素期望也在 400nm 和 410nm 之间。因此，对于每个仪器类型，最佳的折衷方法是必须找到残留荧光激发的足够抑制以及测量信号合理的信噪比。

对于测量条件 M2，光源未明确指定。然而，应当在波长范围从 420nm 至 700nm 内连续。辐射功率的每个波长区间中应是足够高，以便能够进行精确的校准，并根据该仪器的规格可重复测量结果。

4. 测量条件 M3

尽管表层反射是到达眼睛的光学刺激的一个重要组成部分，有时候表层反射会使测量的结果变得紊乱。偏振滤色片的安装去除了大部分多余的反射信号。由于大多数滤色片由相对较高的紫外线吸收，它们通常跟去 UV 滤色片一起使用或者兼饰两角。

仪器配备有一个滤色片，以便抑制色坐标第一表面反射的影响。

二、测量背衬

在进行颜色测量时，印刷用纸并非完全不透明，光线会穿过印刷品，然后从背衬的表面反射回来。此时如果使用有偏色的背衬，就会影响测量的结果，如图 10-5 所示。

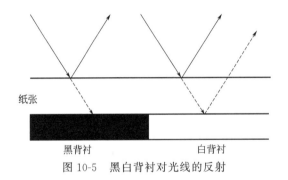

图 10-5　黑白背衬对光线的反射

ISO 对于测量样本的背衬（垫在要测量的印刷品下面）是有规定的，它要求如下。

① 对于光谱的反射是没有选择性的，也就是说光谱反射率必须均匀，光谱密度不能超过平均密度的 5%。

② 漫反射的衬质。

③ 密度要达到 1.5±0.2，也就是使用黑色背衬。

这样做的原因，主要是为了避免这一现象的发生，ISO 决定使用黑色背衬，它的优点是可以吸收光线，不会产生反射引起测量的偏差。另外，对于双面印刷品的测量，背面的图文也会影响颜色的测量，而使用黑色背衬，可以将这一影响降到最小。

在印刷行业，还普遍存在着另外两种测量方式：一种是使用白色背衬；另一种是使用相同的纸张作为背衬测量。这两种方法是从色彩管理的测量习惯中延续下来的，使用白色背衬所参照的标准主要是美国图像技术标准 CGATS.5，但是目前使用白色背衬只作为参考信息附在 ISO 标准中，最终检验还是以黑色背衬作为衡量的依据。

不同的背衬对于结果影响是很大的。从表 10-2 中可以发现，仅仅是因为背衬的影响，对颜色测量有很大的影响，相同的颜色在黑背衬和白背衬下色差最大达 4.24。

表 10-2　ISO 12647-2 中 8 种颜色在黑背衬和白背衬下测量的色差

颜色	CD1	CD2	CD3	CD4	CD5	CD6	CD7	CD8
黑	0.00	0.00	1.00	1.00	1.00	1.00	1.00	2.00
青	1.41	2.45	2.45	2.24	2.24	2.24	2.00	2.00
品	2.24	2.45	2.45	3.74	3.00	2.83	3.74	3.74
黄	2.83	4.24	4.24	4.24	4.24	4.24	4.36	4.24
红	3.00	3.00	3.46	3.00	3.00	3.00	4.12	3.00
绿	2.45	3.00	2.45	3.00	2.45	1.73	2.24	2.45
蓝	1.41	1.73	1.73	1.41	2.00	1.73	1.73	2.24
三色黑	0.00	1.00	1.00	1.00	1.00	1.41	1.00	2.24

第五节　颜色测量仪器

仪器测色方法可分为分光光度法和光电积分法（也称三刺激值法）两种：分光光度法主要是测量物体的光谱反射率或物体本身的光谱光度特性，然后再由这些光谱测量数据通过计算求得物体在各标准照明体及标准观察者下的三刺激值。这是一种精确的颜色测量方法，而且可以制成自动化的测色设备。光电积分法是通过把光电探测器的光谱响应匹配成所要求的 CIE 标准色度观察者光谱三刺激值曲线或某一特定的光谱响应函数，从而对探测器所接收的来自被测颜色的光谱能量进行积分测量。这类仪器测量速度快，精度较高。但现在随着仪器科学的进步，分光测量仪器在保证测量精度的基础上，速度很快，价格也便宜，目前工业应用中的仪器绝大多数是分光光度计。

一、分光光度仪器

采用分光光度法测量颜色的仪器叫作分光光度计，主要包括物体反射或透射光度特性的测定，以及根据标准色度观察者光谱三刺激值函数计算出样品的三刺激值 X、Y、Z 等色度参数。

随着电子计算机技术的高速发展，目前国内外现有的测色仪器产品几乎都利用计算机来完成仪器的测量、控制和大量的数据处理工作，使测色操作更为简单和快捷，测量精度更高，结果更可靠。这些自动分光光度测色仪器按其使用要求、技术指标或结构组成，可有很多分类方法。按光路组成不同，可分为单光束和双光束两类；按色散元件分类，则有棱镜、光栅、棱镜-棱镜、棱镜-光栅、光栅-光栅、干涉滤光片等不同色散元件，以及由此组成的分光光度测色仪，其中色散系统采用两个色散元件组合成的光学系统称为双单色仪色散系统。比较通用的分类方法是根据所用光探测器的不同，而分为以人眼作为光探测器的目视分光光度测色仪，以及应用物理光探测器的自动分光光度测色仪。

一般来说，物理分光光度测色方法可以分成常规的光谱扫描和同时探测全波段光谱两大类。光谱扫描法是利用分光色散系统（单色器）对被测光谱进行机械扫描，逐点测出各个波长对应的辐射能量，由此达到光谱功率分布的测量。这种方法属于机械扫描式分光光度法，精度很高，但是测量速度较慢，是一种传统的光谱光度测色方法。为了加快测量速度，提高测色效率，随着光电检测技术的发展，出现了同时探测全波段光谱的新型光谱光度探测方法。该方法基于列阵光电探测器的多通道检测技术，通过探测器内部的电子自动扫描来实现全波段光谱能量分布的同时探测，所以也称为电子扫描式分光光度法。

1. 机械扫描式分光光度测色仪

在颜色测量仪器的发展进程中，机械扫描式光谱测色仪在分光光度测色仪器中占有十分重要的地位，目前仍是光谱检测和颜色科学研究中重要的高精度实验室测试设备之一。这类仪器一般由照明光源、单色仪、光电检测系统和微型计算机电子（微机处理）控制系统等主要部件构成，如图10-6所示。样品的光谱反射比是相对于标准的光谱反射比进行测量的。样品和标准均受到光源经单色仪分光后的漫射照明，而光探测器在接近垂直于样品的角度接收反射信号，最后由微机处理控制系统进行数据处理而获得测量结果。在该测色系统中，采用通过积分球实现的 d:0° 照明与观察几何条件。

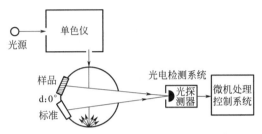

图 10-6　机械扫描式分光光度测色仪的基本组成

2. 电子扫描式分光光度测色仪

机械扫描式分光光度测色系统虽然实现了光谱测色的精度要求，但是由于其光谱测量是通过单色仪的机械扫描来完成的，所以测量速度较慢，工作效率低，不利于工业生产的应用。因此，作为分光光度测色技术的发展成就，采用光电探测器列阵的多通道快速分光测色仪已经逐渐普及，这类仪器除具有分光光度测色仪器的测量精度之外，还具有光电积分式测色系统的测量速度，是现代颜色科学研究与工业测控技术不可缺少的颜色测量设备。

快速分光光度测色仪的出现与光电探测半导体技术的进展是分不开的，是随着固体图像传感器的发展而产生的。固体图像传感器（solid state imaging sensor）主要有三大类型：第一种是电荷耦合器件（charge coupled device，CCD）；第二种是自扫描光电二极管阵列（self-scanning photodiode array，SPD），它属于 MOS 图像传感器；第三种是电荷注入器件（charge injection device，CID）。其中前两种用得比较多，而在多通道快速测色系统中用得最普遍的是自扫描光电二极管阵列（SPD）。

在快速分光光度测色仪器中应用的阵列探测器件，可直接安装在分光色散系统的出射狭缝处。这里的分光系统的结构已不需要如机械扫描式光谱测色仪那样，用出射狭缝把单色辐射分割开来。这种仪器没有出射狭缝机械部件，因此该色散系统实际上是一个多色仪，全部单色光谱辐射都同时从出射狭缝射出，并射到光电探测器上，探测器阵列同时获得了整个光谱能量分布的信息。可见，这类仪器以光谱信号的电子扫描代替了传统的机械扫描方式，从而实现了对样品颜色的快速测量，因此称为电子扫描式分光光度测色仪。

与常规的用单色器分光实现波长扫描的测色系统相比，电子扫描式多通道系统除具有快速、高效的优点之外，还大大降低了对测量对象和照明光源的时间稳定性要求。应用快速存取（对不含相关信息的通道快速跳过）和分组处理（通过将相邻通道相加可进一步改善时间分辨率）等技术，在时间分辨率和光谱分辨率两者之间实现有益的兼顾。

目前，在国际市场上出现的多通道快速分光测色仪器越来越多，但是采用的原理结构大同小异，不外乎单光束和双光束两种类型，并以后者居多；照明光源则以脉冲氙灯为主，也有用卤钨灯等恒定光源的；探测器基本上都是SPD阵列，少数采用CCD阵列；样品测量尺寸一般都有几个孔径可供选择，同时系统中都考虑了镜面反射成分的包括与排除（SCI/SCE）切换功能；此外，大多数仪器均可测量反射和透射特性。

二、光电积分式色度计

光电积分式颜色测量与分光光度测色方法不同，它不是测量各个波长的颜色刺激，而是在整个测量波长范围内对被测颜色的光谱能量进行一次性积分测量。如果能通过三路积分测量，分别测得样品颜色的三刺激值X、Y、Z，那么就能进一步计算出样品颜色的色品坐标及其他相关色度参数。光电积分式测色仪器的光探测器一般为硅光电二极管，在要求仪器具有较高灵敏度的场合下，也可采用光电倍增管。

如果能利用有色玻璃等材料覆盖在光探测器上的方法，把探测器的相对光谱灵敏度$S(\lambda)$修正成国际照明委员会（CIE）推荐的标准色度观察者光谱三刺激值函数$\bar{x}(\lambda)$、$\bar{y}(\lambda)$、$\bar{z}(\lambda)$，那么用这样的三个光探测器接收颜色刺激$\varphi(\lambda)$时，通过一次积分就能测量出样品颜色的三刺激值X、Y、Z，即

$$\begin{cases} X = K\int_\lambda \varphi(\lambda)\bar{x}(\lambda)\mathrm{d}\lambda = c_x\int_\lambda \varphi(\lambda)S(\lambda)\tau_x(\lambda)\mathrm{d}\lambda \\ Y = K\int_\lambda \varphi(\lambda)\bar{y}(\lambda)\mathrm{d}\lambda = c_y\int_\lambda \varphi(\lambda)S(\lambda)\tau_y(\lambda)\mathrm{d}\lambda \\ Z = K\int_\lambda \varphi(\lambda)\bar{z}(\lambda)\mathrm{d}\lambda = c_z\int_\lambda \varphi(\lambda)S(\lambda)\tau_z(\lambda)\mathrm{d}\lambda \end{cases} \tag{10-2}$$

式中 K 和 c_x，c_y，c_z——常数；

$\tau_x(\lambda)$，$\tau_y(\lambda)$，$\tau_z(\lambda)$——匹配三个光探测器的有色玻璃的光谱透射比。$\tau_x(\lambda)$，$\tau_y(\lambda)$，$\tau_z(\lambda)$ 满足如下的光谱匹配关系

$$\begin{cases} \bar{x}(\lambda) = S(\lambda)\tau_x(\lambda) \\ \bar{y}(\lambda) = S(\lambda)\tau_y(\lambda) \\ \bar{x}(\lambda) = S(\lambda)\tau_z(\lambda) \end{cases} \tag{10-3}$$

或

$$\begin{cases} \tau_x(\lambda) = \dfrac{\bar{x}(\lambda)}{S(\lambda)} \\ \tau_y(\lambda) = \dfrac{\bar{y}(\lambda)}{S(\lambda)} \\ \tau_z(\lambda) = \dfrac{\bar{x}(\lambda)}{S(\lambda)} \end{cases} \tag{10-4}$$

式(10-3)、式(10-4) 称为卢瑟（Luther）条件。

为了进行光电积分式颜色测量，仪器的三个光探测器的光谱响应必须满足卢瑟条件。能够实现这种要求的方法通常有两种，即模板法和光学滤色片法。

1. 模板法

模板法采用模板（template）使光探测器的光谱响应特性与CIE光谱三刺激值函数相匹

配，即满足卢瑟条件的要求。图 10-7 是模板法光电积分式色度计的基本构成，光源照明测试样品，由试样表面反射的光辐射，通过透镜和棱镜色散成光谱；在光谱面上分别放置 X 模板、Y 模板和 Z 模板，它们使光接收器对等能光谱的光谱响应，分别与色度匹配函数 $\bar{x}(\lambda)$、$\bar{y}(\lambda)$ 和 $\bar{z}(\lambda)$ 成正比；从模板透过的光谱能量，由透镜会聚于光接收器上，即可测出试样的三刺激值 X、Y、Z。

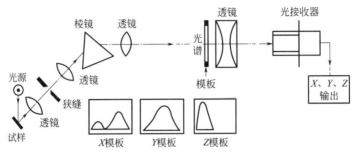

图 10-7　模板法光电积分式色度计的基本构成

由于模板法光电积分式色度计结构比较复杂，成本也高，所以没有得到广泛的应用。

2. 光学滤色片法

光学滤色片法不是采用色散系统和光谱模板，而是利用有色玻璃片的组合来实现卢瑟条件。为使光探测器的相对光谱灵敏度 $S(\lambda)$ 符合 CIE 的色度匹配函数 $\bar{x}(\lambda)$、$\bar{y}(\lambda)$、$\bar{z}(\lambda)$，需要选择合适的滤光片及其厚度，使其光谱透射比 $\tau(\lambda)$ 与探测器的相对光谱灵敏度 $S(\lambda)$ 的组合结果，满足卢瑟条件的要求。图 10-8 是光学滤色片法光电积分式色度计的基本构成。这种类型的色度计构造简单，成本较低，因此在工业生产中得到广泛的应用。

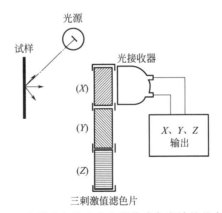

图 10-8　光学滤色片法光电积分式色度计的基本构成

采用光电积分式色度计可以方便地测定颜色的三刺激值，而现代电子及计算机技术的发展，又使这种仪器具有数据处理功能，可由测得的三刺激值自动计算出 CIE LAB 和 CIE LUV 等标准色度系统的各种色度参数。

光电积分式测色仪器的测量精度在很大程度上取决于光探测器的光谱匹配精度。由于有色玻璃的品种有限，所以往往在某些波长上会出现光谱匹配误差，同时在测量光探测器的相对光谱灵敏度时也存在一定的测量误差。因此，在进行光谱匹配计算及其制造的过程中，实际光探测器的光谱响应相对于标准色度观察者光谱三刺激值曲线，存在或大或小的差异。

为了提高仪器的测色准确性，一般尽量用与被测光源相类似的标准光源来校正仪器。如果测色仪器的三色光谱曲线匹配不佳，在测量各种具有不同光谱特性的光源时，会导致一定的测量误差。由此可见，普通的光电积分式测色仪器能准确地测出两个具有类似光谱功率分布的光源之间的差别，但测定色源三刺激值和色品坐标的绝对精度则有一定的局限性。

三、数据报告

为了便于数据的交流，必须在报告数据时给出数据测量的条件，需包含以下信息。

1. 色度

① 色度数据测量或计算时所用的照明体（D50、D65、A、C……）。

② 所使用的观察者（2°或10°）。

③ 测量条件使用（ISO 13655 M0、M1、M2 或 M3）。

④ 反射试样的背衬（黑色背衬也被称为"bb"，白色背衬也被称为"wb"）。

⑤ 如果是测量的色差，所使用的色差公式及其参数。

⑥ 仪器品牌和型号（所有数据必须使用同一台仪器测量）。

2. 密度

① 密度状态（T、E、V……）。

② 测量条件使用（ISO 13655 M0、M1、M2 或 M3）。

③ 反射试样的背衬（黑色背衬也被称为"bb"，白色背衬也被称为"wb"）。

④ 仪器品牌和型号（所有数据必须使用同一台仪器测量）。

3. 附加信息

必备信息中也应附上以下信息。

① 数据的初始来源。

② 数据的创建日期。

③ 对报告中数据的用途或内容做出描述。

④ 对仪器的操作做出说明，包括但不仅限于采样孔的信息。

⑤ 用于计算的波长间隔。

⑥ 应同时以黑色和白色背衬作未印刷透明衬底的 CIE XYZ 数据报告。

复习思考题

1. 颜色测量的方法有哪些？

2. 目视评价颜色时应注意哪些问题？

3. CIE 推荐的反射物体测量的几何条件有哪些？

4. CIE 推荐的透射物体测量的几何条件有哪些？

5. 在 CIE 推荐的颜色测量的几何条件中为什么有的条件要滤除镜面反射光？

6. 简述分光光度计和色度计的区别。

7. M0～M3 测量条件分别适用于哪种场合？印刷工业中推荐的测量条件是哪一个？

第十一章 颜色评价

第一节 光 源

一、黑体和光源的色温

1. 黑体

一定的光谱功率分布表现为一定的光色，我们把光源的光与黑体的光相比较来描述它的颜色。

如果一个物体能够在任何温度下全部吸收任何波长的辐射，那么这个物体称为黑体，或者叫完全辐射体。天然的、理想的绝对黑体是不存在的。人造黑体是用耐火金属制成的具有小孔的空心容器，如图 11-1 所示，进入小孔的光，将在空腔内发生多次反射，每次反射都被容器的内表面吸收一部分能量，直到全部能量被吸收为止，这种容器的小孔就是绝对黑体。当物体加热到高温时，便产生辐射。一个黑体被加热，其表面按单位面积辐射光谱能量的大小及其分布完全决定于它的温度。

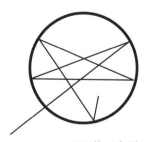

图 11-1　绝对黑体示意图

当黑体连续加热、温度不断升高时，其相对光谱功率分布的峰值部位将向短波方向变化，所发的光带有一定的颜色，其变化顺序是红-黄-白-蓝，如彩色插页图 11-2 所示。黑体在不同温度下可见光谱范围的相对功率分布曲线如图 11-3 所示。随着温度的升高，按照普朗克公式计算出各种温度的相对光谱功率分布，转换成 CIE 1931 XYZ 色度图的色度坐标如表 11-1 所示。在色度图上，把完全辐射体（黑体）在不同温度下的色度点连接起来的线，叫作黑体轨迹，如图 11-4 所示。

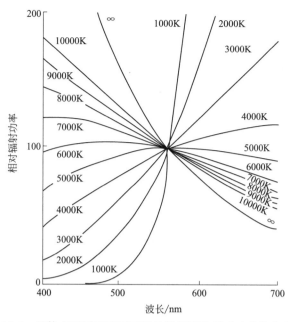

图 11-3 黑体在不同温度下可见光谱范围的相对功率分布曲线

表 11-1 完全辐射体在不同温度下光色的色度坐标（$q = 1.4388 \times 10^{-2} \, m \cdot K$）

温度	色度坐标		温度	色度坐标	
T/K	x	y	T/K	x	y
1000	0.6258	0.3444	4000	0.3805	0.3678
1200	0.6251	0.3674	4100	0.3761	0.3740
1400	0.5985	0.3858	4200	0.3720	0.3714
1500	0.5875	0.3931	4300	0.3681	0.3687
1600	0.5732	0.3993	4400	0.3644	0.3661
1700	0.5611	0.4043	4500	0.3608	0.3636
1800	0.5493	0.4082	4600	0.3574	0.3611
1900	0.5378	0.4112	4700	0.3541	0.3586
1000	0.5267	0.4133	4800	0.3510	0.3562
2100	0.5160	0.4146	4900	0.3480	0.3539
2200	0.5056	0.4152	5000	0.3451	0.3516
2300	0.4957	0.4152	5200	0.3397	0.3472
2400	0.4862	0.4147	5400	0.3348	0.3431
2500	0.4770	0.4137	5600	0.3302	0.3391
2600	0.4682	0.4123	5800	0.3260	0.3354
2700	0.4599	0.4106	6000	0.3221	0.3318
2800	0.4519	0.4086	6500	0.3135	0.3237
2900	0.4440	0.4065	7000	0.3064	0.3166
3000	0.4369	0.4041	7500	0.3004	0.3103
3100	0.4300	0.4016	8000	0.2952	0.3048
3200	0.4234	0.3990	8500	0.2908	0.3000
3300	0.4171	0.3936	9000	0.2869	0.2956
3400	0.4110	0.3935	10000	0.2807	0.2884
3500	0.4053	0.3907	15000	0.2637	0.2674
3600	0.3999	0.3879	30000	0.2501	0.2489
3700	0.3947	0.3851			
3800	0.3697	0.3823	2045	0.5218	0.4140
3900	0.3850	0.3795	2856	0.4475	0.4074

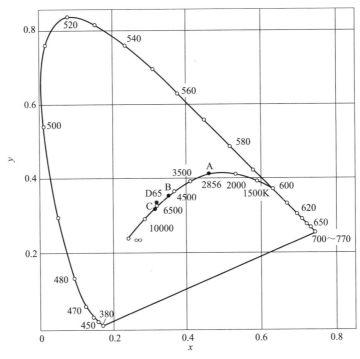

图 11-4 黑体不同温度的色度轨迹

波长单位：nm

2. 光源的色温

（1）色温及相关色温的定义

人们用黑体加热到不同温度所发出的不同光色来表示一个光源的颜色，称为光源的颜色色温，简称色温（color temperature）。在国家标准 GB/T 5698—2001《颜色术语》中，色温的定义是"当光源的色品与某一温度下的完全辐射体的色品相同时，该完全辐射体的绝对温度为此光源的色温"。色温的符号为 T_c，单位为 K。在人工光源中，只有白炽灯灯丝通电加热和黑体的加热情况相同，对应除白炽灯以外的其他人工光源的光色，其色度（品）不一定准确地与黑体加热时的温度相同，所以只能用光源色度与最接近的黑体的色度的色温来确定光源的颜色，这样确定的色温叫作相关色温（correlated color temperature）。在国家标准 GB/T 5698—2001《颜色术语》中，相关色温是"当光源的色品点不在黑体轨迹上使，光源的色品与某一温度下的完全辐射体的色品最接近，或在均匀色品图上的色差距离最小时，该完全辐射体（黑体）的绝对温度"，相关色温的符号为 T_{cp}，单位为 K。常见光源的相关色温如表 11-2 所示。

表 11-2 常见光源的相关色温

光源	相关色温/K
白炽灯（500W）	2900
碘钨灯（500W）	2700
溴钨灯（500W）	3400
荧光灯（日光色 40W）	6600

续表

光源	相关色温/K
外镇高压汞灯（400W）	5500
内镇高压汞灯（450W）	4400
镝灯（1000W）	4300
高压钠灯（400W）	1900
晴天光源自然光	11000～20000
阴天天空自然光	6500
日光荧光灯	6500
白色荧光灯	4500
暖白色荧光灯	4500
金属卤化灯	3800～6000

（2）色温的应用

1）根据光色的舒适感选择色温

在人类所经历的漫长进化过程中，由于长期处于自然光环境中，形成了人的视觉器官的特殊结构，适应自然光强度的变化。自然光的最大特点是具有连续的光谱，在清晨和黄昏时色温较低（为 2000～4500K），中午色温较高（为 5000～7000K），在夜晚人们开始是用火把，随后发明了蜡烛与油灯。这些燃烧火光都是色温较低的连续光谱。所以，人类在整个漫长进化历程中，由于客观的原因比较习惯日光和火光，对这两种光源的光色形成了特殊的偏好。

那么实际上人们对什么光色感到最适宜、最舒服呢？是色温较高的蓝色光，还是色温较低的黄色光呢？在 CIE 的文件中，把光源的色温分为三组，分别表示光的颜色属性，又称色表。第一组是色温为 3300K 以下，色表为暖色型；第二组是色温为 3300～5300K，色表为中间型；第三组是色温为 5300K 以上，色表为冷色型。研究结果表明，由于人们长期生存的环境决定了人对光源的舒适感接近自然光对人产生的生理效果，即在很低的照度下采用接近火焰的低色温的光源较舒适；在中等照度下采用色温接近黎明和黄昏的色温略高的光色较适宜；而在高的照度下则是采用接近中午阳光或偏蓝的去消天空光色较舒适，即光色的舒适感与照度水平有关。见图 11-5，人们对自然光的适应不仅是色温感觉问题，并且在光谱

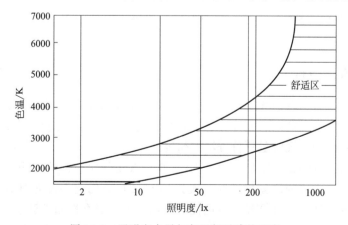

图 11-5　照明度水平与色温舒适感的程度

的分布上也要求人工光与自然光接近或基本相同，其光谱分布只有一峰值较好，若是两个峰值且不连续，则易引起人们的视觉疲劳。光谱成分单一的光源，光色质量较差，照明效果不好。同一类光源光谱能量分布较宽的光源照明质量相对分布较窄的效果要好，舒适度高。

2）根据人的生理和心理需求合理运用色温

各种光源的不同色温光色对人有一定的生理和心理效应：在生理方面，红色使人兴奋，蓝色使人沉静；波长较长的红黄光使人有近感，波长较短的蓝青光使人有远感；对于重量大小相同的物体，深暗色看起来重而小，明亮色看起来轻而大。在心理方面，红系统光可以增加食欲，蓝系统光则会使食欲减退。彩色度高的比彩色度低的光更能使人产生激情。低色温光给人以温暖的感觉（称暖色光），高色温光给人以冷的感觉（称冷色光），所以，当需要一种热烈激昂的气氛时可用低色温的暖色光源，当需要冷静沉稳的气氛时可用高色温的冷色光源。在温度较高的热带地区，宜用高色温光源增加凉爽的舒适感，在寒冷地区宜使用低色温光源，给人以温暖祥和的感觉。

3）根据不同的被照场所使用色温

以色温对人产生的生理及心理效应为依据，对不同的被照场所选用不同色温光源。例如：在餐厅选用以红黄为主的光色，可以给人一种灯火辉煌的感觉，使人兴奋，食欲增强；而在紧张繁忙的车间，则较适宜采用高色温的冷色光源，可缓解人们的紧张情绪；在医院，病人的情绪多是焦虑不安，选用色温高的冷色光源可减轻这种感觉，多些平静感；在卧室或宾馆客房采用茶色或橙色光源，会使人具有休闲、安逸和温馨的感觉；在商店，为了吸引顾客，要设法使商品突出，通常的做法是使商品和衬托背景具有强烈的对比效应，达到醒目的效果，再加上适当的彩色投光装饰，效果会更佳。

4）印刷行业对光源色温的要求

印刷行业是一个重在色彩复制的行业，光源色温选择的好坏直接影响着最终产品的质量，因此无论是在拍摄原稿的过程中，还是制版印刷过程中，光源的色温都有着重要的作用。

首先，拍摄彩色原稿的彩色胶片分为日光型片和灯光型片两种。日光型片主要用于室外日光下拍摄，要求色温 5400～5600K，如果色温低或在室内拍摄，会使照片偏黄；灯光型片主要用于室内拍摄，要求色温 2800～3200K，如果色温高或在室内拍摄，会使照片偏蓝。彩色复制过程中，制版光源对色温的要求更高，一般要求色温在 5000～6000K，色温过高或过低都会影响制版的质量。制版车间和印刷车间的照明光源，色温最低应该在 2850K 以上。

二、光源的显色性

光源的显色性是指与参照光源相比较，光源显现物体颜色的特性，它是表征在光源下物体颜色对人所产生的视觉效果。光源显色性直接影响物体颜色的外貌。因此，世界各国都十分重视对光源显色性的客观定量评价方法的研究。

国际照明委员会（CIE）在 1964 年就制定了光源显色性评价的方法。1984 年，我国在制定光源显色性评价方法的国家标准时，既采用 CIE 推荐的光源显色性评价方法，又考虑到我国人口肤色的特征，在计算光源显色性时，增加了我国女性面部肤色，使我国的光源显色性评价方法，既具有国际通用性，又符合中国人的视觉心理。中国于 1985 年制定了国家标准 GB/T 5702《光源显色性评价方法》，并于 2003、2019 年进行了修订。

1. 光源的显色指数

光源的显色指数是衡量待测光源下物体的色彩与参照光源下物体的色彩相同程度的量值，是对显色性给予定量评价的指标，一般小于或等于 100。

国标 GB/T 5702—2019《光源显色性评价方法》中规定定量评价任意光源显色性的方法如下。

① 选定标准参照光源 r，规定其显色指数为 100。

② 选定 15 个试验色样，其中前 8 个几乎包括所有的孟塞尔颜色空间的色相（且明度相同），后几块为一些有特征的物体色。

③ 计算 15 个颜色样本在待测光源 k 及参照光源 r 照明下的色度值 x、y。

④ 将 CIE 1931 色品值转换为 CIE 1960 UCS 空间下的坐标 u、v，并将待测光源下的样本坐标进行色适应修正。

⑤ 计算每个色样在两种光源下在 CIE 1964 空间的值 W^*、U^*、V^*。

⑥ 计算每个色样在两种光源下的色差值。

⑦ 根据每个色样在两种光源下的色差值，计算光源的显色指数，包括计算特殊显色指数和一般显色指数。

特殊显色指数

$$R_i = 100 - 4.6\Delta E_i \tag{11-1}$$

计算结果取舍后取最接近的整数。

一般显色指数

$$R_a = \frac{1}{8}\sum_{i=1}^{8} R_i \tag{11-2}$$

具体的计算方法、计算公式等参考 GB/T 5702—2019《光源显色性评价方法》。

表 11-3 列出了常见光源的显色指数。

表 11-3　常用光源的显色性指数

光源名称	相关色温/K	一般显色指数
白炽灯（500W）	2900	95～100
碘钨灯（500W）	2700	95～100
溴钨灯（500W）	3400	95～100
镝灯（1000W）	4300	85～95
荧光灯（日光色40W）	6600	70～80
外镇高压汞灯（400W）	5500	30～40
内镇高压汞灯（450W）	4400	30～40
高压钠灯（400W）	1900	20～25

2. 显色性的应用

（1）根据不同的装饰效果运用显色特性

在实际的夜景装饰、电影、电视、布景及室内装饰等工程中，可以根据不同的装饰要求选用不同光源。例如：荧光高压汞灯发出的光表面看上去亮而白，说明其色表好，但它照在人的脸上却发青，显得很难看，说明它的显色性差。因为它的光谱成分中青绿居多，所以，若将其用于草坪装饰，会使草坪看上去更加郁郁葱葱，生机盎然，具有甚佳的效果。再如低压钠灯表面光色为橙黄色，但由于它的光谱成分中是单色黄，所以照在人和物体上都会变色，说明其显色性差，但若将这种显色特性用于特殊的灯光制景，会达到令人满意的效果。

（2）根据被照场所对显色指标的要求运用显色特性

显色指数 R_a 是指光源照在物体上显色是否接近自然光的一相对指数。在一些被照场所（如印刷、摄影、印染、展厅等）要求将物体的颜色真实地显现出来。所以选择显色系数较高的光源，可将物体的原色真实地反映出来，以达到良好的照明效果。

虽然光源的显色性和色温都与光源的光谱功率分布有关，但它们之间并没有必然的联系。色温是衡量光源本身光色的指标，显色性是衡量光源视觉质量的指标。对于从事色彩设计及复制的行业来说，两者都是光源的重要评价指标，而显色性具有更重要的意义。

第二节　同色异谱

一、同色异谱的概念

1. 基本概念

从表示物体色或光源色的三刺激值公式［式(6-21)～式(6-26)］可以看出，一个非荧光材料的颜色决定于它的光谱反射率 $\rho(\lambda)$ 或光谱透射率 $\tau(\lambda)$。如果两个物体在特定的照明和观测条件下有完全相同的光谱分布曲线 $\rho(\lambda)$ 和 $\tau(\lambda)$，那么可以肯定这两个物体不论在什么光源或任何一种标准观察条件下都会是同样的颜色。这两种物体的颜色称为同色同谱，或称无条件等色。因此通过对物体的光谱分布曲线的直接观察就可以判断两个物体是否为同一颜色。如果两个物体的光谱分布曲线是不相同的，只要是两条曲线都比较简单、曲线的起伏少、峰值明显的话，还可以从曲线形状和峰值的位置看出每一物体大致是什么颜色。如果两种颜色的光谱分布曲线比较复杂、起伏多、交叉多，就很难直接看出两种颜色是否相同或者有多大差异。也许在某种光源下特定的观察者观察时两种颜色是相同的。

同色异谱颜色又称为条件等色，是指两个色样在可见光谱内的光谱分布不同，而对于特定的标准观察者和特定的照明来说具有相同的三刺激值的两个颜色。

$$\begin{cases} X = K\displaystyle\int_\lambda S_1(\lambda)\rho_1(\lambda)\overline{x}(\lambda)\mathrm{d}\lambda = K\int_\lambda S_2(\lambda)\rho_2(\lambda)\overline{x}(\lambda)\mathrm{d}\lambda \\ Y = K\displaystyle\int_\lambda S_1(\lambda)\rho_1(\lambda)\overline{y}(\lambda)\mathrm{d}\lambda = K\int_\lambda S_2(\lambda)\rho_2(\lambda)\overline{y}(\lambda)\mathrm{d}\lambda \\ Z = K\displaystyle\int_\lambda S_1(\lambda)\rho_1(\lambda)\overline{z}(\lambda)\mathrm{d}\lambda = K\int_\lambda S_2(\lambda)\rho_2(\lambda)\overline{y}(\lambda)\mathrm{d}\lambda \end{cases} \tag{11-3}$$

式中　$\overline{x}(\lambda)$，$\overline{y}(\lambda)$，$\overline{z}(\lambda)$——标准观察者；

$\qquad\qquad S(\lambda)$——光源相对光谱功率分布；

$\qquad\qquad \rho(\lambda)$——物体的光谱反射率。

① 若照明体相同，光谱反射率也相同，则

$$S_1(\lambda) = S_2(\lambda) 、 \rho_1(\lambda) = \rho_2(\lambda) \tag{11-4}$$

② 若照明体相同，光谱反射率不同，则

$$S_1(\lambda) = S_2(\lambda) 、 \rho_1(\lambda) \neq \rho_2(\lambda) \tag{11-5}$$

这就是通常所说的同色异谱的基本原理，即在同一光源下照射两个具有不同反射率光谱分布的颜色，得到相同的三刺激值。

在印刷复制等领域，原稿和纺织品由于承印物、呈色材料的不同，也具有不同的光谱反射率，为了使复制品的颜色和原稿的颜色相同（即三刺激值相同），就必须进行同色异谱复制。

2. 其他可能的解释

1981 年，由 Billmeyer 和 Saltzmann 所著的 *Principles of Colour Technology* 一书中，有一幅插画，表明色样 A 和 B 最大程度的同色异谱，是在实际中存在的最好的同色异谱的例子。因为在日光下大多数观察者认为它们是一种很近似的匹配，而在钨丝灯下 B 色比 A 色要暗些，而在菲利普三极管灯下颜色却显得很亮。

相反，色彩物理学家按照 CIE 的定义"不同的光谱辐射亮度（颜色刺激）的结果，引起产生相同的精神物理学颜色"或许会否定它们是同色异谱，后者定义了由三种值（如三刺激值）组成的颜色刺激的特征，1968 年，Stiles 和 Wyszecki 指出，如果相等的三刺激值通过非恒等的反射率曲线得到，曲线至少有 3 点必须相交，而图 11-6 中 A 和 B 曲线仅在一点相交，按照 CIE 的概念，定量同色异谱的指数应为零值。比较适当的办法是用乘法修正 $X_1 \neq X_2$、$Y_1 \neq Y_2$、$Z_1 \neq Z_2$，以 CIE 特殊同色异谱指数来衡量 A 和 B，当应用照明体 A 时为 2.3。

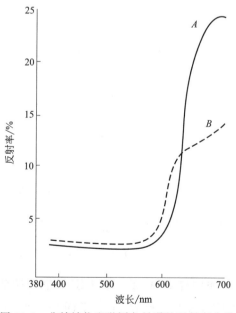

图 11-6　非精神物理学同色异谱的反射率曲线

计算机配色预测中，不产生反射率曲线的任何预测和把颜色深浅作为目标，同样出现由 CIE 定义的同色异谱匹配，即具有三个或更多的交点。也有匹配少于三个交点的，如 A 和

B 色样。当应用传统的视觉配色方法时，印染工作者完成的标准样与生产样在颜色上并非完全一样的情况有很多，从工业角度来看，并不要求区分同色异谱的类型，因此从另一种概念看，例如"配色稳定性"（match constancy）不应包括两种类型，然而相对于这一问题有以下几种理由。

① "同色异谱"（metamerism）的概念是 1923 年 Ostwald 在描述视觉现象时杜撰的，并非精神物理学的。

② 由英国标准化组织（BS4727）和染色工作者协会以视觉现象为基础而不是由 CIE 确定。

③ 如果从其他方面考虑更可取，概念是如此断然被确定，那么其广泛应用的概念就很少。

总的来说，同色异谱的概念应继续应用，当有必要把其分开时，将分为精神物理学同色异谱和非精神物理学同色异谱来应用。

抛开精神物理学的或非精神物理学的同色异谱之间的主要差异，有许多其他意见，尤其是在印染工作者之中，1980 年，Rodrigues 和 Besnoy 介绍了其要点。有一点是肯定的，即在白广下是绿色而在钨丝灯下呈棕色必然不会被看成是同色异谱。

二、同色异谱的成立条件

同色异谱颜色有很大的理论研究和实际应用价值，生产实际中在什么样的条件下能成为同色异谱颜色，在哪些条件下同色异谱颜色又会遭到破坏，这就涉及同色异谱的成立条件：对于特定的标准观察者和照明体颜色的同色异谱才能成立，改变两个条件中的一个，颜色的同色异谱性质就会遭到破坏。

1. 改变观察者

同色异谱颜色只是对特定的标准观察者才能成立，也就是异谱的色刺激或是对 CIE 1931 标注观察者是同色的，或是对 CIE 1964 补充标准观察者是同色的。异谱的色刺激对 CIE 1931 2°视场标准观察者是同色的，当改换为 CIE 1964 10°大视场补充标准观察者时，就不再是同色了。反之亦然，在一般情况下，异谱的色刺激不能同时对两个标准观察者都是同色的。

假设两个物体色刺激 $\rho_1(\lambda)S(\lambda)$ 和 $\rho_2(\lambda)S(\lambda)$ 满足式（11-3）和式（11-5）的条件，则是同色异谱刺激

$$\begin{cases} K\int_\lambda S(\lambda)\rho_1(\lambda)\overline{x}(\lambda)\mathrm{d}\lambda = K\int_\lambda S(\lambda)\rho_2(\lambda)\overline{x}(\lambda)\mathrm{d}\lambda \\ K\int_\lambda S(\lambda)\rho_1(\lambda)\overline{y}(\lambda)\mathrm{d}\lambda = K\int_\lambda S(\lambda)\rho_2(\lambda)\overline{y}(\lambda)\mathrm{d}\lambda \\ K\int_\lambda S(\lambda)\rho_1(\lambda)\overline{z}(\lambda)\mathrm{d}\lambda = K\int_\lambda S(\lambda)\rho_2(\lambda)\overline{y}(\lambda)\mathrm{d}\lambda \end{cases} \tag{11-6}$$

这里，$\rho_1(\lambda)\neq\rho_2(\lambda)$；照明体 $S(\lambda)$ 是一种 CIE 标准照明体，如 D65；式（11-6）表明，两个物体色刺激的 CIE 1931 三刺激值是相同的，即 $X^{(1)}=X^{(2)}$、$Y^{(1)}=Y^{(2)}$、$Z^{(1)}=Z^{(2)}$。

现在由 CIE 1931 标准观察者改换为 CIE 1964 补充标准观察者，则由两物体色的新三刺激值为

$$\begin{cases} X_{10}{}^{(1)} = K_{10} \sum_{\lambda} \rho_1(\lambda) S(\lambda) \overline{x}_{10}(\lambda) \Delta\lambda \\[2mm] X_{10}{}^{(2)} = K_{10} \sum_{\lambda} \rho_2(\lambda) S(\lambda) \overline{x}_{10}(\lambda) \Delta\lambda \\[2mm] Y_{10}{}^{(1)} = K_{10} \sum_{\lambda} \rho_1(\lambda) S(\lambda) \overline{y}_{10}(\lambda) \Delta\lambda \\[2mm] Y_{10}{}^{(2)} = K_{10} \sum_{\lambda} \rho_2(\lambda) S(\lambda) \overline{y}_{10}(\lambda) \Delta\lambda \\[2mm] Z_{10}{}^{(1)} = K_{10} \sum_{\lambda} \rho_1(\lambda) S(\lambda) \overline{z}_{10}(\lambda) \Delta\lambda \\[2mm] Z_{10}{}^{(2)} = K_{10} \sum_{\lambda} \rho_2(\lambda) S(\lambda) \overline{z}_{10}(\lambda) \Delta\lambda \end{cases} \tag{11-7}$$

计算得出两物体色的新三刺激值是不等的，则 $X_{10}^{(1)} \neq X_{10}^{(2)}$，$Y_{10}^{(1)} \neq Y_{10}^{(2)}$，$Z_{10}^{(1)} \neq Z_{10}^{(2)}$。由此表明，两颜色的同色异谱性质由于改变观察者而遭到破坏。

图 11-7 给出四个异谱的物体色刺激，1 号刺激的光谱反射率因数曲线是平直的，说明这是一个灰色的中性刺激。这四个颜色刺激在 CIE 标准照明体 D65 下，用 2°小视场观察时在颜色上是相匹配的。当用 CIE 1931 标准观察者光谱三刺激值 $\overline{x}(\lambda)$、$\overline{y}(\lambda)$、$\overline{z}(\lambda)$ 计算色度坐标时，它们在 CIE 1931(x,y)色度图上具有同一个色度点，见图 11-8(a)。但用 10°大视场时，它们在颜色上就不再相匹配了，用 CIE 1964 补充标准观察者光谱三刺激值计算得出的色度坐标也不相同。它们在 CIE 1964(x_{10}, y_{10}) 色度图上成为四个不同的色度点，见图 11-8(b)。四个颜色刺激彼此间产生了色差。这四个色度点之间的色差量可以作为衡量由于改变观察者条件（2°～10°）所造成的失匹配的程度，也就是说，用大视场条件下的色差来度量小视场条件下的同色异谱程度。

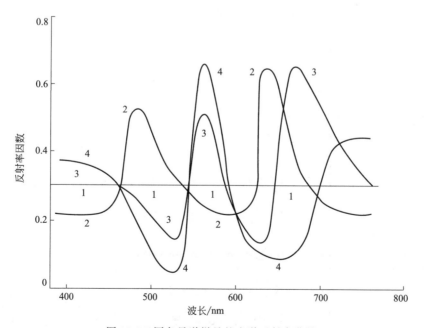

图 11-7　同色异谱样品的光谱反射率曲线

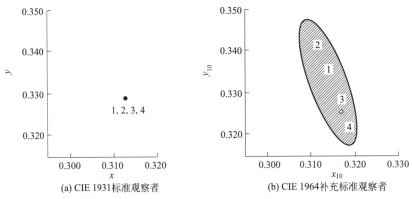

(a) CIE 1931标准观察者　　　(b) CIE 1964补充标准观察者

图 11-8　同色异谱样品改变标准观察者的色度点分布

当然，也可能存在相反的情况，几个颜色刺激在大视场条件下是同色异谱色，但在小视场条件下，同色异谱性质就被破坏了。

通过数学计算可以进一步制成许多光谱反射率因数曲线 $\rho_1(\lambda)$、$\rho_2(\lambda)$、$\cdots$、$\rho_i(\lambda)$，这些曲线与特定的标准照明体 D65 相结合，对于 CIE 1931 标准观察者是同色异谱的物体色。然后，计算它们对于 CIE 1964 补充标准观察者的色度。我们发现，几乎所有色度点（95%）都分布在 $x_{10} = 0.314$、$y_{10} = 0.331$ 的平均色度点 D65 周围，并且占据一个椭圆形面积，这个椭圆形的大小和方向也可用作对 2° 视场观察者之间差异的一种度量。

2. 改变照明体

就相同的标准观察者来说，对于特定照明体是同色异谱的颜色，当改换照明体 $[S(\lambda)]$ 时，就不能保持同色了。例如，在特定照明体下的两个同色异谱物体色刺激为

$$\begin{cases} K\displaystyle\int_\lambda S_1(\lambda)\rho_1(\lambda)\overline{x}(\lambda)\mathrm{d}\lambda = K\int_\lambda S_2(\lambda)\rho_2(\lambda)\overline{x}(\lambda)\mathrm{d}\lambda \\[2mm] K\displaystyle\int_\lambda S_1(\lambda)\rho_1(\lambda)\overline{y}(\lambda)\mathrm{d}\lambda = K\int_\lambda S_2(\lambda)\rho_2(\lambda)\overline{y}(\lambda)\mathrm{d}\lambda \\[2mm] K\displaystyle\int_\lambda S_1(\lambda)\rho_1(\lambda)\overline{z}(\lambda)\mathrm{d}\lambda = K\int_\lambda S_2(\lambda)\rho_2(\lambda)\overline{y}(\lambda)\mathrm{d}\lambda \end{cases} \tag{11-8}$$

式(11-8) 表明，两个物体色刺激的三刺激值是相同的，即 $X^{(1)} = X^{(2)}$、$Y^{(1)} = Y^{(2)}$、$Z^{(1)} = Z^{(2)}$。

现在将照明体 $S_1(\lambda)$ 改换为 $S_2(\lambda)$，两个物体色的新三刺激值为

$$\begin{cases} X^{(1)} = K\displaystyle\sum_\lambda \rho_1(\lambda)S_1(\lambda)\overline{x}(\lambda)\Delta\lambda \\[2mm] X^{(2)} = K\displaystyle\sum_\lambda \rho_2(\lambda)S_2(\lambda)\overline{x}(\lambda)\Delta\lambda \\[2mm] Y^{(1)} = K\displaystyle\sum_\lambda \rho_1(\lambda)S_1(\lambda)\overline{y}(\lambda)\Delta\lambda \\[2mm] Y^{(2)} = K\displaystyle\sum_\lambda \rho_2(\lambda)S_2(\lambda)\overline{y}(\lambda)\Delta\lambda \\[2mm] Z^{(1)} = K\displaystyle\sum_\lambda \rho_1(\lambda)S_1(\lambda)\overline{z}(\lambda)\Delta\lambda \\[2mm] Z^{(2)} = K\displaystyle\sum_\lambda \rho_2(\lambda)S_2(\lambda)\overline{z}(\lambda)\Delta\lambda \end{cases} \tag{11-9}$$

所得两物体色的新三刺激值是不等的，则 $X_{10}^{(1)} \neq X_{10}^{(2)}$，$Y_{10}^{(1)} \neq Y_{10}^{(2)}$，$Z_{10}^{(1)} \neq Z_{10}^{(2)}$。

这表明两物体色的同色异谱性质由于改换了照明体而遭到破坏。

图 11-9 为四个物体色刺激在 CIE 标准照明体 D65 下，对 CIE 1931 标准观察者是同色异谱刺激，在色度图上位于同一个色度点，但当照明体 D65 改换为同色异谱的程度。同样，通过数学计算，可进一步制成许多假定的光谱反射率因数曲线 $\rho_i(\lambda)$，这些曲线都是同色异谱的。但用照明体 A 计算它们的色度坐标，就会发现，几乎所有色度点都分布在平均色度点 $x = 0.448$，$y = 0.408$ 的周围，占据一个椭圆形面积。这个平均色度点就是光源 A 的色度点，我们看到，在四个同色异谱刺激中，1 号颜色刺激在光谱各个波长的光谱反射率因数都是相等的，也就是说是中性的，所以在 D65 照明下，它的色度点就是照明体 D65 的色度点。其他几个颜色刺激虽有不同的光谱反射率因数曲线，但由于是同色异谱刺激，所以也有与 D65 相同的色度点。当照明体改换为 A 时，由于 1 号刺激是中性的，所有它的色度点就是照明体 A 的色度点，而其他颜色刺激就不再保持同色了。

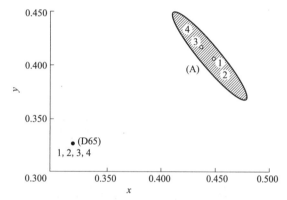

图 11-9　同色异谱样品改变照明体的色度点分布

更复杂的情况是，原来在特定观察者和特定照明体下的同色异谱颜色，当观察者和照明体两者都改变时，颜色的同色异谱性质也遭到破坏。

我们在上面看到，物体色刺激的同色异谱性质是有条件的，它们必须是对于特定的照明体和特定的观察者才能成立。这里所收获的特定照明体也包括式(11-9) 两个不同的照明体的情况。当改换照明体、改换观察者，或两者都改变，便破坏了原来的同色异谱性质。因此，我们可以设想一种考察同色异谱颜色的简便方法。

为了确定在一定光源下两个同色异谱样品的光谱反射率因数是否相同，也就是说，确定两个样品是同色异谱色还是同色同谱色，我们将这对样品置于另一光源观察，这个新光源与原来光源的光谱功率分布不同。如果在新光源下发现两个样品的颜色不再相匹配，则可断定这对样品是同色异谱的，即它们一定有不同的光谱反射率因数曲线。可是，如果在新光源下，两个样品在颜色上仍相匹配，就难以做出肯定的结论。虽然在大多数情况下，两个样品是同色同谱色，即它们有相同的光谱反射率因数曲线，但仍不能排除它们是同色异谱色的可能性。如图 11-9 的两个样品是同色异谱的，并且对 CIE 1931 标准观察者无论在日光下或在白炽灯下都匹配。我们可以制成两个样品的各种光谱反射率因数曲线，使样品在更多的光源照明下都保持同色异谱性质。这样的真实样品当然是很难制成的，但在理论上是可能的。史泰鲁斯和威泽斯基发现，两个异谱的颜色刺激如要同色，则 $\rho_1(\lambda)$ 与 $\rho_2(\lambda)$ 在可见光谱的至少三个不同波长上必须具有相同的数值，也就是两者的光谱反射率因数曲线至少在三处相互交叉。例外的情况是很少的。两个样品的光谱反射率因数曲线的交叉点越多，能使两者的颜色仍相匹配的光源数目也就越多。如果这对样品的颜色在任何光源下都相匹配，那么它们无疑是同色同谱色，而必定有完全相同的光谱反射率因数曲线。

3. 同色异谱的辨别

为了确定在一定光源下两个同色样品的光谱反射率分布是否相同，或者说要确定两个样品色是同色异谱色还是同色同谱色，可以将这两个颜色放置于另一个光源下进行观察，这个新光源的光谱功率分布与原来的光源不同。如果在新光源下的这两个颜色不再相同，则可以断定这两个颜色属于同色异谱颜色，因为它们有不同的光谱反射率分布曲线。

但是如果在新光源下，两个仍旧相同就难以做出结论，虽然在大多数情况下，两个颜色是同色同谱色，即它们有相同的光谱反射率曲线，但仍不排除它们是同色异谱色的可能性，图 11-10 所示两个颜色是同色异谱色的，并对 CIE 1931 标准观察者无论在日光下或在白炽灯下都相匹配。

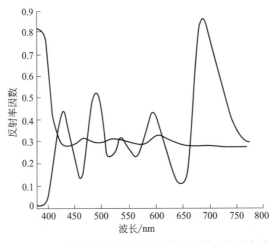

图 11-10　两种光源下均同色异谱的光谱反射率曲线

三、颜色同色异谱程度的评价

1. 目视评价法

1995 年，国家技术监督局批准了国家标准 GB/T 15610—1995《同色异谱的目视评价方法》。在该标准中，规定了同色异谱的目视评价方法，适用于对同色异谱的目视评价和色差估算。

（1）评价用标准光源及比色条件

评价时采用标准光源 D65 和标准光源 A。评价视场采用 10°视场。对样品进行评价时，观察区的照度应为（1000±200）lx。观测时有两种观察方式可选：0°:45°［照明光从上向下垂直照明样品，照明光束的光轴和样品表面的法线间的夹角不应超过 10°。观察者在与样品表面法线成 45°（误差不超过±5°）的方向观察］和 45°:0°［照明光束的轴线与样品表面的法线成 45°（误差不超过±5°），观察方向和样品的法线之间的夹角不应超过 10°。照明光束的任意光线和照明光束轴之间的夹角不应超过5°，观察视线也应遵守同样的限制］。评价区周围应由遮挡屏遮挡或一个永久性的建筑物屏蔽起来，以防杂散光线的干扰。遮挡屏的颜色应为中性灰色（$Y=30\sim40$）。样品放置的背景色也应为中性灰色（$Y\approx30$）。背景和周围表面的光泽度应为5～10光泽单位的范围内。

（2）目标评价者的条件

必须是视觉正常者，并有辨色经验，严格遵守目视评价的各色规定和程序，年龄为18～35岁。

（3）被评价用样品的技术要求

① 样品尺寸：样品面积为$5cm\times5cm$。

② 透明度。

一般情况下选择不透明样品做光泽度和颜色评价。如必须对半透明或透明样品进行评价时，应按下列要求进行。

a.作光泽度评价时，样品的厚度应能避免来自样品背后或背面的反射光，当对较薄的样品评价时，应将具有同等反射系数的不透明衬板置于样品背面，或将黑色板置于样品背面。

b.作颜色评价时，即使样品透明度很小，背衬板也将会影响评价的结果。因此，必须按下列要求中的一种进行：将相同材料所制作的衬板置于样品背面。背衬板所选用的材料和颜色应是可以再次获得的，并且具有稳定性和耐久性；将有相同反射性的材料衬板置于样品背面；将黑色板（如涂有漆的色板或黑玻璃）置于样品背面；将已知反射率的白板置于样品背面。

③ 被评价样品和标准样品的表面状态应保持一致。样品的颜色、平整度、光滑度应保持稳定，无划痕、无污迹，基板质地不能显露，以免影响评价精度。样品还应具有一定的强度。

④ 清洁样品。

a.无光泽样品因其表面特性一般不宜做样品清洁。

b.有光泽样品如需要清洁，应遵守以下程序并谨慎进行。具有较高等级光泽的样品通常可用清水洗涤，然后用新的镜头布或纸巾轻轻擦干。耐久性好的样品，可用软布或软刷蘸少量中性不上膜的非离子清洗剂清洁。如这类样品在沾有油迹或不宜去除的斑点，可用相应的试剂清洁。使用上述各种清洁方法后，应随即用清水清洁，并用新的无棉纸巾吸干水分。

⑤ 拿样品时应拿其边缘。

（4）同色异谱目视评价的程序

① 因本标准规定，在进行同色异谱目视评价时，所有被评样品都需经本标准规定的两种标准光源条件下评价，才能确认同色异谱程度。即一对样品在某种标准光源条件下目视颜色相同，还需相同的观察者在另一种标准光源条件下再次评价。如首先使用的是标准光源D65，其后应使用标准光源A评价。

② 评价样品同色异谱程度时，使用GB/T 250—2008《纺织品色牢度试验评定变色用大尺度样卡》中所规定的标准灰色样卡判断其色差级别。

③ 色差评定方法：将一对同色异谱被评样品与标准灰色样卡水平地放在同一视场的邻接位置，与不同标准灰色样卡作比较，直至两者最佳匹配。记录 CIE LAB 色差值（见

表 11-4）。如色差在相邻标准样品的级差之间，则采用内插法取其中间值。如有必要，可通过描述色调变动（如较蓝、较绿），或饱和度变动（较浅、较深），或明度变动（较亮、较暗）来记录色差的变动方向。

表 11-4 灰卡数据

级差	CIE LAB 色差	容差
5	0	±0.2
(4～5)	0.8	±0.2
4	1.7	±0.3
(3～4)	2.5	±0.35
3	3.4	±0.4
(2～3)	4.8	±0.5
2	6.8	±0.6
(1～2)	9.6	±0.7
1	13.6	±1.0

（5）评价结果的精度

当评价过程满足上述有关规定时，可使用下列关于重复性和再现性的定义来评估。

① 重复性。在相同的实验室，由同一观察者对相同样品作再次评价，其再次评价结果与前一次评价结果的误差应不大于原匹配色差的半级。

② 再现性。在不同的实验室，由不同的观察者或使用不同的标准灰色样卡，对相同样品作再次评价，所得结果与前一次评价结果的误差不大于原色差的一级。

2. 同色异谱程度评价

由照明体的光谱分布变化而引起的同色异谱颜色偏移的程度即为照明体同色异谱程度，可以用 CIE 推荐的照明体同色异谱指数来评价。

对于参照照明体和参照观察者具有相同的三刺激值的两个色样，同色异谱指数等于用待测照明体 t 计算的两个色样的色差值 ΔE，即不同反射率函数的两个色样在一给定的照明体和给定的色度观察者条件下具有相同的三刺激值，改变照明体时，其色差越大，同色异谱效应越明显。

同色异谱指数的计算如下。

① 在规定的照明体下，标准色样和待测色样无色差时，同色异谱指数 M_t 为在待测照明体下两色样的色差值 ΔE。

② 在规定的参考照明体 D65 下，标准色样的三刺激值 X_1、Y_1、Z_1 与待测试样的三刺激值 X_2、Y_2、Z_2 不相等时（$X_1 \neq X_2$、$Y_1 \neq Y_2$、$Z_1 \neq Z_2$）应采取适当措施，以产生精确匹配。否则，要进行乘法修正，并注明原色差大小。修正方法为先用校正系数乘以在待测照明体下待测试样的三刺激值（用 X_{2t}、Y_{2t}、Z_{2t} 表示），此处校正系数为

$$f_x = \frac{X_1}{X_2}; f_y = \frac{Y_1}{Y_2}; f_z = \frac{Z_1}{Z_2}$$

③ 计算标准色样在待测照明体下的三刺激值（用 X_{1t}、Y_{1t}、Z_{1t} 表示）与 $f_x X_{2t}$、$f_y Y_{2t}$、$f_z Z_{2t}$ 之间色差值，即为同色异谱指数。

四、同色异谱指数

1. 样本同色异谱指数

如果两个色样在可见光谱内的光谱反射率（或光谱透射率）不同，而对给定的参考照明体和参考观察者具有相同的三刺激值，两个色样的颜色就是同色异谱色。

对于参考照明体和参考观察者具有相同的三刺激值的两个色样，同色异谱指数 M_t 就等于在待测照明体 t 计算的两个色样的色差值 ΔE，即不同反射率函数的两个色样在一给定的照明体和给定的色度观察者条件下具有相同的三刺激值，改变照明体时，其色差越大，同色异谱效应越明显。M_t 可以定量表示同色异谱的程度。

一般采用 D65 为参比照明体，如采用其他照明体应予以说明。一般采用 CIE 标准照明体 A 或其他照明体为待测照明体。采用 CIE 1964 标准色度观察者。

其计算过程如下。

① 在规定的参考照明体下，标准色样与待测色样无色差时，同色异谱指数 M_t 为在待测照明体下两色样的差值 ΔE，色差用 CMC 公式计算。

② 在规定的参考照明体下，标准色样的三刺激值 X_1、Y_1、Z_1 与待测色样的三刺激值 X_2、Y_2、Z_2 不相等时应采取适当措施，以产生精确的匹配。否则，要进行乘法修正，并注明原色差大小。修正方法为先用校正系数乘以待测照明体下待测色样的三刺激值（用 X_{2t}、Y_{2t}、Z_{2t} 表示），此处校正系数为

$$\begin{cases} f_x = X_1/X_2 \\ f_y = Y_1/Y_2 \\ f_z = Z_1/Z_2 \end{cases} \tag{11-10}$$

③ 计算出标准色样在待测照明体下的三刺激值（用 X_{1t}、Y_{1t}、Z_{1t} 表示）与 $f_x g X_{2t}$、$f_y g Y_{2t}$、$f_z g Z_{2t}$ 之间的 CMC 色差值。

这个计算方法仅适用于当改变照明体时，预测待测样本与标准样本间的颜色效果；不适用于改变照明体时，单一样本产生的色差或三刺激值变化问题，也不适用于改变观察者使等色差受到影响的问题。

2. 光源同色异谱指数

ISO 23603 给出了光源质量的评价方法，量化了视觉样本在相同的标准观察者下待测试光源的不匹配程度，用视觉同色异谱指数 M_v 和紫外同色异谱指数 M_u 两个参数表示。视觉同色异谱指数通过在视觉波长范围内量化模拟器的适用性得到。紫外同色异谱指数要用不同的数据样本对得到，每一个样本对有一个荧光和非荧光样本。每一样本对中的非荧光样本给出了其光谱辐射因数，荧光样本给出了光谱反射辐射因数，基于荧光的辐射体的相对光谱分布，以及荧光样本的光谱外辐射效率。紫外同色异谱指数量化了使用光源的荧光不匹配程度。

光源的光要和 CIE 日光照明体的光在色度上接近，色差为 $\Delta E_{ab}^* \leqslant 0.015$。

ISO 23603 给出了用于视觉同色异谱指数的 5 个样本的光谱数据、用于紫外同色异谱指

数的 3 个虚拟样本的光谱数据，以及这些样本分别在 D50、D55、D65、D75 标准照明体下的光谱数据。用待测光源计算各个样本下的 $L^*a^*b^*$ 色度数据以及相应的照明体下的样本的 $L^*a^*b^*$ 值，然后计算色差，取平均值，即为 M_v 或 M_u 值。根据表 11-5 就可以得知光源的等级，表 10-1 中的同色异谱指数即用此方法计算得到。

表 11-5　光源的等级

质量等级	同色异谱指数 M_v 或 M_u
A	≤0.25
B	>0.25~0.50
C	>0.50~1.00
D	>1.00~2.00
E	>2.00

第三节　白　　度

白度是用一维数表示的物体色的白色程度。以白色含有量的百分比表示。测定物质的白度通常以氧化镁为标准白度 100%，并设定它为标准反射率 100%，以蓝光照射氧化镁标准板表面的反射率百分比来表示试样的蓝光白度；用红、绿、蓝三种滤色片或三种光源测出三个数值，平均值为三色光白度。反射率越高，白度越高，反之亦然。测定白度的仪器有多种，主要是光电白度计，标准不完全相同。习惯上把白度的单位"%"作为"度"的同义词，如新闻纸的白度为 55%~70%（即 55~70 度）。

白度并没有确认的自然标尺，在不同的领域有不同的白度评价公式。历来学者们对采用什么白度公式都是争论不休。因而，白度的定量表达和测量很不统一，量值难以准确一致。国际照明委员会一直努力解决白度的目视评价和仪器测量的一致性问题，因此还专门成立一个"白度分技术委员会"，从事有关的视觉实验和白度测量仪器的研究工作，并制定了白度测量应遵循的共同规范：①应该使用同样的标准光源（或照明体）来进行视觉和仪器的白度测量。推荐用 D65 照明体为近似的 CIE 标准光源。②在与前一条不一致的条件下得到的实验数据不能用于确立或检验白度公式。③推荐使用白度 $W=100$ 的完全反射漫射体（PRD）作为白度公式的参照标准，确立或检验白度公式都必须使得PRD 的白度值等于 100°。

根据以上的规范，任何白色物体的白度是表示它对于完全反射漫射体白度程度的相对值。在白度值比对测量时，首先要选择同一白度计算公式，同时也要选择同一照明观测条件，这对白度值比对有着至关重要的意义。仪器的照明观测条件有 45°:0°、0°:45°、0°:d、d:0°。不同的白度仪，其照明观测条件也不完全相同，所以使用者在选择白度仪时，要考虑国家标准的要求或同行业使用的白度仪的照明观测条件。只有选对了白度测量仪器，其数值才有可比性。

一、CIE 白度

CIE 白度分为 C 光源和 D65 光源两种照明条件，相应的 ISO 11475 标准［CIE 白度的测定，D65/10°（室外光）]，以及 ISO 11476 标准 [纸和纸板 CIE 白度的测定，C/20（室内光）]，造纸工业中常用 CIE 白度表示纸张白度，CIE 白度也称为甘茨白度。

1. CIE 白度（D65/10°）

$$W_{10} = Y_{10} + 800 \times (x_{n,10} - x_{10}) + 1700 \times (y_{n,10} - y_{10}) \tag{11-11}$$

$$T_{w,10} = 900 \times (x_{n,10} - x_{10}) - 650 \times (y_{n,10} - y_{10}) \tag{11-12}$$

式中　Y_{10}——D65/10°条件下试样的三刺激值；

$x_{n,10}$，$y_{n,10}$——规定的照明体和观察条件下完全漫反射体的色度坐标（在 D65 条件下，$x_{n,10} = 0.31382$、$y_{n,10} = 0.33100$）。

试样在以下限值内认为是白色的

$$40 < W_{10} \leqslant 5Y_{10} - 280$$

$$-3 < T_{w,10} < 3$$

2. CIE 白度（C/2°）

$$W = Y + 800 \times (x_n - x) + 1700 \times (y_n - y) \tag{11-13}$$

$$T_W = 900 \times (x_n - x) - 650 \times (y_n - y) \tag{11-14}$$

式中　Y——C/2°条件下试样的三刺激值；

x_n，y_n——规定的照明体和观察条件下完全漫反射体的色度坐标（在 C/2°条件下，$x_n = 0.31006$、$y_n = 0.31615$）。

试样在以下限值内认为是白色的

$$40 < W \leqslant 5Y - 280$$

$$-3 < T_W < 3$$

二、蓝光白度

蓝光白度又称为 R_{457} 白度，是一种简易的测量方法，在国际标准 ISO 2470（ISO 2470-1:2009 纸、纸板和纸浆、蓝光漫反射率因数），以及我国造纸、塑料、建材等一些行业中都使用 R_{457} 白度。它规定了利用近似的 A 光源照明，白度仪器的总体有效光谱响应曲线的峰值波长在 457nm 处，半宽度 44nm。

$$W_b = R_{457} = K_b \sum R(\lambda) F(\lambda) \Delta \lambda \tag{11-15}$$

$$K_b = \sum F(\lambda) \Delta \lambda$$

式中　W_b，R_{457}——蓝光白度，仪器光谱响应在有效波长 (457 ± 2)nm，半宽度为 44nm 的蓝光条件下测定的反射因数；

K_b——归化系数；

$R(\lambda)$——样品的光谱反射因数；

$F(\lambda)$——蓝光白度计的相对光谱功率分布；

λ——波长，nm。

蓝光白度计的相对光谱功率分布见表 11-6。

表 11-6　蓝光白度计的相对光谱功率分布

波长/nm	$F(\lambda)$	波长/nm	$F(\lambda)$	波长/nm	$F(\lambda)$
395	0.0	440	57.6	485	34.0
400	1.0	445	70.0	490	20.3
405	2.9	450	82.5	495	11.1
410	6.7	455	94.1	500	5.6
415	12.1	460	100.0	505	2.2
420	18.2	465	99.3	510	0.3
425	25.8	470	88.7	515	0.0
430	34.5	475	72.5		
435	44.9	480	53.1		

三、亨特（Hunter）白度

亨特白度公式如下

$$W_H = 100 - \left[(100-L)^2 + a^2 + b^2\right]^{1/2} \tag{11-16}$$

式中　W_H——亨特白度；

　　　L——亨特明度；

　a，b——亨特色度指数。

当白度测量采用 2°视场、标准照明体 C 时

$$\begin{cases} L = 10Y^{1/2} \\ a = \dfrac{17.2 \times (1.02X - Y)}{Y^{1/2}} \\ b = \dfrac{7.0 \times (Y - 0.847Z)}{Y^{1/2}} \end{cases} \tag{11-17}$$

当白度测量采用 10°视场、标准照明体 D65 时

$$\begin{cases} L = 10Y_{10}^{1/2} \\ a = \dfrac{17.2 \times (1.055X_{10} - Y_{10})}{Y_{10}^{1/2}} \\ b = \dfrac{6.7 \times (Y_{10} - 0.932Z_{10})}{Y_{10}^{1/2}} \end{cases} \tag{11-18}$$

四、 Z 白度公式

2°视场、标准照明体 C

$$W_Z = 0.847Z \tag{11-19}$$

10°视场、标准照明体 D65

$$W_{Z,10} = 0.932Z_{10} \tag{11-20}$$

复习思考题

1. 什么是色温和相关色温，其单位是什么？

2. 色温由高到低，颜色是如何变化的？

3. 什么是显色性，特色显色指数和一般显色指数是如何计算的？

4. 什么是同色异谱？同色异谱的条件有哪些？

5. 同色异谱的两个颜色的色差是多少？

6. 试举两个同色异谱复制的示例。

7. 已知高级涂布纸、改进涂布纸、标准光泽涂布纸、标准亚光涂布纸四种纸张的 Lab 值（D65、10°测量条件）分别为（95，1，－4）、（93，0，－1）、（90，0，1）、（91，0，1），计算这几种纸张的白度。

第十二章 印刷色彩复制

印刷是将文字、图画、照片、防伪等原稿经制版、施墨、加压等工序，使油墨转移到纸张、织品、塑料品、皮革等承印材料表面上，批量复制原稿内容的技术。现代印刷中，除要传递文字、图形图像等信息外，更重要的是色彩的传递。

印刷色彩的呈现是基于色料减色法的原理，把需要印刷的色彩分解成黄、品红、青色，这一过程称为分色。理论上 C、M、Y 能够再现成千上万种颜色，当然也包括黑色，但这是对理想的油墨而言的，实际生产中所用的油墨离理想的油墨还一定的差距，就是 C、M、Y 三色叠印出来的图像深色的地方密度上不去，图像反差不足，即使是全部为 100% 的 Y、C、M 所产生的黑色密度还是不够，黑色不是很黑。因此，为了提高暗调区域的轮廓层次和细节反差，在实际的印刷中还需要增加黑版。分色后的图像经过制版，在印刷机上进行印刷，得到和原稿一样的图像，这一过程也称为颜色的合成。

第一节　印刷色彩的分色

一、色彩的分解

颜色分解的方法是根据减色法的原理，用红、绿、蓝三原色滤色片拍摄得各分色阴片，即用红滤色片可制成青版，用绿滤色片可制得品红版，用蓝滤色片可制得黄版。例如：在照相分色时，照相机镜头上装上红滤色片，对彩色原稿进行照相，由于红滤色片能选择吸收蓝、绿色光谱，通过红色光谱，从原稿上反射或透射到镜头的红光，通过滤色片到达感光材料上，感光材料受光作用，能还原出较多的银，形成高密度部分，原稿上蓝、绿色光被红滤色片吸收，感光材料上未受光作用，只能形成低密度部分。原稿上蓝、绿色光区，即为颜料的青色部分，所以得到的底片是青色阴片。如彩色插页图 12-1 所示。

同理，用绿滤色片，使原稿上绿光通过，红、蓝色光被吸收，获得品红分色阴片；用蓝滤色片，使原稿上蓝光通过，红、绿色光被吸收，获得黄分色阴片。在印刷照片时，黄、品红、青等量叠加印刷出来的图片密度显得不够，图片轮廓不清，图像反差不足。例如彩色插页图 12-2 为原图，彩色插页图 12-3 所示是缺少黑版的图像，暗调区域的轮廓层次和细节反差明显不足。因此在分色时需要增加黑版解决上述问题。

黑版可分为短调黑版、中调黑版和长调黑版。短调黑版又称骨架黑版或轮廓黑版，主要体现原稿的暗调层次，加强画面反差，稳定颜色。中调黑版又称线性黑版，适用于彩色与消色并存的原稿，如风光、灰色建筑群等。长调黑版是指利用底色去除的原理生成的黑版，其再现范围较大，适用于以消色为主的彩色原稿，例如，以黑色为主的国画。

图像分色效果如彩色插页图 12-4 所示，彩色插页图 12-4(a) 为彩色插页图 12-2 用 R 滤色片分色得到的 C 版，彩色插页图 12-4(b) 为彩色插页图 12-2 用 G 滤色片分色得到的 M 版，彩色插页图 12-4(c) 为彩色插页图 12-2 用 B 滤色片分色得到的 Y 版，彩色插页图 12-4(d) 为彩色插页图 12-2 分色得到的 K 版。

在实际印刷过程中，由于油墨存在密度不足和副次密度，也就是说，油墨的反射和吸收光线的情况并不理想，这使得复制出来的黑色不够黑，颜色的彩度也下降了，达不到产品复制的要求。因此在实际复制中，往往增加一个黑版来弥补上述的不足，这就是为什么现在的印刷都是四色印刷。黑版的采用可以补偿印刷的局限性，使印刷能够顺利进行下去，弥补油墨的缺陷给复制带来的负面影响。其作用可归纳为能够加强图像的密度反差，稳定中间调至暗调的颜色，加强中间调和暗调的层次，提高印刷适性，降低印刷成本，主要是提高密度，纠正色偏。

当采用两种色相滤色片分别在同一张分色阴片上曝光时，其高密度区却是组合滤色片的色光，例如，红滤色片与绿滤色片的分别曝光效果，相当于起到黄滤色片的分色作用，用此法可得到黑分色阴片。

彩色原稿复制过程中，将分色阴片拷制成阳片，晒制成印版，印刷上分别用各自的色料三原色黄、品红、青油墨和黑油墨，逐一叠加组合，再现原稿的色彩，是减色混合原理。

二、分色误差

分色阴片密度由低到高表示色量由多到少。由于分色时受扫描仪的光电性能、滤色片的滤色性能、感光材料的感光性能、光源的显色性、屏幕呈像、油墨的呈色效率、纸张的理化特性等各种因素的影响，与原稿色彩相比，会造成各种颜色的误差。下面就影响分色误差的主要因素加以分析。

1. 滤色片滤色性能造成的分色误差

滤色片是照相分色、电子分色的主要光学器件，其质量优劣直接影响着分色效果。理想的滤色镜应该全部透过与滤色镜颜色相同的那种色光，而全部吸收另两种三原色光，但实际上所有的滤色镜都不可能达到上述理想程度。这主要存在着该透过的光线没有全部透过和该吸收的光线没有全部吸收两大问题。

滤色片有三个光学参数，即透过的中心波长、透射波长的半宽度和透光率。图 12-5 为滤色片的透射光谱曲线，从图中可以看出，每一滤色片中该透过的颜色没有全部透过，该吸

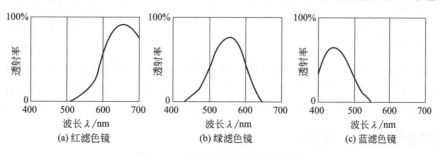

图 12-5 滤色片的透射光谱曲线

收的颜色没有全部吸收，造成分色时分色阴片相反色产生的曝光密度不够高，而使制成的图上相反色过量，基本色不透明。

随着技术的不断发展，为了获得色差较小的分色阴片，在实际生产中一般需根据原稿的色彩特征选用合适的滤色镜，如透射原稿宜选用狭小带滤色镜，宽广带滤色镜适宜于反射原稿。此外，还可根据需要考虑选用彩色补偿滤色镜、干涉滤色镜等手段，减少分色误差。

2. 感光材料感光性能造成的分色误差

感光材料是色彩分解过程中的记录材料。计算机编辑处理好的彩色图像通过照排机输出在感光材料上，感光材料应如实地把图像中各原色在画面上的分布情况以密度的形式记录下来。但是由于制造过程中的感光乳剂和所用光谱增感剂固有的特性影响，也能造成分色误差。

感光材料的感光性是指感光胶片获得的曝光量与由此产生的多少密度间的关系，通常用感光特性曲线来表示。理想的感光特性曲线应该是一根 45°的直线，但实际上是一条 S 形曲线。曲线可粗分为肩、直线和趾三部分，除直线部分能正确记录原稿的阶调外，其余两部分均为非比例记录，原稿中高光、暗调层次大量损失，色彩失真。图 12-6 所示的是感光材料的感光特性曲线。

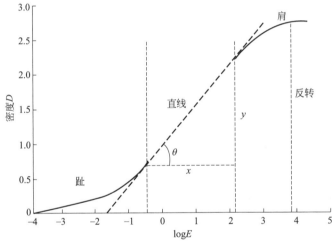

图 12-6　感光材料的感光特性曲线

3. 光源的显色性造成的分色误差

扫描仪和电分机的光源应是一个理想光源，含有全部可见光的白光，光谱齐全，显色性好，是原稿的色彩能正确反射（透射）它本该反射（透射）的色光，呈现原稿的固有色。但实际使用的光源在光谱功率分布、色温和显色性方面达不到理想光源的要求，彩色原稿的各种颜色不可能全部真实地反映出来。例如光源的光谱功率分布曲线不是连续的，缺少某些波长的色光，而缺少的这些波长的色光恰巧在某物体的光学特性所反射（透射）的光谱范围内，这种物体就会因光源中缺少这些波长的色光而改变颜色。另外，使用的光源在光谱功率分布方面有差别，功率大的那部分光波即是该光源所偏的颜色，也会形成不同的分色效果。

4. 屏幕呈像造成的分色误差

数字颜色工艺中还有一个不可避免的可变因素——显色器。大多数显色器使用阴极射线管（CRT）产生光束。显色器玻璃屏上涂有荧光粉，CRT 射出的电子以不同速度打在荧光粉上，使荧光粉振动并发光，振动速度决定了发光颜色。但显色器有内在的缺陷，如荧光粉的组成产生内在的颜色缺陷，显色器由于色温高易于使显示结果偏蓝，电子所带电荷不同会使显色器套准差，而缺乏整体清晰度，显色器玻璃的外形易使观察和颜色异常，系统不稳定会使工作期间及显色器寿命期内产生意外的颜色偏移。

在彩色出版系统中，人们通常通过电脑屏幕进行图像处理和创意。屏幕所用的是 RGB 加色法的原色光，其表现的颜色范围比较大。而实际印刷时，使用的是 CMYK 的减色法，其可容纳的色调空间比屏幕少得多，使呈现在电脑屏幕上的影像与原稿的颜色不大一样，在四色印刷中不会得到相同的颜色。因此，我们必须了解色彩从 RGB 到 CMYK 之间转换的差异性，选择理想的颜色配对方法，确保色彩的连贯性。目前的彩色管理系统能达到这种目的。

5. 扫描仪的光电性能造成的分色误差

扫描仪是一种光、机、电一体化的图像输入设备。扫描仪的种类很多，按不同的标准可分为不同的类型。按扫描原理可分为鼓式、台式、手持式，按图稿的介质可分为反射式和透射式，以及两者兼之的多用途扫描仪。

扫描仪的工作原理是原稿经扫描仪扫描，原稿上的色彩信息转换成不同强弱的光信号，由光电器件接收并转换成电压值，经模数转换器将模拟信号转换为计算机能够识别的数字信号，再由计算机对数字信号进行各种处理。

扫描仪的光电参数有光学分辨率、内插分辨率、最大扫描密度范围、位深度等。扫描仪参数性能的高低会直接影响所采集图像信息的色彩、层次和反差。如光学分辨率不高，采样的精细程度降低，图像的信息量就减少，图像的层次阶调就会有所损失。最大密度范围小，再现阶调细微变化的能力就小，将原稿暗调部分的细节丢失，图像上该区域就变成无层次变化的相同颜色，造成图像暗调区域的颜色或层次的损失。位深度和色深度是从两个不同的角度表示了一个扫描设备可以在它捕获的每个像素上检测出的最大颜色或灰度级。当扫描仪的位深度不够时，可捕捉的细节数量会减少，所能表现图像的层次感不强。

6. 颜色的校正

对图像正确复制的关键质量要素是图像的层次、阶调、灰平衡和记忆色。从理论上讲，可在 RGB 模式下校正图像的颜色，在 CMYK 模式下进行细微调节。这是因为用 RGB 工作处理时间快，有显色器的专用工具和较大的色域，用 CMYK 工作是没有较大的颜色偏移，是较容易由直觉感受的颜色空间。

颜色校正是把阶调层次偏差的原稿和扫描分色引起颜色偏差的图像校正过来，使其能得到反映原稿的正确色调、层次和灰平衡。颜色校正可在扫描分色中进行，也可在图像处理系统中进行。前者可通过对设备的定标、层次曲线的调整校正原稿的缺陷，后者可通过系统中的颜色校正工具来纠正图像不足之处。如曲线控制工具可相当精确地校正图像或每一个主色通道的颜色和层次。

在校正图像颜色时，通常要注意以下内容。

① 记忆颜色。记忆颜色是人们意识中的一部分，人们能很快地识别出颜色中的不平衡。例如任何一个人都知道青草的颜色，虽然其颜色不可能像这些用照片制成的小册子那样精美，但人们已习惯了这种颜色，如果颜色朝着某个不可能的方向转换，人们就能识别它。

② 中性色调。在正常情况下，对中性色调呈现一些偏色，人们就很容易发现此颜色不平衡。控制图像中消色的色彩平衡以控制图像不偏色是一种最简单的方法。

③ 人的肤色。图像中人物的脸、眼睛是最重要的地方，人脑中很重要的一部分就是用来识别和对人脸进行分类的。人们对脸部的颜色特别敏感，因为一些奇怪的颜色通常暗示着身体有问题，人们反感这些颜色并感到不舒服。实际上，人的皮肤色彩是彩色复制中错误最多的地方。

④ 不要追求过浓的色彩。人们总是强烈地追求颜色能跃然纸上，不必要地在图片中用过于丰富和浪漫的颜色来制造效果。生动的颜色有时很难印刷，应当根据印刷装置调整颜色，使调整后的图像印刷方便，达到最佳。

第二节 颜色合成

一、印刷网点

自平版印刷发明以来，网点始终被作为表现连续调图像层次和颜色变化的一个基本印刷单元。网点的大小、形状和特征是将原稿中的丰富色彩及明暗层次正确转移到印刷品上去的关键。

1. 网点及其作用

网点是组成图像的基本单位，通过网点大小的变化或调整单位面积内网点的数目再现原稿的浓淡效果。

网点是任何二值设备上表现连续调图像的明暗和层次的必要手段。电视机和计算机显色器屏幕是间接用电流大小变化表现彩色画面的。印刷机也是一种二值化设备，用在承印物上着墨和不着墨的方法复制原稿。网点的状态（大小和形状）和特征变化很好地解决了印刷机上表现有明暗和层次变化图像的复制工作。

从微观上看，网目调图像是不连续的，但从宏观上看，当网点面积大小发生变化或聚集个数发生变化时，根据色光加色法原理，人眼视网膜中产生的综合效果的颜色和层次逐渐变化，等同或接近连续调。例如，当用正方形网点以 150 线/in 印刷时，一个 100% 的网点边长为 0.17mm，而 50% 的网点则为 0.085mm，由于人眼的分辨率能力有限，在正常视距下，这样小的网点无法辨别，根据色光加色法原理，人眼视网膜中产生的综合效果，即网点面积大的或网点聚集多的区域颜色深，网点面积小的或网点聚集少的区域颜色浅。因此，在宏观上网目调图像经印刷后又是连续的。

网点是表现色彩浓淡变化的基础，其作用可以分为以下几点。

① 网点起着表现一个阶调的作用，它使连续调图像离散为网点群的组合。

② 网点是可以接收和转移油墨的单位，从这个意义上讲，网点的大小起着调节油墨大小的作用。

③ 网点在印刷效果上起着组色的作用，在四色印刷中，画面上的每一个色彩都由黄、品、青、黑四色网点以不同的比例混合而成。承印材料底色还起着冲淡油墨的作用，如果网点以 50% 的黑墨印刷，50% 的面积是白纸，则经过加色混合成了灰色。

按照网点的组织方式，可以分为调幅网点和调频网点，生成调幅网点的过程称为调幅加网，生成调频网点的过程称为调频加网。调频网点是网点大小固定，通过控制网点的密集程度来表现阶调，其亮调部分的网点稀疏，暗调部分的网点密集。调幅网点是一种传统的加网技术，是根据改变网点大小的方法来实现印刷的半色调。调幅网点相邻两网点的中心距离不变，网点的排列遵循一定的规律，具有一定的周期性。如图 12-7 所示，图 12-7（a）为调幅网点，图 12-7（b）为调频网点。

 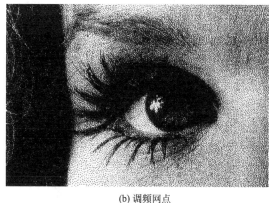

(a) 调幅网点　　　　　　　　　　　　(b) 调频网点

图 12-7　调幅网点和调频网点

2. 网点的性质

（1）调幅网点的形状

网点的形状是指单个网点的几何形状。不同形状的网点除网点各自的表现特性外，在复制过程中还有不同的变化规律，从而影响最后的复制效果。方形网点、菱形网点、圆形网点如图 12-8 所示。

(a) 方形网点　　　　(b) 菱形网点　　　　(c) 圆形网点

图 12-8　方形网点、菱形网点、圆形网点

1）方形网点

方形网点在 50％处呈正方形。在网点形成过程中，由于光线的作用和冲洗过程使得网点的方角受到冲击，40％左右的网点呈方圆形。而在 30％即为圆形，50％以上特性相同。方形网点在 50％处网点边长最大网点扩大率最高。网点与网点之间的方角处于若即若离状态。在墨层、压力稍有变化的情况下，网点极易跳级，使得中间调不柔和，层次过渡性差，出现硬口等弊病。图 12-9（a）为方形网点阶调特性曲线。

2）菱形网点

菱形网点是近年逐渐发展起来的，网点呈菱形，也称链形。菱形网点表现画面阶调特别柔和，反映层次也很丰富，对人物和风景画特别合适。

菱形两对角线是不等的，因此网点搭角不在 50％网点处。当长轴搭角时，网点面积约为 35%，短轴之间还相差甚远。当短轴搭角时，网点面积约为 65%，这时长轴早已搭角。它在表现层次时，将方形网点呈一次性较大跳级而使局部阶调硬化的弊病改为两次较小的跳级，过渡性较好，且这样产生的跳跃要比方形网点四个角均匀连接时缓和得多。图 12-9（b）为菱形网点阶调特性曲线。

3）圆形网点

圆形网点目前使用较多，网点呈圆形，圆形网点表现层次能力较差。

用圆形网点来表现的画面，高、中调处的网点都是孤立的，只存在暗调处网点才能够相互接触。因此，中间调以下网点扩大值很小，中间层次得到较好的保留。但是其面积周长比最小，加网时感光片相差网点的大小的响应差。圆形网点接触时不是角对角，而是弧线接触，导致印刷时因暗调区域网点油墨量过大而容易在周边堆积，最终使图像暗调部分失去应有的层次，使得 70% 以后的暗调层次极易模糊，阶调严重损失。图 12-9（c）为圆形网点阶调特性曲线。

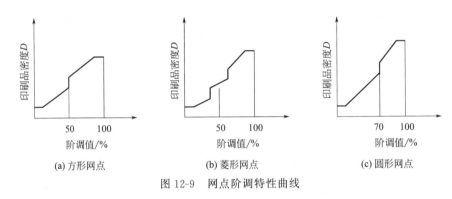

(a) 方形网点　　　　(b) 菱形网点　　　　(c) 圆形网点

图 12-9　网点阶调特性曲线

4）艺术网纹

为了增加画面的艺术气氛和某些情趣，产生各种耐人寻味的特殊艺术效果，近年来兴起了各种艺术网纹，包括同心圆网纹、水平线网纹、垂直线条网纹、砂目形网纹、砖形网纹等。

（2）调幅网点的角度

网点的角度是网点排列方向的值，是指网点的中心连线和水平线之间的夹角，如图 12-10 所示。一般逆时针方向测得的角度就是该网点排列结构的网点角度，因为网点的排列结构是由相交 90° 的纵横两列方向所组成的。根据三角函数，约定网点角度只能够在第一象限内，其中 0° 与 90° 是相等的。菱形网点因为纵向和横向网点形状的不同，只有在 180° 的两列方向上才能够算是完全一致的。圆形网点的排列方向可以在 180° 内表示。对常用的方形网点来说，主要使用的网点角度有 0°、15°、45°、75°。

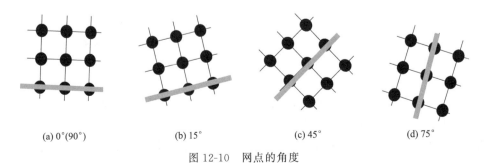

(a) 0°(90°)　　　　(b) 15°　　　　(c) 45°　　　　(d) 75°

图 12-10　网点的角度

从视觉效果来看，45°的网点角度最舒服、最美观，表现为稳定而不呆板，有生动活泼的感觉，被认为是最佳的稳定角度；15°与75°次之，虽不稳定，但也不呆板；视觉效果最差的是0°(90°)，虽然也稳定，但是太呆板，美感较差。

在印刷四个原色时，每种颜色的网点都有特定的角度。如果某种颜色的角度出错，就会和别的颜色在视觉上产生冲突，从而影响印刷质量。

两种或者两种以上不同角度的网点叠印在一起，会产生莫尔现象，即都包括在一个45°的角度之内。花样图文的出现是冲突印刷复制不可避免的一个问题。但随着角度差的变化，其视觉效果不同。30°和60°角度差的花纹最细腻、最美观，45°角度差次之，15°角度差产生波纹方块形状的不美观图案，其他各种不规则的角度都不甚美观。

目前国际上有人在研究所谓的同角度印刷。理论上，同角度印刷有图像细腻、色调稳定等优点。但从现在的印刷条件来看，短期内还很难实现。

（3）网点的类型

1）调幅网点

调幅网点是指单位面积内网点数不变，通过网点大小反映图像色调的深浅。调幅网点是传统的最常用的网点。对于原稿色调深的部位，复制品上的网点面积大、空白部分小，接受的油墨量多；对于原稿色调浅的部位，复制品上的网点面积小、空白部分大，接受的油墨量少。

2）调频网点

调频网点是通过对固定大小的"网点"进行分布密度和分布频率的变化来呈现出网目调灰度，同时网点在排列时，网点的大小不变，而中心距发生变化，通过网点的疏密反映图像密度大小。网点密的地方图像密度大，对应于原稿色调深的部位；网点疏的地方图像密度小，对应于原稿色调浅的部位。调频网点所使用的最小显色单元要么由机器点直接组成，要么就是由一定数量的机器点组成，因而其显色单元较小。调频网点是按照离散规律随机分布的，有效地避免了龟纹现象的出现。

网点可以通过加网来产生。加网的方式有玻璃网屏间接加网、接触网屏直接加网和电子网屏数字加网三种。数字加网是指以网点或网格内的记录曝光点的多少来表示图像层次变化。数字化方式产生的网目调图像由成千上万个非常小的点组成，它们由照排机或胶片记录仪发出的激光束射到胶片上曝光成像。为了获得规定大小的网点，应将记录平面划分为细小的记录栅格（即网格），在每个网格内可以制作出一个网点。

按照原稿图像的深浅不同，网点的面积占网格面积的比例（即网点面积率）也不同。一个网格内包含的记录曝光点越多，则网格内面积的变化级数也就越多，加网后图像的层次变化也就越丰富。

（4）加网及加网线数

网点的形成就是由连续调原稿到半色调的过程，也就是加网的过程。加网已经由以前的玻璃网屏和接触网屏加网演变成现在的数字加网。按照加网后生产的网点来分，又可以分为调幅加网和调频加网，以及现在出现的很多新的加网技术。

加网线数也叫网屏线数，是指在调幅加网中，单位宽度内排列的网点数，以"线每英寸（lpi）"或"线每厘米（line/cm）"表示。加网线数高，图像细微层次表达越精细；加网线数低，图像细微层次表达越粗糙。通常普通报纸印刷使用的加网线数为80lpi，彩色杂志、画册等加网线数都在150lpi以上，精细印刷的加网线数可达300lpi。

具有正常视力的人，能够分辨物体细节的视角 $\alpha = 1'$，当视距 $D = 250\text{mm}$ 时，物像 $A =$

0.072mm。这一概念在实用中，关系到彩色印刷品的观察效果，并且决定了所使用的加网线数和印刷网点的大小。例如，当使用的加网线数 $N=175$lpi 时，视距 $D=250$mm，则每一线条的宽度可计算如下

$$A=\frac{1}{2N}=\frac{1}{2\times 175}=0.0028[\text{in/线}]=0.072[\text{mm/线}] \tag{12-1}$$

在式(12-1)计算中，因加网线数通常是指阳线的数量，考虑到线与线之间的空距，故在分母乘以 2。根据计算结果表明：每一线条宽度 A 产生的角 α 恰好是 $1'$，如图 12-11 所示。由此可见，在视距为 250mm 时，若加网线数小于 175lpi 时，则网屏每一线条的宽度 A 所构成的视角均大于 $1'$，按此情况来观赏画面，网点将清晰可见，从而影响画面和色彩的整体混合效果，而只能用大视距（大于 250mm）的场合。如果加网线数大于 175lpi，则网屏每一线条的宽度 A 所构成的视角均小于 $1'$，在此条件下观赏画面，网点模糊不清，从而加强了画面整体效果和色彩混合效果。表 12-1 是当视力 $V=1.0$，视距 $D=250$mm 时，不同加网线数 N 的网屏线条宽度 A。由此可见，加网线数的选用与视力和视距有关。如果是印刷大型的招贴画，观察距离比较远，加网线数可以按照下式计算

$$N=\frac{1}{2A}=\frac{1}{2}\times\frac{1}{D\tan\alpha}=\frac{1}{2}\times\frac{1}{D\alpha} \tag{12-2}$$

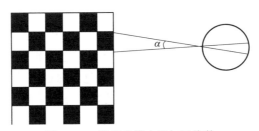

图 12-11　眼睛分辨力和加网线数

如果视力为 1.0，则有 $\alpha=1'=1/(60\times 57.3)$弧度。

所以

$$N=\frac{1}{2A}=\frac{1}{2}\times\frac{1}{D\times\dfrac{1}{60\times 57.3}}=\frac{1719}{D} \tag{12-3}$$

根据式(12-3)很容易计算出按照视距 D 的大小来计算加网线数。例如，当视距为 1m 时，加网线数 $N=1719/D=17.19$line/cm $=43.66$lpi。所以当选取 43.66lpi 的加网线数时，印刷的图像可以得到混合的视觉效果，但是为适合设备要求和工艺要求，习惯上常选用 $50\sim 81$lpi 的加网线数。

表 12-1　加网线数与线条清晰度

视力	视距	加网线数 N/lpi	线条宽度 A/mm	线条清晰度
1.0	250mm	80	0.15	清晰可分辨
		100	0.12	清晰可分辨
		125	0.1	可分辨
		175	0.072	模糊
		200	0.06	模糊不可分辨
		300	0.04	不可分辨

（5）新型加网技术

调频加网和调幅加网都存在一定的局限性。随着 CTP 的广泛采用，在不增加生产成本和不降低生产效率的前提下，对产品的质量要求越来越高，因此各公司先后研究并推出了多种新的加网技术。尽管各公司推出的新的加网方法各不相同，但一般而言，普遍采用把调幅加网和调频加网相融合的办法，也就是采用调幅和调频的"混合"（Hybrid）加网方法（当然不是简单地混合在一起）。此外也有公司坚持采用改进型的调频加网方法。

1）网屏公司的视必达加网技术

视必达（Spekta）加网技术是日本网屏公司于 2001 年开发的一种新的混合加网方法，它能够避免龟纹和断线等问题。视必达加网可以在不影响生产效率以及不改变常规印刷条件的情况下显著地提高印刷质量。如果使用热敏 CTP 版输出，正常 2400dpi 的视必达加网可以达到高线数加网的同等质量。视必达加网可充分发挥调幅和调频两种加网方式的优点。

视必达加网与调频、调幅加网的比较如图 12-12 所示。

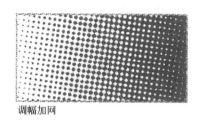

调幅加网

调频加网   视必达加网

图 12-12　视必达加网与调频、调幅加网的比较

视必达加网会根据每个图像的不同颜色密度采用类似调频或调幅的网点。在 1%～10% 的高光和 90%～99% 的暗调部分，视必达采用调频网大小不变的网点，通过变化的网点数量来再现层次。网点的分布根据不重叠和不形成大间隔的原则最优化，这样颗粒效应可被有效地控制。而在 10%～90% 的部分，网点的大小像调幅加网一样变化，而网点的分布和调频加网一样随机变化，这样就不会出现撞网。

对于高光部而言，在 2400dpi 的输出精度下，最小网点可小至 $10.5\mu m$，但实际印刷时是很难再现的。视必达加网通过合并小网点的方法来解决这个难题。方法是将 2～3 个小网点合并成一个大一点的网点（$21\mu m$ 或 $32\mu m$），以提高高光区域的可印刷性和稳定性。

用视必达加网在普通的 2400dpi/175lpi 的条件下可以达到相当于 300lpi 的印刷精度，而且不需要像高网线数印刷那样非常严格的工艺控制。像调幅加网一样，视必达加网的网点分布是随机的，不存在网角，可完全避免莫尔纹，也可避免因网角产生的在织物、木纹音箱上的"网罩"，可以消除在深灰色区域或黑色区域容易出现的玫瑰斑。该加网法还可使中间调部分的再现更加生动自然。

视必达加网技术直接应用于网屏的热敏制版机，并得到网屏的 RIP 和工作流程的支持，从而实现 CTP 直接制版的高质量输出。

综上所述，视必达网点的位置都是随机的，就这点来说它像调频网。在中间调部分，虽然网点的大小可变，但却没有调幅加网的固定中心距和网角。通过将最小点子加大解决了高光部调频网难以印刷的问题，并通过复杂的网点定位及组合技术把层次突变现象降至最低。

2）爱克发 Sublima 晶华网点加网技术

Sublima 晶华网点（晶华网点的中文名是"水晶升华"之意）加网技术集调幅（AM）和调频（FM）的优点于一身，被称为超频网（XM）。它是爱克发继水晶网点之后推出的一种全新的加网技术。

在拥有一定的印刷条件且不增加成本的前提下，Sublima 实现了高网线数印刷。印刷品图像非常细腻，在 340lpi 下网花与网点用肉眼很难辨识。

Sublima 采用 AM 网点表达中间部分（8%～92%）、FM 网点表达亮调（0～8%）和暗调（92%～100%）基本消除了莫尔纹、玫瑰斑等。Sublima 采用了爱克发专利的 XM 算法。当 AM 向 FM 过渡时，FM 的随机点延续了 AM 网点的角度，很好地消除了 AM 到 FM 的过渡痕迹，见图 12-13。Sublima 采用"最小可印刷网点"（大于 175dpi 的 2% 的 AM 网点）的概念，在中间调向亮调和暗调过渡时，始终是最小网点满足普通印刷的工艺要求，从而真正在印刷品上实现 1%～99% 网点的还原。同时网点计算采用"分步精确计算法"，显著提高了计算效率。输出各网线数（210dpi、240dpi、280dpi 和 340dpi）的 Sublima 网点时，CTP 设备均可采用 2400dpi 的输出精度，在不降低输出效率的前提下，生产高网线印版。

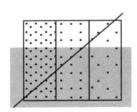

图 12-13　FM 的随机点延续了 AM 网点的角度

事实上，超频加网技术是在亮调和暗调区使用调频网点，在中间部分使用调幅网点，并实现网点转换处的平滑过渡。例如再现亮调区网点时，调幅网点会逐渐变小直至可复制的最小尺寸，此后便淡出而以调频网点代之。同样，暗调区网点也是从调幅网点过渡到调频网点，并在交界处不留痕迹。亮调和暗调区的网点大小一致、疏密不等，但不是真正意义上的调频网点。使用的是调频模式控制下的网点，其以一定角度线性排列，成为一种新的网点排列方式。

在 2003 年上海举办的中国国际全印展（All in Print China）上，爱克发采用 Sublima 网点＋Xcalibur45 CTP 机制作印刷的样张不仅非常细腻，层次色彩也很好。

3）Esko-Graphics 公司的加网技术

① 胶印网点，包括莫内网点（monet screens）和高线数网点（highline screens）

a.一阶和二阶莫内网点。莫内网点的一阶和二阶"调频"加网技术目前主要用于胶印加网，可获得无网花、无莫尔纹和异常锐利的图像。为了完美地配合每种印刷品的不同需求，不同大小的莫内网点可以在同一印刷品里混合运用，因此该网点不是单纯的调频网点。

b. 高线数网点。高线数网点的特点是在一般的输出分辨率下可以得到非常高的加网线数。Esko 的高网线数加网技术是结合了 AM 和 FM 加网特点的新的 AM 加网技术，其优点是能表现图像细节部分，同时具有稳定性和可再现性。使用高线数网点可以实现 2400dpi 精度下 423lpi 的输出。

② 柔印网点

a. 桑巴网点（sambaflex screens）。桑巴网点早在 1999 年就获得了 FlexoTech 奖，桑巴网点结合了中间调的 AM 加网技术和高光及暗调中的 FM 加网技术。这种不同网点的理想组合适用于柔性版印刷、瓦楞纸印刷和丝网印刷。桑巴网点能在 FM 和 AM 加网之间提供平滑过渡，因此看不到网点交接处的变化。

b. groovy 网点。柔印加网的最新方向着重在提高色彩对比度和暗调区域的密度，这是柔性版印刷的一个主要关注点。特别是在印刷 PE 材质时，会发生密度和对比度等问题。groovy 可以产生更高的密度图，并能在获得相同的印刷效果下使用更少的油墨。印刷测试证明还会产生更好的色彩对比。

c. 用于瓦楞纸印刷的 eccentic 网点。尽管瓦楞纸印刷的印前与柔印印前大致相同，但还具有一些独特的特点，包括极低的加网线数，挑战性的印刷材质以及印刷套准问题。eccentic 网点特别用于消除在低网线四色图像中极易看出的 rossete 花纹。eccentic 网点能减少网点扩大并使色调更加平滑。

4）克里奥视方佳调频加网技术

日本《印刷情报》曾刊登过一张具有震撼力的摄影作品，细节再现十分细腻。该印刷品采用 $10\mu m$ 的 staccoto 视方佳调频加网技术，采用海德堡 Speedmaster CD102 印刷机，纸张为特菱铜版纸，由日本锦明印刷公司印刷。

视方佳（staccoto）调频加网技术结合了随机加网和传统加网的优点，消除了半色调玫瑰斑、加网龟纹、灰阶不足、色调跳越等问题。视方佳调频加网技术还提升了印刷机上颜色和半色调的稳定性，在印量极大时仍能保证印刷的品质，辅之以 SQUAREspot^{TM}，方形光点热敏成像技术的精度和一致性（正是有了方形网点技术，随机加网才真正走向印刷实用阶段）可以生产出稳定、平滑的色彩。传统一次调频加网中，常常在色彩较少区域出现颗粒等缺陷，二次加网则可以避免这些问题。staccoto 加网在高光和暗调区域使用一阶调频加网，而在易出现问题的中间调部分使用大小不等的网点，以避免产生平网区域的问题。它的二阶调频加网使用的是一个二次加网的方法。视方佳二次加网以规则的形式集群，能有效减少低频噪声和不稳定性，避免其他调频加网所带来的可见颗粒图案。

视方佳调频加网可以以很薄的墨膜印刷，承印材料广，暗调部分也可以在不牺牲实地密度、对比度和色域的情况下得到很好的表现。较薄的墨膜意味着干燥的速度较调幅加网更快，这对双面印刷意义尤为有利。

一次调频加网只使用随机算法，当多个色版的中间调相互叠加时，就会产生像水波样的条纹，也就是低次谐波。针对这个现象，我们将完全打散的调频网点先进行一次重组，然后再次打散，就得到了所需要的二次调频网点。

通常的调频加网的网点扩大都比较大，这是因为网点扩大只发生在边缘。二次调频加网在重组网点时将相邻的小网点连接起来，大大减少了网点的总周长，使得网点扩大变得容易控制，如图 12-14 所示。

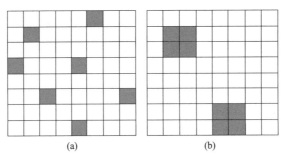

图 12-14　网点合并

5）富士写真的 Co-Re 加网技术

Co-Re 加网技术实现了以更低的输出精度得到高网线数网点的突破，获得了日本印刷学会技术奖。以往的技术以 2400dpi 输出精度获得 175～200lpi 网点，而富士写真技术实现了以 2400dpi 精度输出获得 300lpi 加网图像或者以 1200dpi 精度输出获得 175lpi 的加网图像，并且图像的质量不降低。采用本技术在沿用现有 CTP、RIP 等软硬件的前提下，可以以较低成本（购买网点软件）实现图像质量的大幅提高，生产效率也提高近两倍。

根据以往的印刷常识，为了再现印刷图像，每个网点需要约 200 个阶调来表达。据此计算，若输出精度为 2400dpi，由于 $2400/\sqrt{200} = 169$，则加网线数为 175lpi，符合理论上以 175～200lpi 为界。一般认为加网线数高于理论界限值时，会出现阶调不足，导致质量下降。

但是从人眼的特点来看，比 175lpi 的一个网点的区域（$145\mu m$）更大的区域（$340\mu m$）的圆形区域可以通过积分而"感觉"到其密度，因此，采用百分比不同的复数网点相混合来表达中间层次的多模式技术方案，一个由 50～60 阶调构成的网点即可达到与 200 个阶调网点同样的平滑阶调效果。这样一来，不仅在印刷品的样本上，而且从原理上也否定了过去的印刷网点常识。

实际上采用 2400dpi 精度输出制作 300dpi 网点图像的时候，最大的技术难题是由网点频率和输出机扫描间距所导致的单色莫尔条纹的频率不均故障的排除。

该技术是考虑到 CTP 材料和 CTP 装置的记录曲线的特性，特别是人眼的特性制作而成的模拟系统，可将"通过 CTP 在印版上记录网点并对其进行目测评价"的作业全部在微机上自动进行计算加工。

该网点以可选方式应用在富士公司的热成像 CTP、光聚合物 CTP 以及网点型 DDCP 上。对于以 2400dpi 输出精度得到 300lpi 网点印版的热成像 CTP 的印刷厂用户来说，在有超高质量要求的产品方面，取得了很大的成绩。通过从材料特性、输出光学特性以及视觉特性入手的模拟体系的构筑，开发出了以很低的分辨率制作出高网线数产品的技术，"模拟实际情况，考虑视觉特性，自动制作出最佳网点"就是该技术的思路，可以用于各种各样的输出体系。

3. 网点面积率与网点增大

为了便于度量以不同程度群集起来的网点所产生的视觉感觉上的明暗变化，人们采用网点面积率来表示。网点面积率是指在单位面积上群集的所有网点面积之和与总面积的比值，如图 12-15 所示。用数学形式表示就是

$$a = \frac{F_a}{F_0} \tag{12-4}$$

式中　a——网点面积率，%；

　　　F_a——网点占用面积；

　　　F_0——网点总面积。

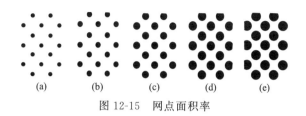

图 12-15　网点面积率

"网点增大"的定义是：网点在加网阴图片上形成与印到承印物上时的尺寸增大。这种增大通常用百分比表示。几个因素构成了印张上见到的"总的"网点增大。"总的网点增大"是机械的和光学的网点增大总和。

"光学网点增大"是油墨的吸光特性和承印物的光散射性形成的一种视觉现象。当光照射在非图像区域，即"空白区域"时，光便漫射开来，而网点附近的一部分光则被抑制了。此光由于不能被反射回观察者的眼中而被认为"被吸收"了。网点就显得比实际的密度和尺寸要暗些、大些，看起来好像已经发生了网点增大。

"机械网点增大"（又称物理网点增大）是网点尺寸实际上的物理增大，在分色、晒版和印刷期间都可能发生此种现象。机械网点增大最常见的形式是无方向性的，如果过度增大，则可造成糊版。大的暗调网点早已铺开并连接在一起，油墨印在网点间的非图像区域。这种增大是由墨膜厚度、承印物类型、高网线数，或在橡皮布与印版之间、橡皮布与承印物之间的压力下的油墨转移造成的。

二、网目调（网点）复制

1. 印刷网点的呈色

我们知道，万紫千红的印刷品就是靠四色油墨来呈现绚丽多彩的颜色，当四色油墨印刷到纸张上去之后，各色油墨的网点之间的关系只有两种：并列与叠合。网点的呈色遵循色料减色法的原理。

（1）并列网点的呈色

并列网点的呈色如图 12-16 所示，当白光照射在并列的面积相同的品红油墨和黄油墨上时，品红油墨吸收白光中的绿光，反射红光和蓝光，黄油墨吸收白光中的蓝光，反射红光和绿光，品红油墨反射的红光和蓝光与黄油墨反射的红光和绿光的综合效果就是产生了红光。由前述可知，当两个网点在人眼中形成的视角小于 $1'$ 时，人眼分辨不出两个网点，因而两个网点反射的光照射中也分辨不出，就成了两份红光、一份绿光和一份蓝光在人眼的同一个部位产生了刺激，而等量的红光、绿光和蓝光产生白光的效果，剩余的一份红光在人眼中产生色彩感觉，人眼就感觉到了红色。同理，当白光照射在并列的面积相同的品红油墨和青油墨上时，产生蓝色；当白光照射在等量的青油墨和黄油墨上时产生绿色；当白光照射在面积相同的三种油墨上时，就会产生灰色或黑。

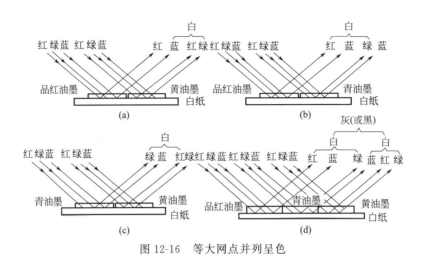

图 12-16　等大网点并列呈色

当两色或三色的网点面积不相同时，产生的颜色偏向大网点一侧，例如，小面积的品红油墨和大面积的黄油墨并列时，由于黄油墨反射较多的红光和绿光，使得产生的颜色已经不再是红色，而成了橙红色，随着品红油墨和黄油墨的面积比例的不同，颜色也会发生很大的变化；同理当大面积的品红油墨和小面积的黄油墨并列时，就会产生紫红色。同样，黄品青三色油墨以不同面积比例并列时就会产生各种各样的颜色。

（2）叠合网点的呈色

当第二色油墨在印刷时，和第一色油墨还有可能叠合。网点叠合的呈色类似于网点的并列呈色。以品红油墨和黄油墨的叠合为例，假如等量的品红油墨和黄油墨叠合在一起，如图12-17 所示，白光照射时，品红油墨吸收白光中的绿光，允许红光和蓝光透过，穿过品红油墨的红光和蓝光照射在黄油墨上，黄油墨吸收其中的蓝光，把红光反射出来，红光刺激人眼的视觉系统，因而产生了红色。同样，青油墨和黄油墨叠合产生绿色，青油墨和品红油墨叠合产生蓝色，黄品青三色油墨叠色时产生黑色或灰色。

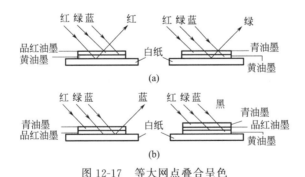

图 12-17　等大网点叠合呈色

油墨吸收色光的多少与色料的浓度、透明度、墨层厚度、叠印顺序有关，所以会产生偏色。如图 12-18 所示，青油墨和品红油墨的墨层厚度不同，所产生的颜色偏差也就很大。当青油墨的厚度小于品红油墨的墨层厚度时，青油墨对红光的吸收不充分，还有少量的红光反射出去，和没有吸收的蓝光混合形成蓝紫色；当青油墨的厚度大于品红油墨的墨层厚度时，品红油墨对绿光的吸收不充分，还有少量的绿光反射出去，和没有吸收的蓝光混合形成青蓝色。随着叠合墨层的厚度不同，形成的颜色也各种各样。同理，三色油墨叠合时，随着墨层厚度的不同也会产生各种各样的颜色。

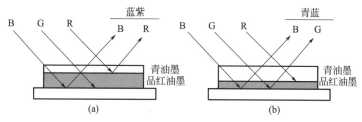

图 12-18　非等大网点叠合呈色示意图

2. 网点密度和网点面积率

网点是印刷的最小单位，由于以不同程度群集起来的网点，凭借吸收与反射所形成的光学效应，使人产生视觉上的差异，从而得到印刷图像画画的明暗阶调。

为了便于度量以不同程度群集起来的网点所产生的视觉上的明暗变化，采用网点面积率，它是指在单位面积上群集的所有网点面积之和与总面积之比。

度量群集的网点面积率的多少最有效的方法就是密度测量法。

① 透射网点面积率。对于阳图透射网点面积率来说，假定测试片的透明部分全部透明，而网点占有部分完全不透明，则透射率为

$$\tau = 1 - a \tag{12-5}$$

其对应的群集网点的密度值（简称网点密度）为

$$D_\tau = \lg \frac{1}{\tau} = \lg \frac{1}{1-a} \tag{12-6}$$

因此要计算透射网点面积率 a，只要测知其网点密度 D_τ，可以很容易计算出来

$$a = 1 - 10^{-D_\tau} \tag{12-7}$$

② 反射网点面积率。对于印刷品的反射网点面积率的计算，首先假定油墨印刷网点的吸收密度为无穷大（即无反射光），而承印物（如纸张）空白部分则全部反射（没有吸收），则其反射率为（$1-a$）。由于实际印刷品油墨的吸收密度受纸张、墨层厚度及颜色等因素的影响，使印刷品油墨的实地密度 D_s 通常只有 $1.00 \sim 1.60$。因此，印刷品的反射网点密度将受到实地密度 D_s 的影响。

对于不同的实地密度 D_s，总会有与之相应的反射率 ρ_s，如图 12-19 所示，由此产生的反射率为 $a\rho_s$。两部分之和（即总反射率）为

$$\rho = (1-a) + a\rho_s \tag{12-8}$$

所以，印刷网点面积率 a 的反射密度为 D_t

$$D_t = \lg \frac{1}{\rho} = \lg \frac{1}{1 - a(1-\rho_s)} \tag{12-9}$$

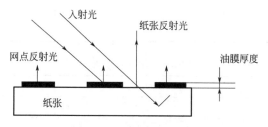

图 12-19　印刷网点反射

因为：
$$D_s = \lg \frac{1}{\rho_s}$$

所以，$\rho_s = 10^{-D_s}$，代入式（12-9）得

$$D_t = \lg \frac{1}{1 - a(1 - 10^{-D_s})} \tag{12-10}$$

若对于任意群集网点，能测知其反射密度 D_t，则可依据式（12-10）换算成印刷品的网点面积率

$$10^{D_t} = \frac{1}{1 - a(1 - 10^{-D_s})} \tag{12-11}$$

$$1 - a(1 - 10^{-D_s}) = 10^{-D_t} \tag{12-12}$$

可得

$$a = \frac{1 - 10^{-D_t}}{1 - 10^{-D_s}} \tag{12-13}$$

式中　a——所测印刷品的网点面积率，%；

　　　D_t——所测印刷品的网点反射密度；

　　　D_s——所测印刷品的实地密度。

式（12-13）为网点面积率和网点密度换算的一般公式，称为默里-戴维斯（Murry-Davis）公式，简称 MD 公式。

随后，尤尔（J. A. C. Yule）和尼尔逊（W. J. Nielsen）在此基础上进一步研究，考虑了现实工作中的各种条件，主要是：a. 纸张的光渗效应；b. 进入纸张内光线的多重反射；c. 网屏线数。由于这些条件的影响，使默里-戴维斯公式计算结果与实际情况发生偏离。因此尤尔-尼尔逊引入补偿修正系数 n，将默里-戴维斯公式修改成

$$a = \frac{1 - 10^{-D_t/n}}{1 - 10^{-D_s/n}} \tag{12-14}$$

式（12-14）一个非常有用的公式，称为尤尔-尼尔逊公式（Yule-Nielsen equation），简称为 YN 公式，n 也称为尤尔-尼尔逊因子（Yule-Nielsen factor），n 值要根据实验来确定，比较麻烦。但已有很多的学者，对此进行了专门的研究，得出一些很有参考价值的数据，表 12-2 和表 12-3 是 n 值的两个例子。

表 12-2　n 值（Yule-Nielsen）

网屏线数	涂料纸	非涂料纸
65	1.3	2.0
150	1.8	—
300	3.0	—

表 12-3　n 值（及川善一郎）

网屏线数	铜版纸	胶版纸
60	1.2	1.8
85	1.2	2.2

网屏线数	铜版纸	胶版纸
100	1.6	3.8
133	1.8	5.0
150	2.0	5.0

由于 YN 公式的 n 值并没有取值标准，在实际的使用过程中容易混乱，因此 GB/T 18720—2002《印刷技术印刷测控条的应用》推荐使用 MD 公式。

为了降低 MD 公式的误差，多用相对密度计算网点面积率，如式(12-15) 所示。

在我国新闻出版行业标准（CY/T 5—1999）《平版印刷品质量要求及检验方法》中采用下式计算印刷品的网点面积率。

$$a = \frac{1 - 10^{-(D_t - D_0)}}{1 - 10^{-(D_s - D_0)}} \tag{12-15}$$

式中　D_0——印刷品上非印刷部位的反射密度值；

　　　D_t——印刷品上网点部位的反射密度值；

　　　D_s——印刷品上实地的反射密度值。

GB/T 17934.1—1999《印刷技术网目调分色片、样张和印刷成品的加工过程控制第一部分：参数与测试方法》、GB/T 18722—2002《印刷技术　反射密度测量和色度测量在印刷过程控制中的应用》、ISO 12647-1：2013(E) 也推荐使用式(12-15)。

印刷品上的网点面积率也可以采用色度值来计算。色度值的测量必须采用 D50 照明，CIE 1931 观察者，0°:45°或者 45°:0°的几何条件测量得到的 XYZ 值。

青色的阶调值

$$A = 100\% \times \frac{X_0 - X_t}{X_0 - X_s} \tag{12-16}$$

品红和黑色的阶调值

$$A = 100\% \times \frac{Y_0 - Y_t}{Y_0 - Y_s} \tag{12-17}$$

黄色的阶调值

$$A = 100\% \times \frac{Z_0 - Z_t}{Z_0 - Z_s} \tag{12-18}$$

式中　X_0，Y_0，Z_0——空白承印物的三刺激值；

　　　X_t，Y_t，Z_t——半色调网点处的三刺激值；

　　　X_s，Y_s，Z_s——实地部位的三刺激值。

对于青色阶调值计算误差较大，在 ISO 10128:2009 中给出了校正方法，用 $X - 0.55Z$ 代替 X，则(12-16) 修正为

$$A = 100\% \times \frac{(X_0 - 0.55Z_0) - (X_t - 0.55Z_t)}{(X_0 - 0.55Z_0) - (X_s - 0.55Z_s)} \tag{12-19}$$

印刷品上的阶调值也可以采用图像分析的方法得到，但这个阶调值只包含几何的网点扩大，不包含光学的网点扩大。

三、印刷颜色的合成

经过分色和制版以后，原稿的颜色信息以网点的形式被分别记录在各色印版，印版着墨后将油墨转移至承印物，就实现了颜色信息的转移，当所有印版的颜色信息都转移完后，颜色合成的过程也就完成。彩色插页图 12-1 的下半部分就是颜色合成的原理，印版逐一着墨，并向承印物转移，得到了和原稿颜色一致的复制品，实现了对原稿的复制。

仍以图彩色插页 12-2 的原稿来说明颜色合成的过程。彩色插页图 12-20(a)～(d) 说明了在承印材料上以黑、青、品红、黄的色序依次印完各色后的效果。图 12-20(a) 是印完第一色黑的效果；图 12-20(b) 是印完第二色青的效果，此时已经实现了青对黑的叠印；图 12-20(c) 是印完第三色品红的效果；印完第四色黄后，效果如图 12-20(d) 所示，实现了对原稿彩色插页图 12-2 的复制。

复习思考题

1. 什么是网点，它在印刷中的作用是什么？

2. 只用 Y、M、C 三色油墨为什么可以呈现各种各样的颜色，请画图说明印刷网点的叠合呈色和并列呈色。

3. 请画出 Y、M、C、R、G、B、W、Bk 各色的颜色分解示意图。

4. 已知青油墨的实地密度 $D_s=1.3$，网点密度 $D_t=0.8$，试分别用 Murray-Davis 公式和 Yule-Nielsen 公式($n=1.8$) 计算网点面积率 a，并说明两种计算结果不同的原因。

5. 试推导连续调色彩复制公式 $D=D_\infty(1-e^{-ml})$。

6. 影响油墨颜色质量的最主要因素有哪些？

7. 为什么会产生分色误差？

8. 试画出 R、G、B、Y、M、C、K、W 几种典型颜色分解合成的示意图。

第十三章 计算机配色

　　配色是指将不同颜色的色料进行混合得到特定的颜色的过程，配色在印染、纺织、印刷、涂料、油漆等很多行业都有广泛的应用。早期的配色都是人工配色，由配色者目测评估调配待配色需要的组成色料的多少，并进行混合，及时进行组成色料比例的调整，直至使得配出的颜色与待配色一致。配色自 20 世纪中期至今历经约一个世纪的发展，其已取得丰富的硕果，但人工配色的方法耗时长，对配色人员的专业素质要求非常高，不但存在着人工配色的主观性，并且成本非常高、效率低、精确度低，难以达到工业生产需求，推广困难。近 30 年随着计算机技术及现代测量技术的蓬勃发展和进步，计算机配色技术的精度及效率取得了巨大的进步，已逐步发展成为主流。计算机测色配色系统能够在很短的时间内计算出最准确的颜色配比。因此不但使打样次数减少，节省劳动力和原材料，而且还缩短了生产周期，进而使企业的生产效率得到了提高，实现了利益最大化。此外，使用配色系统还可以减少有色纤维的损耗，降低库存；并且通过测量反射率数据来储存颜色信息，具有样品不退色、方便查找等优点。

　　计算机配色技术最初是从纤维和纺织品染料染色的测色配色技术中发展而来的，主要由于染料染色的应用中大多是颜色混合和色彩合成。计算机配色发展的奠基阶段是 20 世纪 30 年代，CIE 提出了三刺激值色度学系统，将色彩空间宏观地展现在人们的视野内。另外哈迪成功设计出了反式自动记录式的测色仪，同时 Kubelka-Munk 建立了光在不透明介质中被吸收以及被散射的理论。计算机配色技术的萌芽阶段为 20 世纪 40 年代，由 Kubelka 等人提交给美国光学协会的一篇论文中，进一步论述了选择和吸收各种颜料的光线的光学性质，可独立地引入这些颜料的配色结果，还提出了两套计算染料浓度的公式。计算机测色配色的初创阶段为 20 世纪 50 年代，美国的科学家 Davidson 等联合设计了第一台适用于纺织产品颜色测量的商用计算机配色仪 COMIC（colorant mixture computer），它代表着计算机测色配色系统的正式创建和发展。此仪器虽然提高了配色的效率，但还是以人工经验配色为主。计算机测色配色技术发展的兴起阶段为 20 世纪 60 年代，由于当时计算机技术的迅猛发展，科学技术的不断提升，再加上计算机的价格也有一定的下降，使得计算机技术应用在很多工作领域中，同时也使得 COMIC 系统很快被替代。1963 年，美国的杜邦和英国的 ICI 两大染料工厂都宣布可为客户提供数字化配色服务，这也是计算机测色配色发展史上的里程碑，自此计算机测色配色技术蓬勃发展。计算机测色配色技术发展的低潮阶段是 20 世纪 70 年代，由于当时社会的迅速发展致使人们对于产品的要求不断提高，希望计算机可以匹配出准确无偏差的配方，过于理想化的期望，使人们开始对计算机配色技术产生了怀疑，也致使计算机测色配色技术的发展陷入了低潮。20 世纪 80 年代，计算机测色配色技术从之前的低潮阶段转变为高速发展阶段，这主要是由于西方国家的纺织产品需求出现了批量小、品种多以及快交货的现象，而配色工作又相当繁杂，人工配色难以适应当时的市场需求。纺织企业为了占有更大的市场，需要不断创新发展，而最有效的就是应用计算机配色技术来提高生产效率，因此人们对于计算机配色技术也有了宽容度，不再要求配色一次成功，转而期待计算机配色来辅助人工配色，后面的修色步骤尽量达到最少即可。在此基础上，计算机测色配色技术被广泛应用，掀起了当时纺织应用软件的开发热潮。国外有许多著名的配色系统制造商和生产商，都在开发自动颜色测量和配色系统，如美国的德塔公司（Datacolor），亨特立（Hunterlab），德国的 Zeiss、Optronie，意大利的 Oriental，日本的美能达等。

近年来，对于计算机测配色技术的研究仍然在不断更新，如日本三洋公司开发的"Color Tools"颜色质量管理系统、Datacolor 公司建立的颜色信息管理系统（CIMS）、爱色丽公司的 Color Master 配色系统等。计算机测色配色技术已经向数字化、网络化方向发展。

我国虽为纺织大国，但对于计算机测色配色技术的研究起步相对较晚。直到 20 世纪 80 年代初，上海纺织科学院才从德国 POTON 公司引进我国第一台自动测色、配色仪器。1984 年起，沈阳化工研究所开始开发颜色匹配系统，并推出了思维士配色软件。主要测量颜色值和控制品质，并可对混纺织物的颜色匹配、修色以及配色数据库进行管理。1989 年，中科院上海分院测试中心成功研制了第一套中文计算机辅助配色系统（CALMS）。

第一节　计算机配色的理论基础

一、Kubelka-Munk 理论

计算机自动配色主要包括三个要素，即得到初始配方的公式，预测任何色料混合物颜色的光学模型和调整配方使之接近目标颜色的算法，其中最重要的是建立色料混合光学模型。各种色料的计算机配色的成功与否主要取决于所应用模型的精确度、实用价值和适应性。至今，应用最广泛、最普遍也是最成功的光学模型便是由 P. Kubelka 和 F. Munk 于 1931 年提出的 Kubelka-Munk 理论（简称 KM 理论）。

Kubelka-Munk 理论的推导和应用基于如下几个假设条件。

① 适用于不透明介质（如涂料、纺织品、纸张和大多数塑料等）和半透明介质。

② 膜层在水平方向向二维空间扩展，光通量在水平地通过与之垂直的边缘时的损失，与其上下行进时的损失相比，非常小而不必考虑。

③ 只考虑向上和向下行进的漫射光通过在膜层中穿行时发生的情形。

如图 13-1 所示，设基底的反射比为 ρ_g，膜层厚度为 X，膜层中存在向下和向上两个光散射方向，即向下通道和向上通道，且向下通道也包含了被散射前的原始光。两通道中的光均为漫射光，而不是准直光。这是实际模型在上述假设条件下的抽象和简化。

先从半透明介质模型开始推导。取任意深度处厚度为 $\mathrm{d}x$ 的单元，设下行通道的光强为 i，上行通道的光强为 j。在下行通道中通过厚度单元的光的强度衰减为 $\mathrm{d}i$，它与其强度成正比，比例常数由吸收系数 K 和散射系数 S 组成。由于上行通道中的光被散射回去，使下行通道中从单元底部透出的光增强，因而

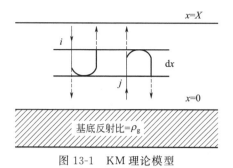

图 13-1　KM 理论模型

$$\frac{\mathrm{d}i}{-\mathrm{d}x}=-(K+S)i+Sj \tag{13-1}$$

式中，$\mathrm{d}x$ 前的负号表示下行时沿负方向通过单元（取向上为正方向）。相反方向（上行通道）上的情况类似，只是 $\mathrm{d}x$ 为正，即

$$\frac{\mathrm{d}j}{\mathrm{d}x}=(K+S)j+Si \tag{13-2}$$

为了求解上述微分方程，定义 $\rho_{\mathrm{r}}=j/i$，则根据微分的商规则，可得到以 ρ_{r} 表示的单个微分方程，即

$$\frac{\mathrm{d}\rho_{\mathrm{r}}}{\mathrm{d}x}=\frac{\mathrm{d}\left(\dfrac{j}{i}\right)}{\mathrm{d}x}=\frac{i\left(\dfrac{\mathrm{d}j}{\mathrm{d}x}\right)-j\left(\dfrac{\mathrm{d}i}{\mathrm{d}x}\right)}{i^{2}} \tag{13-3}$$

将式(13-1) 和式(13-2) 代入式(13-3)，并以 ρ_{r} 代替 j/i，可得

$$\frac{\mathrm{d}\rho_{\mathrm{r}}}{\mathrm{d}x}=S-2(K+S)\rho_{\mathrm{r}}+S\rho_{\mathrm{r}}^{2} \tag{13-4}$$

这是一个可以分离变量的一阶微分方程。

为了对式(13-4) 进行积分，考虑以下边界条件：由于在任何深度 x 处，ρ_{r} 表示上行光通与下行光通之比，因此，当 $x=0$ 时，有 $\rho_{\mathrm{r}}=\rho_{\mathrm{g}}$（基底反射比）；而当 $x=X$ 时，则有 $\rho_{\mathrm{r}}=\rho$（膜层反射比）。因此

$$\int_{0}^{X}\mathrm{d}x=\int_{\rho_{\mathrm{g}}}^{\rho}\frac{d\rho_{\mathrm{r}}}{S-2(K+S)\rho_{\mathrm{r}}+S\rho_{\mathrm{r}}^{2}} \tag{13-5}$$

对式(13-5) 积分，并对 ρ 解此积分后的方程，得

$$\rho=\frac{1-\rho_{\mathrm{g}}[a-b\coth(bSX)]}{a-\rho_{\mathrm{g}}+b\coth(bSX)} \tag{13-6}$$

式中，$a=1+(K+S)$；$b=(a^{2}-1)^{1/2}$；$\coth(bSX)$ 为双曲余切函数，其具体定义式为 $\coth(bSX)=[\exp(bSX)+\mathrm{esp}(-bSX)]/[\exp(bSX)-\mathrm{esp}(-bSX)]$。

式(13-6) 即为 Kubelka-Munk 方程的基本形式，它说明了半透明膜层的反射比是吸收系数 K、散射系数 S、层厚 X 以及基底反射比 ρ_{g} 四个参数的函数。

在式(13-6) 中，逐渐增大散射系数 S 或膜层厚度 X 时，很快有 $\exp(-bSX)$ 与 $\exp(bSX)$ 相比可忽略不计，故双曲余切函数 $\coth(bSX)\to1$。于是，可得到该方程的简化形式

$$\rho_{\infty}=1+\frac{K}{S}-\left[\left(\frac{K}{S}\right)^{2}+2\left(\frac{K}{S}\right)\right]^{1/2} \tag{13-7}$$

式中　ρ_{∞}——无穷大厚度时的膜层反射比，即厚度再增大，也不会影响样品的反射比。

求解此方程可以得到以 ρ_∞ 表示的 K/S，即

$$\frac{K}{S}=\frac{(1-\rho_\infty)^2}{2\rho_\infty} \tag{13-8}$$

式(13-7) 和式(13-8) 是不透明样品普遍使用的方程，如在纺织品的配色中就采用这组方程。事实上，许多文献直接以式(13-8) 作为 Kubelka-Munk 方程，其隐含的前提是研究不透明样品。特别值得注意的是，在这两个方程中均没有出现膜层厚度 X 和基底反射比 ρ_g，同时 K 和 S 只以比值 K/S 的形式出现。

根据 Kubelka-Munk 理论，其吸收和散射系数适用加和性原理。设 K 和 S 分别为膜层总的吸收系数和散射系数，各色料的单位吸收和散射系数分别为 K_1、K_2、$\cdots$、K_n 和 S_1、S_2、$\cdots$、S_n，基质的吸收和散射系数分别为 K_t 和 S_t，则有

$$\begin{cases} K=K_t+c_1K_1+c_2K_2+\cdots+c_nK_n \\ S=S_t+c_1S_1+c_2S_2+\cdots+c_nS_n \end{cases} \tag{13-9}$$

式中　c_1，c_2，$\cdots$，c_n——组成膜层的 n 种色料的浓度。

式(13-9) 中含有两个独立的参数 K 和 S，因此称为 Kubelka-Munk 双常数理论。

在有些情况下，不管色料配方发生什么变化，其散射系数基本不变。如染色纺织品，其光散射受到纺织纤维的影响，加入纺织品中的染料可近似地想象成溶于纤维中而对基质的散射能力无贡献。因此，在这样的膜层中，可以认为每种色料的散射功率（定义为 SX）是相等的，且此量即为基质的散射功率。另外，在制陶等其他工业中也有类似的情况。

将式(13-9) 中的第一式除以第二式，得

$$\frac{K}{S}=\frac{K_t+c_1K_1+c_2K_2+\cdots+c_nK_n}{S_t+c_1S_1+c_2S_2+\cdots+c_nS_n} \tag{13-10}$$

这是用二常数理论来计算色料混合物的 K/S 值时所用的方程。

如果膜层总的散射系数不变，并等于基质的散射系数，则式(13-11) 可以简化为

$$\frac{K}{S}=\frac{K_t+c_1K_1+c_2K_2+\cdots+c_nK_n}{S_t} \tag{13-11}$$

假设

$$\left(\frac{K}{S}\right)_t=\frac{K_t}{S_t}, \left(\frac{K}{S}\right)_1=\frac{K_1}{S_1}, \left(\frac{K}{S}\right)_2=\frac{K_2}{S_2}, \cdots, \left(\frac{K}{S}\right)_n=\frac{K_n}{S_n}$$

则式(13-11) 等价于

$$\frac{K}{S}=\left(\frac{K}{S}\right)_t+c_1\left(\frac{K}{S}\right)_1+c_2\left(\frac{K}{S}\right)_2+\cdots+c_n\left(\frac{K}{S}\right)_n \tag{13-12}$$

上述简化的原因是，对于每个波长只需对应一个参数（K/S）来表征一种色料，而不是用 K 和 S 两个参数。因此，这种处理方法［即式(13-12)］称为 Kubelka-Munk 单常数理论。

二、Stearns-Noechel 算法

Stearns-Noechel（S-N）经验模型常用来计算纤维纺织物的颜色差别，例如，在羊毛、棉、尼龙和其他纤维的颜色预测中，S-N 模型具有相对较高的预测精度，现如今 Stearns-Noechel 公式应用于颜色预测已经有一个坚实的研究基础。在配色实验中，考虑到光谱反射率直接映射预测值会存在一些偏差，为了减小这一部分的影响；本章应用 S-N 模型对光谱

反射率进行修正以得到更好的实验结果。

1. Stearns-Noechel 算法原理

1944 年，Stearns 和 Noechel 提出了一个颜色匹配解决方案的经验配方。Stearns 和 Noechel 使用不同的颜色进行混合并对涉及两种基色的混合物进行了一般性考虑：混合物的反射率值（称为 R_{blend}）位于组成的单色反射率值之间，而 R_{blend} 与主要反射率加权的相对质量百分比的值不同，这些特点对于可见光谱中的任何波长都是有效的，并且样本构成的颜色不含荧光色。

Stearns 和 Noechel 提出的预测方法是基于添加剂配方的原理，他们的假设见式(13-13)

$$f[R_{blend}(\lambda)] = \sum_i x_i f[R_i(\lambda)] \tag{13-13}$$

式中　$R_{blend}(\lambda)$——混合物在波长 λ 下的反射率，%；

　　　　$R_i(\lambda)$——不同波长下共混物的第 i 组分的反射率，%；

　　　　x_i——表示在共混物中引入的第 i 组分的质量比例（x_i 介于 0~1 之间）。

式(13-13) 等号右边的 $f[x]$ 是在式(13-13) 基础上通过大量实验验证提出一个经验公式，它是一种单调递减的双曲线函数，如式(13-14) 表示

$$f[R_i(\lambda)] = \frac{1 - R_i(\lambda)}{M[R_i(\lambda) - 0.01] + 0.01} \tag{13-14}$$

式中　M——经验参数值。

由此通过式(13-13) 和式(13-14) 可以计算出不同混合物的 $f[R_{blend}(\lambda)]$ 值。M 是唯一的参数，其值随实验样品而变化，通过引入可变参数 M，Stearns-Noechel 函数具有自我调节能力，以实现各种颜色线性混合的情况。在纺织业中选用的经验常数 M 值：羊毛为 0.15、棉花为 0.109、尼龙为 0.09。Philips-Invernizzi 等人提出了对传递函数的修改，其中参数 M 被假定为随波长而变化，修改的传递函数可以在一个样本中实现不同波长的自适应线性调整，从而带来更准确的结果。根据这一特性，本章根据样本数据建立关于 Stearns-Noechel 的函数，以修正样本的输入数据。

2. Stearns-Noechel 算法应用

以前的经典模型是针对不同样本使用不同的 M 值计算颜色信息，这样的计算忽略了其他参数的相关性，也使配色结果不理想。本章以 BP 神经网络为基础模型并使用 Stearns-Noechel 模型通过对样本反射率进行修正，寻找在参数 M 和不同波长颜色光谱之间的相关性，经过修正的数据进行网络训练。

$$P = f[P_i(\lambda)] \tag{13-15}$$

式中　$P_i(\lambda)$——在波长 λ 处由 n 种按不同比例组成的第 i 种颜色的反射率（$i=1, 2, \cdots, n$）；

　　　　$f[P_i(\lambda)]$——经过第 i 种颜色反射率的修正值。

首先，用测色仪测出各波长下的色块的光谱反射率和四色网点面积率，设置对应的 M 值的数值范围，然后根据式(13-15) 计算各波长下对应的 $f[P_i(\lambda)]$，重新得到的数值 $f[P_i(\lambda)]$ 进行神经网络计算与网络输出值误差分析，将不同波长下所有输入数据依次进行循环计算，在每组波长下的反射率下都会找到一个对应最小误差的 M 值，由上式计算输入不同的 M 值，计算结果也相应发生改变，由此可推断出对于每一组数据，一定有一个最优 M 值。最后，将不同波长下的最优值进行线性拟合，得到一个新的函数关系（下式为修正后的反射率）。

$$f[P_i(\lambda)] = \frac{1-P_i(\lambda)}{M[P_i(\lambda)-0.01]+0.01} \tag{13-16}$$

第二节　色料配方的预测算法

在计算色料配方时，可以按光谱反射比曲线直接匹配，也可以按三刺激值匹配。与三刺激值匹配法相比，光谱反射比曲线直接匹配法可以得到同色异谱很低（理想情况下为零）的配方，提高了使用几种光谱相似色料的能力，并且可在能得到光谱数据的任何波长区应用该方法。如在红外、紫外等三刺激值匹配法不能适用的光谱区，该方法仍能使用。

尽管此方法所用的基础数据与三刺激值匹配法可以通用，但是这种方法要求基础数据库包含的色料范围很广，否则配方预测成功率较低。另外，建立和求解色料浓度的方式决定了实施匹配的类型。如以产生最小三刺激值差的方法来优化色料浓度方程组，可达到三刺激值匹配；或以产生最小光谱差的方法来优化色料浓度方程组，则达到光谱光度计量的颜色匹配。

对于通常的配色应用，包括纺织印染工业，允许异谱配色（当然对同色异谱指数有要求）。显然，此时应使标准和配方之间的三刺激值差最小，以优化色料浓度方程组使其更为方便和合理。所以，常采用三刺激值匹配方法。在这种三刺激值匹配法中，用矩阵转换法得到的配方再加以迭代改善，能满足低异谱性匹配，况且在三种以上色料混合时可引入附加照明体作为配色条件参与计算，将进一步降低配方的光谱异构程度。

根据对色料混合光学模型的研究，如纺织品等染色层的光散射受到纺织纤维的作用，可将加入纺织品中的染料近似认为溶于纤维中而不影响基质的散射能力，使其中各染料的散射系数相等，且与基质的散射系数一致，因此适用 Kubelka-Munk 单常数理论。

下面以纺织印染应用中的三染料组合为例，说明采用 Kubelka-Munk 单常数理论进行三刺激值匹配的算法。

一、变量定义

在讨论具体算法之前，首先定义下列矩阵和矢量

$$\boldsymbol{T} = \begin{bmatrix} \overline{x}_{400} & \overline{x}_{420} & \cdots & \overline{x}_{700} \\ \overline{y}_{400} & \overline{y}_{420} & \cdots & \overline{y}_{700} \\ \overline{z}_{400} & \overline{z}_{420} & \cdots & \overline{z}_{700} \end{bmatrix} \tag{13-17}$$

式中　$\overline{x}_\lambda$，$\overline{y}_\lambda$，$\overline{z}_\lambda$——CIE 标准色度观察者光谱三刺激值函数（色匹配函数）。

这里假定在此配方计算中采用 $400 \sim 700\text{nm}$ 光谱范围，波长间隔为 20nm，当然也可按具体需要采用其他波长范围和间隔。

$$\boldsymbol{E} = \begin{bmatrix} E_{400} & & & 0 \\ & E_{420} & & \\ & & O & \\ 0 & & & E_{700} \end{bmatrix} \tag{13-18}$$

式中　E_λ——在波长 $\lambda(\text{nm})$ 处光源的相对光谱功率分布。

$$\boldsymbol{f}^{(s)} = \begin{bmatrix} f(\rho)_{400}^{(s)} \\ f(\rho)_{420}^{(s)} \\ M \\ f(\rho)_{700}^{(s)} \end{bmatrix} \tag{13-19}$$

$$\boldsymbol{f}^{(t)} = \begin{bmatrix} f(\rho)_{400}^{(t)} \\ f(\rho)_{420}^{(t)} \\ M \\ f(\rho)_{700}^{(t)} \end{bmatrix} \tag{13-20}$$

式中　　ρ——不透明样品的光谱反射比；

上标(s)——被匹配的样品（即标准色样）；

上标(t)——配色的基质；

$f(\rho)$——不透明样品的 $(1-\rho)^2/2\rho$。

$$\boldsymbol{D} = \begin{bmatrix} d_{400} & & & 0 \\ & d_{420} & & \\ & & O & \\ 0 & & & d_{700} \end{bmatrix} \tag{13-21}$$

式中

$$d_{\lambda} = [\mathrm{d}\rho/\mathrm{d}f(\rho)]_{\lambda} = 2\rho_{\lambda}^2/(1-\rho_{\lambda}^2)$$

$$\boldsymbol{\Phi} = \begin{bmatrix} \Phi_{400}^{(1)} & \Phi_{400}^{(2)} & \Phi_{400}^{(3)} \\ \Phi_{420}^{(1)} & \Phi_{420}^{(2)} & \Phi_{420}^{(3)} \\ M & M & M \\ \Phi_{700}^{(1)} & \Phi_{700}^{(2)} & \Phi_{700}^{(3)} \end{bmatrix} \tag{13-22}$$

式中　$\Phi_{\lambda}^{(i)}$——不透明样品所用色料的单位 K/S 值；

下标 λ——波长；

上标 (i)——所用色料的编号（匹配中所用三种色料分别标以号码 $i=1$、2、3）。

$$\boldsymbol{C} = \begin{bmatrix} c_1 \\ c_2 \\ c_3 \end{bmatrix} \tag{13-23}$$

式中　c_1，c_2，c_3——三种参与配色的色料浓度。

二、初始配方计算

为了便于推导，再定义三个过程矢量

$$\boldsymbol{t} = \begin{bmatrix} X \\ Y \\ Z \end{bmatrix} \tag{13-24}$$

式中　X，Y，Z——三刺激值。

$$r^{(s)} = \begin{bmatrix} \rho_{400}^{(s)} \\ \rho_{420}^{(s)} \\ M \\ \rho_{700}^{(s)} \end{bmatrix} \tag{13-25}$$

$$r^{(m)} = \begin{bmatrix} \rho_{400}^{(m)} \\ \rho_{420}^{(m)} \\ M \\ \rho_{700}^{(m)} \end{bmatrix} \tag{13-26}$$

式中　　ρ_λ——在波长 λ(nm) 处的光谱反射比；

上标(s)——标准色样；

上标(m)——配方样品。

对于完善的三刺激值匹配，应有

$$\begin{cases} X^{(s)} = X^{(m)} \\ Y^{(s)} = Y^{(m)} \\ Z^{(s)} = Z^{(m)} \end{cases} \tag{13-27}$$

根据色度学理论可以推出

$$t = TEr^{(s)} = TEr^{(m)} \tag{13-28}$$

因此

$$TE\left[r^{(s)} - r^{(m)}\right] = 0 \tag{13-29}$$

如果不是存在特别严重的同色异谱，那么在任何一个波长上配方的反射比与标准色样的对应值相差不会太大，故可相当精确地写出

$$r^{(s)} - r^{(m)} = D\left[f^{(s)} - f^{(m)}\right] \tag{13-30}$$

将式(13-30) 代入式(13-29) 得

$$TEDf^{(s)} = TEDf^{(m)} \tag{13-31}$$

又根据 Kubelka-Munk 理论的 K/S 加和性原理有

$$f^{(m)} = f^{(t)} + \Phi C \tag{13-32}$$

将式(13-32) 代入式(13-31) 得

$$TED\Phi C = TED\left[f^{(s)} - f^{(t)}\right] \tag{13-33}$$

由此可得

$$C = (TED\Phi)^{-1}TED\left[f^{(s)} - f^{(t)}\right] \tag{13-34}$$

式(13-34) 为计算得到的初始配方，它提供了一个相当接近但可能不是达到完全匹配的染料比例，因此通常尚需进一步迭代改善。

三、迭代改善

令

$$\Delta t = \begin{bmatrix} \Delta X \\ \Delta Y \\ \Delta Z \end{bmatrix} \tag{13-35}$$

$$\Delta C = \begin{bmatrix} \Delta c_1 \\ \Delta c_2 \\ \Delta c_3 \end{bmatrix} \tag{13-36}$$

式中 ΔX，ΔY，ΔZ——标准色样与初始配方之间的三刺激值误差；

Δc_1，Δc_2，Δc_3——为使 Δt 减小至零时所需初始配方的修正量。

$$\Delta X = \frac{\partial X}{\partial c_1}\Delta c_1 + \frac{\partial X}{\partial c_2}\Delta c_2 + \frac{\partial X}{\partial c_2}\Delta c_2 \tag{13-37}$$

因此

$$\Delta t = \boldsymbol{B} \cdot \Delta C \tag{13-38}$$

式中

$$\boldsymbol{B} = \begin{bmatrix} \dfrac{\partial X}{\partial c_1} & \dfrac{\partial X}{\partial c_2} & \dfrac{\partial X}{\partial c_3} \\ \dfrac{\partial Y}{\partial c_1} & \dfrac{\partial Y}{\partial c_2} & \dfrac{\partial Y}{\partial c_3} \\ \dfrac{\partial Z}{\partial c_1} & \dfrac{\partial Z}{\partial c_2} & \dfrac{\partial Z}{\partial c_3} \end{bmatrix} \tag{13-39}$$

若设

$$\boldsymbol{P} = \begin{bmatrix} \dfrac{\partial X}{\partial \rho_{400}^{(m)}} & \dfrac{\partial X}{\partial \rho_{420}^{(m)}} & \cdots & \dfrac{\partial X}{\partial \rho_{700}^{(m)}} \\ \dfrac{\partial Y}{\partial \rho_{400}^{(m)}} & \dfrac{\partial Y}{\partial \rho_{420}^{(m)}} & \cdots & \dfrac{\partial Y}{\partial \rho_{700}^{(m)}} \\ \dfrac{\partial Z}{\partial \rho_{400}^{(m)}} & \dfrac{\partial Z}{\partial \rho_{420}^{(m)}} & \cdots & \dfrac{\partial Z}{\partial \rho_{700}^{(m)}} \end{bmatrix} \tag{13-40}$$

及

$$\boldsymbol{Q} = \begin{bmatrix} \dfrac{\partial \rho_{400}^{(m)}}{\partial c_1} & \dfrac{\partial \rho_{400}^{(m)}}{\partial c_2} & \dfrac{\partial \rho_{400}^{(m)}}{\partial c_3} \\ \dfrac{\partial \rho_{420}^{(m)}}{\partial c_1} & \dfrac{\partial \rho_{420}^{(m)}}{\partial c_2} & \dfrac{\partial \rho_{420}^{(m)}}{\partial c_3} \\ M & M & M \\ \dfrac{\partial \rho_{700}^{(m)}}{\partial c_1} & \dfrac{\partial \rho_{700}^{(m)}}{\partial c_2} & \dfrac{\partial \rho_{700}^{(m)}}{\partial c_3} \end{bmatrix} \tag{13-41}$$

则

$$\boldsymbol{B} = \boldsymbol{P}\boldsymbol{Q} \tag{13-42}$$

又根据色度学原理有

$$X = \overline{x}_{400}E_{400}\rho_{400}^{(m)} + \overline{x}_{420}E_{420}\rho_{420}^{(m)} + \cdots + \overline{x}_{700}E_{700}\rho_{700}^{(m)} \tag{13-43}$$

则

$$\frac{\partial X}{\partial \rho_{400}^{(m)}} = \overline{x}_{400}E_{400} \text{、} \frac{\partial X}{\partial \rho_{420}^{(m)}} = \overline{x}_{420}E_{420} \text{、} \cdots \text{、} \frac{\partial X}{\partial \rho_{700}^{(m)}} = \overline{x}_{700}E_{700}$$

对于 Y 和 Z 有类似的关系式，因此

$$P = TE \tag{13-44}$$

考虑 Q 矩阵

$$\frac{\partial \rho_{400}^{(m)}}{\partial c_1} = \left[\frac{\mathrm{d}\rho}{\mathrm{d}f(\rho)}\right]_{400} \frac{\partial f(\rho)_{400}^{(m)}}{\partial c_1} = d_{400} \frac{\partial f(\rho)_{400}^{(m)}}{\partial c_1} \tag{13-45}$$

并因为

$$f(\rho)_{400}^{(m)} = f(\rho)_{400}^{(t)} + c_1 \phi_{400}^{(1)} + c_2 \phi_{400}^{(2)} + c_3 \phi_{400}^{(3)} \tag{13-46}$$

所以

$$\frac{\partial \rho_{400}^{(m)}}{\partial c_1} = d_{400} \phi_{400}^{(1)} \tag{13-47}$$

对于其他波长和色料有相似的结论。由此，可将 Q 矩阵表述为

$$Q = \begin{bmatrix} d_{400}\phi_{400}^{(1)} & d_{400}\phi_{400}^{(2)} & d_{400}\phi_{400}^{(3)} \\ d_{420}\phi_{420}^{(1)} & d_{420}\phi_{420}^{(2)} & d_{420}\phi_{420}^{(3)} \\ M & M & M \\ d_{700}\phi_{700}^{(1)} & d_{700}\phi_{700}^{(2)} & d_{700}\phi_{700}^{(3)} \end{bmatrix} \tag{13-48}$$

即

$$Q = D\Phi \tag{13-49}$$

将式（13-44）和式（13-49）代入式（13-42）得

$$B = TED\Phi \tag{13-50}$$

再将式（13-50）代入式（13-38）得

$$\Delta t = TED\Phi \Delta C \tag{13-51}$$

变换式（13-51）后便得到色料浓度的修正量

$$\Delta C = (TED\Phi)^{-1} \Delta t \tag{13-52}$$

可见，用于色料浓度迭代改善的逆矩阵，与在初始配方计算中所用的逆矩阵相同。C_{new} 的计算式如下

$$C_{\text{new}} = C_{\text{old}} + \Delta C \tag{13-53}$$

最后，由式（13-53）可以计算出修正后新的浓度矢量，再由此确定配方与标样三刺激值的接近程度，或者达到匹配精度要求并输出配方及相关色度参数而结束，或者再次进入下一轮迭代修正，直至满足要求。在大多数情况下，只需不超过 4～5 次迭代，即可得到满意的配方。

第三节　纺织印染工业配色

一、基础数据库的建立与修正

染色配方预测要用到所选色料的单位 K/S 值，所以在进行配方计算前，必须首先确定表征色料特性的单位 K/S 值，这通过定标着色完成，并由此建立自动配色的基础数据库。

定标着色包含整个计算机配色系统的重要基本材料。制作定标着色基础色样时，必须采用与配制颜色配方相同的方法和基质材料，不存在不依赖于基质材料的特殊色料数据。

在进行定标着色时，每种色料单独对每种基质材料分别以一定的浓度等级进行梯度着

色，即该定标色料的单独染色。浓度梯度等级则根据应用要求具体确定。从理论上说，通常分成 5～8 个级差就可以了，但实际应用中一般采用 6～16 个浓度梯级。之后，分两步来分别确定基质材料和定标色料的 K/S 值。

第一步，通过对基质材料样品的"模拟染色"，就是让基质样品经过完全的染色工艺过程，但不加入任何色料，由此确定 $(K/S)_\mathrm{t}$，即基质材料的 K/S 值。具体方法是测出基质样品的光谱反射比 ρ_g，再由下述方程转换为 K/S 值

$$\left(\frac{K}{S}\right)_\mathrm{t}=\frac{(1-\rho_\mathrm{g})^2}{2\rho_\mathrm{g}} \tag{13-54}$$

第二步，由定标色料的不同梯度着色样品来确定定标色料在不同浓度梯级 c 下对应的单位 K/S 值。对每个梯级的定标着色样品均进行光谱光度测试，并按与式(13-54) 相同的计算方法将光谱反射比 ρ_c 转换成该定标色料在对应定标浓度 c 下的 $(K/S)_\mathrm{c}$，即

$$\left(\frac{K}{S}\right)_\mathrm{c}=\frac{(1-\rho_\mathrm{c})^2}{2\rho_\mathrm{c}} \tag{13-55}$$

由于定标着色每次只采用一种色料进行单独染色，故根据 Kubelka-Munk 理论的加和性原理，可有

$$\frac{K}{S}=\left(\frac{K}{S}\right)_\mathrm{t}+\left(\frac{K}{S}\right)_\mathrm{c} \tag{13-56}$$

从理论上说，式(13-56) 表示染色样品的 K/S 值与对应色料浓度 c 之间的关系，且其应是斜率为色料的单位 K/S 值的一条直线，但实际上得到的却往往是凹向下方的曲线。图 13-2 所示为纺织品基础色样的 K/S 值与色料浓度 c 之间的关系，曲线上的点为未经修正的测试值，而直线是由修正后的值得到的。

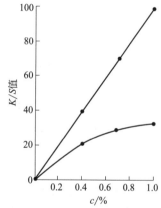

图 13-2 色样的 K/S 值与
色料浓度 c 的关系

以下针对纺织印染的应用，就造成这种误差的两个主要原因作一简要分析。

① 第一个原因是存在纤维的表面反射。即使已加入足够多的色料，使纤维的光吸收能力增大到最高，但仍有一部分光从纤维表面反射出来。这种反射的存在，显然与 $\rho_\mathrm{m}=\rho_\infty$ 的近似条件有误差，其解决方法有以下两种。

a. 从测得的反射比（ρ_m）中减去表面反射的小常量反射比值，即

$$\rho_\infty=(1-k)\rho_\mathrm{m} \tag{13-57}$$

通常取 $k=1.0\%$。事实上，经过这样处理，一般都能将曲线修正为直线。如图 13-2 中的直线就是由对应的曲线经过 1.0% 修正后得到的。

b. 进行 Saunderson 修正（这很少适用于纺织品）。对于不透明反射样品，在空气和膜层之间通常存在折射率的变化，这种不连续性使计算复杂化，故为了得到精确的结果，可以采用 Saunderson 修正。

假设准直光入射膜层，从样品表面反射的部分为 r_1，其余部分光进入膜层并向上弥散反射。当反射光遇到界层时，有 r_2 部分反射回膜层内参与另一次循环过程。菲涅尔（Fresnel）方程表明，光束在不同折射率物质界面上的入射角越大，则其反射比也越大，且当光进入膜层后变为漫射，所以 r_2 比 r_1 大得多。理想漫射光的 r_2 理论值为 0.6，而 Saunderson 修正公式的导出过程列于表 13-1 中。

表 13-1　Saunderson 修正公式的导出过程

周期	离开顶部界面 并继续向上的量	离开顶部界面 并继续向下的量	从下面到达 顶部界面的量
1	r_1	$1-r_1$	$(1-r_1)\rho_\infty$
2	$(1-r_1)(1-r_2)\rho_\infty$	$(1-r_1)r_2\rho_\infty$	$(1-r_1)r_2\rho_\infty^2$
3	$(1-r_1)(1-r_2)r_2\rho_\infty^2$	$(1-r_1)r_2^2\rho_\infty^2$	$(1-r_1)r_2^2\rho_\infty^3$
4	$(1-r_1)(1-r_2)r_2^2\rho_\infty^3$	$(1-r_1)r_2^3\rho_\infty^3$	$(1-r_1)r_2^3\rho_\infty^4$

将离开顶部界面并向上的光相加，得到被膜层反射的光，即

$$\rho_m = r_1 + (1-r_1)(1-r_2)\rho_\infty(1+r_2\rho_\infty+r_2^2\rho_\infty^2+\cdots)$$
$$= r_1 + \frac{(1-r_1)(1-r_2)\rho_\infty}{1-r_2\rho_\infty} \tag{13-58}$$

式中　ρ_m——用光谱光度计测得的反射比值；

　　　ρ_∞——用 Kubelka-Munk 理论计算出来的不透明样品的反射比。

式(13-58) 被称作 Saunderson 修正。

确定合适的 r_1 和 r_2 值的方法，是首先选择一对比较合理的初始值，然后应用下列方程将在所有强烈吸收波长上所有色料的反射比测量值（ρ_m）转化为 ρ_∞，即

$$\rho_\infty = \frac{\rho_m - r_1}{1 - r_1 - r_2 + r_2\rho_m} \tag{13-59}$$

再按式(13-54) 和式(13-55) 相同的计算方法将所有 ρ_∞ 值转化为 K/S 值。最后，在认为 K/S 值是浓度的线性函数的情况下，得出每个波长上的每种色料的最佳直线，并确定出 K/S 测得的值与直线上修正值之间的总体平均平方根差。再使用某种系统迭代步骤选择一对新的 r_1 和 r_2 值，重复上述计算，直到那对使平均平方根差最小的 r_1 和 r_2 值被找到为止。可见，这里的关键是确定系数 r_1 和 r_2 的取值。

② 第二个原因是定标着色时，色料没有完全染到纤维上。随着色料浓度的增大和上染量接近纤维染色饱和值，可能有越来越多的色料会留在染槽中。解决的方法是：

a. 控制染色过程和分析染槽溶液，使色料的上染率尽量增大，并保持一致；

b. 通过对 K/S 值与浓度 c 的关系曲线进行适当的数学处理，修正这种效应。

一种典型的方法是改写方程（13-56）为

$$\left(\frac{K}{S}\right)^p = \left(\frac{K}{S}\right)_t + c\left(\frac{K}{S}\right)_c \tag{13-60}$$

式(13-60) 中，p——稍大于 1 的乘方指数。

另一种数学处理方法是采用多项式，即把式(13-56) 改写成：

$$\frac{K}{S} = a_0 + a_1 c + a_2 c^2 + a_3 c^3 \tag{13-61}$$

式(13-61) 中，常量 a_0 即 $(K/S)_t$，a_1 近似地代表单位 K/S 值。另外，常量 a_2 和 a_3 用来修正曲线的凹陷。一般不需要使用高于三阶的多项式。式(13-60) 和式(13-61) 中的常量均可通过适当的回归程序拟合得到。

比较上述各种修正方法，综合式(13-57)～式(13-61) 的结果，并结合实际染色生产工

艺状况，实用配色系统一般可以通过优化控制染色工艺过程，提高和稳定染料的上染率，并在具体分析造成定标着色基础光学数据误差的基础上，选用上述关于 K/S 值与 c 关系的修正方法中的一种或多种结合，来处理 ρ_∞ 与 ρ_m 之间的关系，以达到单位 K/S 值对定标色料的精确表征。

对每种所用色料都经过上述染色、光谱光度测试及数据处理，就获得了计算机自动配色的基础光学数据。由此结合软件可建立相应的定标着色基础数据库，在实际的配色计算中可随时调用，以进行色料配方的自动预测。

二、计算机自动配色的工艺过程

1. 配方计算流程

图 13-3 为一种典型的配方计算软件流程实例，其主要功能包括以下几个方面。

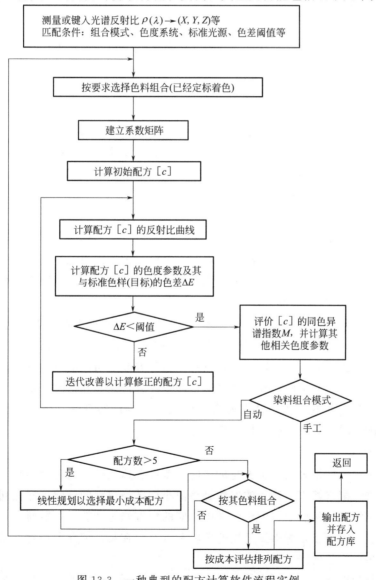

图 13-3　一种典型的配方计算软件流程实例

① 根据选定的色料组合和配色技术条件预测初始配方 $[c]$。

② 由配方 $[c]$ 与标准色样的色差 ΔE 决定是否进一步修正配方。

③ 如果 ΔE 没有达到色差阈值，则进行迭代改善，以计算修正的配方 $[c]$。

④ 当配方 $[c]$ 与标准色样的色差 ΔE 小于色差阈值时：

a. 计算配方 $[c]$ 的同色异谱指数 M 以评价该配方的光谱异构程度；

b. 给出配方 $[c]$；

c. 如果为手工选择染料组合模式，则存储配方并返回上一层模块，否则（即为自动组合染料模式）进行下一个染料组合的配方计算。

⑤ 当符合配色技术条件，且色差 ΔE 满足预定阈值的配方数超过 1 个时，采用某种算法来选择最优配方，如应用线性规划选择最小成本配方，按配方成本从小到大排序，最后提供给用户自主选用。

2. 自动配色操作步骤

在建立染料的定标着色基础数据库后，还要设定配方预测的色度环境参数（包括 CIE 标准色度系统、配色及同色异谱评价光源、光谱范围与波长间隔、染色工艺、染料组合模式以及染料配方色差容限等），然后按下述步骤在输入标准色样光谱数据的基础上进行预报配方的计算、小样试染、配方修正和染色等操作。

（1）标准色样的测量

标准色样是配方预测的目标，也是评价配色结果的依据。测量标准色样时，尽量采用与建立定标着色基础数据库时的同一台分光光度计，而且该仪器必须经过精密和准确的波长校正和光度定标，由此获得标准色样的光谱反射比数据及有关的色度参数和 K/S 值，这些数据为配色预测计算提供了参照标准。

（2）色料配方的预测计算

根据用户设定的配方预测色度环境参数和作为配色目标的标准色样数据，按照软件采用的配色光学模型及计算法，计算出满足要求的一个或若干个预报色料配方，同时给出相应的评价参数，如色差、同色异谱指数、配方成本等，供用户结合实际情况进行选择使用。

（3）预报配方的小样试染

根据具体需要并考虑染料的成本、相容性、匀染性、各种色牢度及同色异谱程度等因素，在计算机给出的若干个预报染料配方中选择一个合适的配方，进行小样试染。试染小样的基质材料和染色工艺应与大生产相同，以验证该配方能否与标准色样真正匹配。由于计算机配色软件以有条件的光学模型和算法来进行配方计算，而实际情况却是千差万别，与理论适用的假设前提难免有些出入，从而使所预测的配方难以实现一次性 100% 的准确率。因此，在预测新配方时，必须进行小样试染工序。

（4）配方修正

如果小样试染的结果表明，配方与标样的色差没有达到既定的色差容限，则该配方不符合要求，需要进行配方修正。修正的方法是将由小样试染得到的试验色样在同一台分光测色系统上进行光谱测量，然后运行配色软件中相应的配方修正功能。一般而言，预报配方在小样试染后再经过一次修正就能得到实用的色料配方，但在某些情况下也有不需要修正，或者需要两次甚至多次修正的配方。

修正配方与初次预报配方所用的色料在大多数情况下是相同的，但是在某些特殊应用场合，采用原配方的色料无法实现配方的满意修正，这时就得根据标准色样和试染色样的光谱数据，选择合适的色料加入配方计算，使其色差等指标达到要求的阈值。在这种情况下配方修正操作比较复杂，如果配色人员具有丰富的经验，则可以通过部分的人工干预，使配方修正结果更为令人满意。

（5）修正配方的染色

初次预报配方经过修正后按新配方进行重新染色，然后再次比较配方色样与标准色样的色差是否在用户认可的误差范围之内。如果实际色差满足用户要求，则该新配方就是本次配色操作所要预测的实用染料配方；否则，还需重复修正，直到获得符合要求的染料配方，或者认定配方无效而放弃。

第四节　印刷油墨配色

在印刷工业中，有时候为了简化工艺过程，降低印刷故障率，提高生产效率，就需要用到油墨配色。所谓油墨配色，就是按照原稿颜色的要求，将一种或几种油墨及辅助剂调配，使油墨具有某种特定的颜色和性能的操作过程。其主要目的有两个：一是调整油墨的印刷适性；二是调配出符合原稿要求的专用色墨。计算机配色正是基于这样的目的，让印刷企业快速且精确地获得客户要求的印刷品色彩。

目前，印刷行业的油墨配色主要有人工配色和计算机配色两大类。

人工油墨配色流程简单，配墨员拿到待匹配色样后，根据经验或查阅色谱，确定所需要的原色的初始比例，然后按此比例调配原色油墨，再进行刮样，把刮出的色样与待匹配色样对比，如果不一致，根据经验添加一定量的原色油墨，再进行刮样对比，一直到刮出的色样与待匹配色样一致，就可以得到匹配待配色所需要的各原色墨的比例，进而可以大批量配制用于生产。传统配色过程方法简单，但却存在许多缺点：加入更多不同种类的油墨时，油墨会变脏，鲜艳程度大大下降；份量难以控制，往往比预期调配的份量多出数倍；加入大量白油墨，虽能增加遮盖力，并能即时检视色相，但降低了耐印度和印刷适性；不能利用纸张本身的颜色，去调配专色油墨，增加白油墨应用量；油墨厚度难以控制；质量不稳定，往往因配色人员的技术偏差而出现问题，缺乏客观的判断。人工油墨配色现已逐步被计算机油墨配色取代。

自 1958 年第一台模拟专用配色计算机问世，计算机配色的时代已经到来。经过多年的发展，计算机油墨配色已经趋于成熟。爱色丽开发出的第 6 版 Ink Formulation 油墨配色软件，可以给油墨提供商和印刷厂在油墨配方和油墨种类上享有更大的灵活性，提高了物料处理能力，可自动确定标准的油墨厚度，并有助于减少废墨。Datacolor MATCHTM AFX 是 Datacolor 公司开发的配色系统，对油墨、油漆等建立起有效的配方，具有很高的配色精度，有效地缩短了配色时间与配色消耗。1984 年，沈阳化工研究院和 GretagMacbeth 公司合作推出的 SRICI 配色软件是最早的中文配色软件，可用于油墨配色，但其核心算法仍属于 GretagMacbeth 公司。SP-1000 型分光光度计与配色软件组成，可用于印染、涂料、塑料、油墨等行业。

油墨配色系统一般由配色软件、分光光度仪、标准光源及印刷适性仪组成，由经验丰富的技术专家建立科学的油墨配方数据库。

　　油墨配色系统一般分为两个模块：第一，油墨数据库的建立，它也是最关键的部分。通过组合客户通常使用的基色油墨和常用承印物打样稿，以获取油墨在该承印物上呈现的色相值。首先，根据印刷机印样的常规密度换算来确定制作数据库时的油墨上墨量，取基色油墨与调墨油（冲淡剂）按照不同的比例（如油墨比例 2％、4％、8％、16％、32％、64％、100％）调和。然后通过印刷适性仪打样，则可获得每一种油墨按照不同比例混合打样得到的样张。最后，在油墨配色软件中设置好参数（包括测量条件、油墨物理参数及价格），将打印好的样张通过爱色丽分光光度仪测量，并依次输入油墨配色软件中，获得基色油墨与该承印物结合表现的一系列光谱分布曲线。通过光谱曲线来获取专色配方，可以有效避免同色异谱现象。第二，油墨配色软件的使用。选择已建立的油墨数据库，在软件中输入目标颜色（可以通过测量目标色块或者输入 Lab 值，也可以从网络下载数据文件），选择此专色的承印物，软件将计算此目标色的配方。软件能提供多个配方，操作者可以根据多个因素（价格、色差值、基色油墨种类、光谱分布曲线等）综合考虑，选择最合适的油墨配方。按照确定的配方取少量油墨混合，通过印刷适性仪打样，使用分光光度仪测量样张并将数据传送至油墨配色软件，软件自动计算样张与目标色色差。如果色差不符合要求，则软件可以自己修正配方，直到配方合格为止。正常情况下，通过两次修正，色差可以达到要求以内。

　　最新的配色系统不仅可用于铜版纸、白卡纸，而且还能够满足金银卡、塑料薄膜、PVC 标签材料等材质上的配色要求；既适用于胶印，也适用于柔印和凹印。

复习思考题

1. 什么是单常数 KM 理论？
2. 什么是双常数 KM 理论？
3. 试写出 KM 配色的计算程序。

参 考 文 献

[1] 郑元林.印刷质量与标准化 [M].北京：化学工业出版社，2018.

[2] 郑元林，周世生.印刷色彩学 [M].第 3 版.北京：印刷工业出版社，2013.

[3] 徐海松.颜色信息工程 [M].杭州：浙江大学出版社，2015.

[4] 胡威捷，汤顺青，朱正芳.现代颜色技术原理及应用 [M].北京：北京理工大学出版社，2007.

[5] 胡涛，景翠宁.计算机色彩原理及应用 [M].北京：清华大学出版社，2014.

[6] GB/T 5698—2001 颜色术语.

[7] ISO 3664：2009. Graphic technology and photography-viewing conditions.

[8] ISO 23603：2005. Standard method of assessing the spectral quality of daylight simulators for visual appraisal and measurement of colour.

[9] ISO 5-3：2009. Photography and graphic technology-density measurements -Part 3：Spectral conditions.

[10] GB/T 3978—2008 标准照明体和几何条件.

[11] GB/T 7921—2008 均匀色空间和色差公式.

[12] 姜鹏飞.计算机配色理论及算法的研究 [D].郑州：中原工学院，2016.

[13] GB/T 5702—2019 光源显色性评价方法.

[14] GB/T 15610—2008 同色异谱的目视评价方法.

[15] GB/T 7771—2008 特殊同色异谱指数的测定 改变照明体.

[16] GB/T 17749—2008 白度的表示方法.

[17] GB/T 22880—2008 纸和纸板 CIE 白度的测定，D65/10°（室外日光）.

[18] GB/T 22879—2008 纸和纸板 CIE 白度的测定，C/2°（室内照明条件）.

[19] CIE Pub 15：COLORIMETRY.

[20] 李继军，聂晓梦，李根生 等.平板显示技术比较及研究进展 [J].中国光学，2018，11（05）：695-710.

[21] 靳晓松，王贺兰.从 CIE LAB 颜色空间到 CIE CAM 02 色貌模型的发展 [J].印染，2011，(12)：50-52.

[22] Luo Ming Ronnier, Li Changjun. CIE CAM 02 and Its Recent Developments [M]. // C Fernandez-Maloigne, ed. Advanced Color Image Processing and Analysis：2013 edition. New York：Springer-Verlag, 2012：19-58.

[23] Luo M. R. , Pointer M. R. CIE colour appearance models：a current perspective [J]. Lighting Research & Technology, 2018, 50 (1)：129-140.